機械系の
材料力学

Material Mechanics of Mechanical Systems

山川 宏・宮下朋之　著

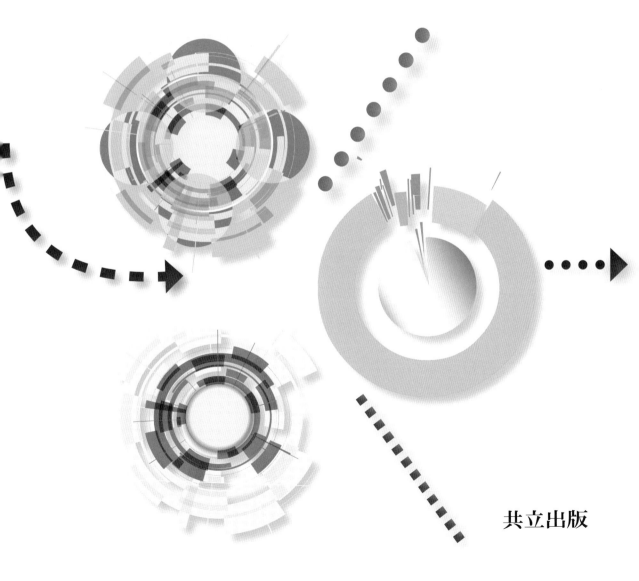

共立出版

プロローグ

命題八

　自分の重さで折れない最大限の長さの圓柱或るひは角柱を與へられたものとし，次にそれより大なる長さを與へて，この長さを持ち，しかも自分の重さに堪へ得る唯一，最大の圓柱或るひは角柱の徑を求むること．

　BC を自分の重さに堪へ得る最大限の圓柱とし，DE を AC より大なる長さとしませう．問題はこの圓柱　卽ち，長さが DE で，丁度自分の重さに堪へ得る最大のものとなるべき圓柱の直徑を見出すことです．I を長さ DE と AC の第三項〔卽ち DE：AC＝AC：I〕とし，直徑 FD を求め，直徑 FD：BA の比を DE：I に等しくし，この直徑 FD と所與の線分 DE で圓柱 FE を描きます．さうするとこれと同じ比の凡ての圓柱のうち，この圓柱が丁度自分の重さを支へ得る一番大きなそして唯一の圓柱なのです．

　M を DE と I の第三比例項，O を DE, I, M の第四比例項〔卽ち DE, I, M, O は DE を初項とする等比級數をなす〕とする．AC に等しく FG を區切ります．さて直徑 FD：BA は長さ DE：I に等しく，O は DE, I, M の第四比例項ですから，$\overline{FD}^3:\overline{BA}^3=DE:O$．然るに圓柱 DG の抵抗力と圓柱 BC の抵抗力との比は $\overline{FD}^3:\overline{BA}^3$．故に圓柱 DG と圓柱 BC の抵抗力間の比は長さ DE：O に等しくなります．そして圓柱 BC の能率はその抵抗力と均衡を保つてゐます〔假設〕から，もし私達が，圓柱 FE の能率と圓柱 BC の能率との比が，抵抗力 DF と抵抗力 BA の比卽ち $\overline{FD}^3:\overline{BA}^3$ 或ひは長さ DE：O に等しいことを證明すれば，私達の目的（卽ち，圓柱 FE の能率が FD にある抵抗力と均衡を保つてゐることの證明）が達せられるでせう．

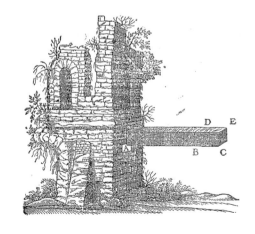
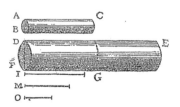

―――――――中略―――――――

既に證明されたことから，人間が作るにしても，自然が造るにしても，建造物の大きさを無暗な寸法に増すことの不可能なことが容易に分ります．ですから小さなものと同じ寸法で大きな船や宮殿或ひは寺院を造るのは不可能なのです．そんなことをすれば，櫂や帆桁，鐵釘，その他の各部分がばらばらになつてしまひます．また自然も並外れた大きな樹を作ることはできません．もしそんなことをすれば，幹は自分の重さで折れてしまふでせう．また人間，馬，その他の動物の骨格も，もし背の高さを法外にすれば，それ等が互にもちこたへて世間並の働きのできるやうに作り上げるわけには行かないでせう．なぜならば，この背だけの増大は，唯普通より固くて丈夫な材料を使用するか，或ひは骨を太くするかでなければ不可能で，その結果動物の恰好や容貌は化物を思はせる程，かたちを変へるでせうから．聰明な詩人が大きな巨人を描寫して，その身の丈はいくらだか，測るすべもない，それ程にも總てが度を外れてゐると歌つた時，心に描いてゐたものはおそらくこのことでせう．

(今野武雄，日田節次訳，ガリレオ・ガリレイ著『新科学対話(上)』，岩波書店)

上記は，ガリレオ・ガリレイの自分の科学に対する考え方を託した書の中で，自重に堪えられる最大限の長さの円柱あるいは角柱が与えられたものとして，それより長い円柱，角柱が自重に耐えられるような径を求める方法を述べたものである．これに続く人間や自然が作るものの大きさに対する記述は面白い．

さて筆者が材料力学に興味をもった機会は，恩師，奥村敦史先生の材料力学の書『材料力学』(コロナ社)に出会ったことに始まる．奥村先生の著は，それまでの多くの材料力学の著書とは異なっており，一般的な記述から個別の記述への形を採り，また理論整然としており，テンソル，エネルギー原理，ねじり問題の薄膜の近似，せん断応力の分布等々，周辺の分野の記述も含み，名著であると考えている．早稲田大学の機械工学科では，この本を教科書としてユニークな授業が1965年位から進められてきた．時間とともに少しずつ授業形態は変遷していったが，当初は，教科書の内容を6ステップに分け，講義は全く行わず，学生の自主的な勉学を勧め，学生が理解できたと判断したときに，6名ずつ位のグループ単位で教員の面接諮問を受け，合格したら次のステップへ進み，全ステップを終了して期末試験を受けて単位を取得するものであった．教員からの一方向的な講義と演習や試験といった従来の授業形態と異なり，学生の自主的な勉強を促す授業であり，機械工学科が総合機械工学科と機械科学・航空学科に再編される2007年まで続いた．今日，学生の自主的な勉学を生起する，いろいろな授業の形態が試みられているが，その先駆けと言ってもよい授業であった．筆者も教員になってからこの授業に加わることになり，改めて授業の在り方を考える機会が得られた．

ところで本書の題名中に「機械系の」という語が付してあるが「材料力学」そのものは，機械分野のみならず，建築分野，土木分野などのいろいろな分野に共通な学問である．敢えて「機械系の」という語を付した理由を探せば，多くの機械に存在する回転軸系の強度の問題，複雑な形状を持つ部品から構成されている機械の強度の問題などがある．

本書は，第Ⅰ編と第Ⅱ編の構成となっており，第Ⅰ編では材料力学の基礎である応力やひずみの基礎概念，材料の性質，各種の荷重下における棒状部材に生ずる応力，ひずみおよびその変形を主として取り扱っていて，大学学部の1〜2年生を対象と考えている．

　続く第II編では，少し高度の内容である圧縮力を受ける柱の座屈問題，円形断面以外の棒状部材のねじり問題，せん断荷重を受ける棒状部材のせん断応力分布，およびエネルギー原理による解法等を扱っており，学部の3～4年生および大学院生を対象としている．

　本書は恩師奥村敦史先生にこれまでのご指導に対する感謝の気持ちで捧げることを目標に執筆を進める計画であったが，筆者の怠慢のため執筆が滞り，奥村先生が2015年の1月に97才の生涯を閉じられてしまい，誠に残念に思っている．ただ先生のご冥福を祈るのみである．

　末筆ながら本書の作成に際し，共立出版の野口訓子様には遅れがちな原稿に対して寛容に対応していただき感謝いたします．また，各章の内容に関連する扉の部分の歴史上の著名研究者の出色のイラストを，前著の『機械系の基礎力学』（共立出版，2012），『機械系の振動学』（共立出版，2014）に続き描いていただいた真興社の方に感謝いたすとともに，面倒な組版関係を完成していただいた錦明印刷の方に御礼申し上げます．さらに共著者の宮下朋之教授には，日ごろから本書の出版ならびに多くの協力をいただき感謝の意を表します．原稿の作成に際し，山川研究室の尾澤由樹子秘書に支援をいただいたことに加えて，宮下研究室の当時学部4年の草野達也君と菊池宏太郎君には卒業論文に取り組んでいる中で式を含むワープロ入力や作図などの特に多くの労をおかけし，ここに改めて皆に御礼を申し上げます．

　2017年9月

山川　宏

（重版に寄せて）

　拙書「機械系の材料力学」ここに重版の運びとなりましたことは著者として誠に喜ばしい限りである．

　材料のテキストとしては少し新しい内容や記述を試みて2017年10月に発行した．しかしながら，初版本にはミスプリントや誤記などが散見されて申し訳なく考えていて，共立出版のホームページに正誤表を掲載させていただく結果となってしまい，読者の方には内容のご理解の際に大変にご迷惑をおかけしましたことをお詫び申し上げる．今回の重版にあたって改めて見直し，ミスプリント，誤記などに関して全面的に検討させていただいた．

　本書が長く皆様の傍においていただき，お役にたてば幸甚と考えている．

　2023年4月

著者

目　次

第Ⅱ編　材料力学特論

序章

材料力学小史と機械系の材料力学

0.1　材料力学小史
0.2　機械系の材料力学
0.3　本書の内容と構成

　古くから寺院，コロセウム，橋梁などの建造に際しては，材料の選択，形やその強度などに関する経験や試験などから得られた，いわば材料力学的な考え方に基づき，実際に設計や施工がなされてきた．そこでここではまず原点に立ち，材料力学の歴史を簡単に眺めることから始める．次に本書の題名である「機械系の材料力学」において「機械系の」という語句が前についているが，本書の内容は機械，建築，土木，造船，宇宙・航空などの広い分野において活用できるものであることを述べる．最後に本書の内容と構成および対象学年レベルについてふれる．

マルクス・ウィトルウィウス・
ポッリオ（Marcus Vitruvius Pollio）
紀元前 80 年/70 年頃-紀元前 15 年
以降の共和政ローマ期，イタリア

・建築家・建築理論家
・『建築について』（De Architectura,
　建築十書）の著者
・現存する最古の建築理論書（ヨー
　ロッパにおける最初の建築理論書）

0.1
材料力学小史

　古代より身の回りの道具や機械，寺院，橋梁，城塞などの建造物の材料，形，強度などは，建造の際の重要な項目となっていた．紀元前約 3,000 年頃のエジプトでは，ピラミッド，寺院，オベリスクなどの建造における，材料，材料の形，寸法の測定に関する技術がすでに存在していたものと考えられている．アルキメデス（287～212 B.C.）は，てこの原理や重心について研究した．中国では「周礼考記」（221～207 B.C.）において当時の中国の技術レベルを知ることができ，材料や製品の規格などが考えられている．またギリシャ，ローマでは美しい大きな建物が建造され，例えばローマ人の建築家兼技術者のウィトルウィウスの著した「建築書」（25 B.C.）には，当時の構造材料や施工法なども示されている．材料力学に関する膨大な歴史資料から材料力学の歴史を適切に示すことは困難であり，浅学の筆者にはその能力も無い．

図 0.1　オベリスク（ローマ，Obelisco Agonule—ナヴォーナ広場，16.53 m）
（出典：https://commons.wikimedia.org/wiki/File:Rzym_Fontanna_Czterech_Rzek.jpg）

　そこでここでは中世から我が国の明治時代前（1868 年以前）位までの材料力学の歴史を，この分野で著名なチモシェンコ教授の *"History of Strength of Materials"*〔（1953）McGrawHills，日本語版：最上武雄監訳，川口昌宏訳，『材料力学史』（1974）鹿島出版会〕を参考にさせていただき，簡単な年表（表 0.1）を作成することにする．なお材料力学の他の歴史書に関しては，Todhunter の *"A History of the Theory of Elasticity and Strength of Materials"*（Cambridge Library Collection）が 2014 年に Pearson によって編集され出版されている．

表 0.1　材料力学小史（15 世紀〜19 世紀）

No.	研究者名 生存年・(国)	研究内容	No.	研究者名 生存年・(国)	研究内容
1	レオナルド・ダビンチ 1452-1519 (伊)	モーメント，仮想変位 構造材・はりの強さ	14	ゴーティ 1732-1807 (仏)	柱の圧縮試験
2	ガリレオ・ガリレイ 1564-1642 (伊)	材料力学，材料強度 はりの強さ，平等強さはり 「新科学対話」(1638)	15	クーロン 1736-1806 (仏)	摩擦，角柱の圧縮 せん断強度と引張強度の関係 丸棒のねじり
3	マリオット 1620-1684 (仏)	はりの曲げ理論 引張試験機	16	ラグランジュ 1736-1813 (伊)	解析力学，座屈曲線 変断面柱の解析
4	フック 1635-1703 (英)	ばね，弾性 フックの法則	17	ヤング 1773-1829 (英)	ヤング率 ねじりを受ける棒
5	ライール 1640-1718 (仏)	アーチの解析 連力図，力学概論	18	ポアソン 1781-1840 (仏)	ポアソン比の概念 ねじり振動，たわみ振動 板のたわみ
6	ライプニッツ 1646-1716 (独)	微分法	19	デュパン 1784-1873 (仏)	はりの変形 幅と厚さの三乗に比例
7	ヤコブ・ベルヌーイ 1654-1705 (蘭)	弾性はりのたわみ曲線 中立軸	20	ナヴィエ 1785-1836 (仏)	はりの中立軸，曲げ剛性 曲りばり，両端固定ばり
8	バラン 1666-1716 (仏)	はりの応力分布	21	ボンスレ 1788-1867 (仏)	引張線図 使用応力 (弾性限の半分)
9	ヨハン・ベルヌーイ 1667-1748 (蘭)	仮想変位	22	コーシー 1789-1857 (仏)	応力，ひずみの概念
10	ミュッセンブルーク 1692-1761 (蘭)	引張試験機 曲げ試験機	23	フェアベン 1789-1874 (英)	フェアベンのてこ試験機 リベットの強度
11	ベリド 1697-1761 (独)	「技術者の科学」 材料力学の記述	24	ラメ 1795-1870 (仏)	ラメの楕円体 球殻の変形
12	ダニエル・ベルヌーイ 1700-1782 (蘭)	変分法，弾性曲線 はりのたわみ振動	25	サン・ヴナン 1797-1886 (仏)	ねじり問題 サン・ヴナンの定理
13	レオナード・オイラー 1707-1783 (独)	弾性曲線，弾性棒のたわみ 振動，座屈	26	クラペーロン 1799-1864 (仏)	クラペーロンの定理 ひずみエネルギーと仕事

0.2
機械系の材料力学

　材料力学の対象は，建築，土木，機械をはじめとした広い分野に及んでおり，その内容も材料の性質，材料の変形や強度，強度の尺度となる応力やひずみ，破壊特性など多岐にわたる．

　この本では「機械系の材料力学」という題名を付けてあるが，「機械系の」という語は，機械系の特殊な問題にも対応できる内容を含んでいるという意味で，機械系において特別な材料力学が存在しているという意味ではない．強いて「機械系の」という例を考えてみると回転軸系の強度の問題や機械系の振動（動荷重）における機械部品の強度問題などが挙げられよう．また，自動車の構造部品に代表されるような素材から塑性加工，溶接などの加工が施された断面形状が複雑な部材が機械分野には存在する．

　図 0.2 は蒸気タービンの写真を示している．タービンではふつりあいによるタービン軸の共振（危険速度）防止や軸の強度の確保は設計上の大きな問題となり，機械系の問題に対する材料力学的な視点が要求される問題である．

図 0.2　蒸気タービン（出典：東京電力　電気電力辞典「タービン」）

0.3
本書の内容と構成

　本書は長年，機械工学科で材料力学の科目を担当してきた筆者が学部学生の教科書として宮下教授とともに編集したものである．第Ⅰ編基礎材料力学（第1章～第6章）と第Ⅱ編材料力学特論（第7章～第10章）から構成されており，第Ⅰ編では材料力学の基礎事項である材料の性質，応力，ひずみ，強度，変形などを，主として1次元構造部材である棒状部材を対象として平易に説明している．この部分は学部1年生から2年生の教科書としての使用を想定している．続く第Ⅱ編では，第Ⅰ編の学習を基礎として解析が少し複雑となる，圧縮を受ける棒状部材の座屈，円形断面以外の棒状部材のねじりの問題，せん断を受ける棒状部材のせん断応力分布などを学び，最後に離散系解析の基礎となるエネルギー原理について述べ，学部の3～4年生および大学院生の教科書としての使用を考えている．これらの内容の多くは恩師，奥村敦史教授の『材料力学』（初版，1958年）コロナ社の内容を大いに参考にしている．また各章末尾の演習問題の作成に際しては『材料力学演習（上，下）』〔斉藤渥，平井憲雄（2004）共立出版〕等を参考にさせていただいた．

第 Ⅰ 編

基礎材料力学
Fundamentals of Mechanics of Material

第1章

材料力学の基礎事項

OVERVIEW

　本章では，材料力学の対象を明示した上で材料力学における基本的事項である材料の性質（mechanical properties）や構造部材の支持形式（supports）と支点反力（reaction at supports）についてまず説明する．次に荷重やモーメント荷重による材料内部に生じる内力（internal force）あるいは断面力（stress resultants）の大きさや符号について述べる．最後に材料の破壊などの尺度となる応力（stress）や材料の変形の尺度であるひずみ（strain）について一次元部材（棒状部材）を例に取り述べる．正確さは欠ける表現となるが，応力は単位面積当たりの断面力を，ひずみは線素の単位長さ当りの変形を示している．断面力の大きさのみでは，どのくらい広い面積に断面力が生じているのかが不明で，また部材の変形だけでは元の状態からどのくらい，変形しているのかの情報が得られないので，この応力とひずみの概念が一つの尺度として必要となる．

ロバート・フック（Robert Hooke）
1635 年～1703 年，イギリス

・自然哲学者，建築家，博物学者
・フックの法則
・ぜんまいバネの開発（ホイヘンスと論争）
・ニュートン（光の粒子説）と光の波動説で大論争
・顕微鏡図譜（1665）
・細胞（cell）の命名

　本章では材料力学の最も基礎的な事項である材料力学の対象や周辺の学問，材料の性質，構造部材の支持形式，荷重と内力（断面力），応力とひずみの初等概念などに対して以下に説明する．

ギリシャ建築物
出典：https://pxhere.com/ja/photo/868249

1.1
材料力学の対象

　機械，建築物，構造物の設計においては，それらに負荷するさまざまな力（荷重）を考慮して，破損や破壊しないもの，あるいは許容範囲内の変形を伴うものを造ることが要求されている．0.1 の材料力学の歴史の箇所で述べたように，エジプト，ギリシャ，ローマの地においては紀元前にピラミッド，寺院，オベリスクなどの大きな美しい構造物が造られており，材料の性質，部材の形や寸法，荷重などのさまざまな知識が既に得られていて大いに活用されていたものと考えられる．

　木材，石，鉄などの材料は，微視的な観点からは原子や分子から構成されており，材料内部において連続的な性質を有しない．しかしながら材料の断面積，長さ，幅，体積などが原子や分子の寸法に比べて十分に大きい場合には，あたかも材料を連続体（continuum）として扱うことが古くから行われてきており，実験的にも連続体としての扱いの妥当性も示されている．

　さらに材料力学では材料に荷重が加わると変形を生じるが，荷重をその後に取り除く（除荷する）と元に戻るような，いわゆる弾性状態（elastic）の領域における変形や強度を取り扱っている．荷重が小さいときは多くの材料では弾性状態の性質を示し，大きな荷重が負荷した場合には，元に戻らない性質，いわゆる塑性（plastic）状態を示す．また本書では特に断らない限り，材料の性質はその方向に依存しない等方性（isotropic property）を示し，また材料の内部の場所に依存しない均質性（homogenous property）を示しているものと仮定している．

　材料力学では主として棒，はり，板，シェル等の構造部材やその集合体である簡単な構造を対象にしている．トラス，ラーメン，シェル等の構造を取り扱った学問分野としては構造力学（structural mechanics）が近い学問として存在する．

　なお材料の微視的な観点からの性質は，最近では**マイクロ・ナノテクノロジー**（Micro-Nano-technology）としても注目されている．一般に 100 ナノメートル（100×10^{-9} m）未満の距離（いわゆる量子領域）では量子効果が支配的になり，素材の力学的，電気的，光学的などの特性が材料力学が対象としている巨視的（マクロ的）な特性とは異なる．このような物理的（力学的，電気的，光学的，あるいは化学的）特性の変化を利用してナノ素材やナノデバイスの研究・開発が行われている．機械工学分野では **MEMS**（<u>M</u>icro <u>E</u>lectro <u>M</u>echanical <u>S</u>ystem）としてデバイスが開発されていて，センサーやアクチュエータなどの開発に応用されている．図 1.1 は MEMS による加速度センサーの例である[1]．なおミクロ構造体に関する材料力学に関しては，例えば文献(2)を参照されたい．

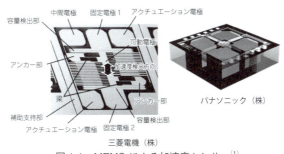

図 1.1　MEMS による加速度センサー[1]

1.2
材料力学の周辺の学問

　図 1.2 に材料力学の周辺の学問を示す．

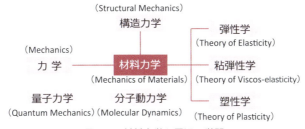

図 1.2　材料力学と周辺の学問

　質点，質点系，剛体の静力学や動力学を扱う「力学」に対して，荷重を受けると変形するような物体（連続体）を扱う学問として「固体力学」あるいは「連続体力学」がある．さらに材料の負荷時の変形の性質によって「弾性学」，「粘弾性学」，「塑性学」などがある．「弾性学」は荷重を取り除く（除荷すると）と変形が元に戻る，いわゆる**弾性**（elastic property）を有し，連続体の応力や変形などを解析するために発達した学問であり，「塑性学」は除荷しても元に戻らない，**塑性**（plastic property）を有する連続体の，また「粘弾性学」は粘弾性特性（viscoelastic property）を有する連続体の応力や変形などを扱う学問である．弾性学は**フックの法則**（Hooke's law）に基づく微分方程式を立式し，級数や複素数による解を求めるなどの数理的な手法を採り，

材料力学の理論的基礎を与えている．一方「材料力学」は工学的観点から，問題をより簡素化や単純化をはかり，微分方程式の解を求めて変形や応力を求めることが多い，いわゆる実用的・工学的で簡便な学問である．「構造力学」は対象をさらに広げて，建築物，橋架，船舶，航空機などの複数の部材から構成される構造の静的，動的な荷重に関する変形や応力を解析する学問である．「構造力学」は棒，はり，板，シェル等の単一部材やその組合せ構造を対象にし，「材料力学」と極めて近い関係があり，その理論は一部重複している．

1.3
材料の性質

1.3.1 ◆ 荷重やモーメントを受ける部材の変形

　材料には，引張り，圧縮，せん断，ねじり，曲げなどのいろいろな種類の荷重が加わるが，その際の変形や破損，破壊状態は材料によって異なる．これらの性質を求めるために，古くからいろいろな試験装置が考案され，材料の性質を代表する材料定数が測定されてきた．図 1.3 は，ミュッセンブルーク（1692 年～1761 年）の引張試験機であり，18 世紀には既にこのような現代の試験機に近い試験機で材料定数が測定された．

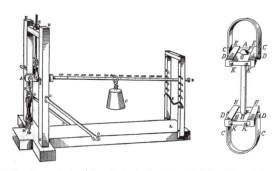

図 1.3　ミュッセンブルークの引っ張り試験機と試験片の支持装置[3]

　現代では図 1.4 のような引張り試験機によって材料特性を把握し，材料定数を決定している．この際の試験片や試験方法は，日本工業規格（JIS）や国際単位系規格（ISO）などによって規定されている．

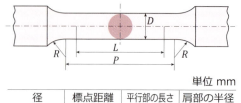

4 号試験片（定型試験片）：板材，棒材の両方でよく使用される試験片

単位 mm

径 D	標点距離 L	平行部の長さ P	肩部の半径 R
14	50	約 60	15 以上

図 1.4　引張り試験機（オートグラフ）[4]　　図 1.5　4 号試験片[5]

表 1.1　引張り試験片[5]

材料		試験片		備考
区分	寸法	比例	定形	
板・平・形・帯	板厚 40 mm を超えるもの	14A 号	4 号，10 号	棒状試験片採取の場合
		14B 号	—	板状試験片採取の場合
	板厚 20 mm を超え 40 mm 以下	14A 号	4 号，10 号	棒状試験片採取の場合
		14B 号	1A 号	
	板厚 6 mm を超え 20 mm 以下	14B 号	1A 号，5 号	板状試験片採取の場合
	板厚 3 mm を超え 6 mm 以下		5 号，	
	板厚 3 mm 以下	—	13A 号，13B 号	
棒	—	2 号，14A 号	4 号，10 号	—
線	—	—	9A 号，9B 号	—
管	管の外径が小さいもの	14C 号	11 号	管状試験片採取の場合
	外径 50 mm 以下	14B 号	12A 号	円弧状試験片採取の場合
	外径 50 mm を超え 170 mm 以下		12B 号	
	外径 170 mm を超えるもの		12C 号	
	管径 200 mm 以上のもの	14B 号	5 号	板状試験片又は円弧状試験片採取の場合
	厚肉のもの	14A 号	4 号	棒状試験片採取の場合
鋳造品		14A 号	4 号，10 号	—
			8A 号，8B 号，8C 号，8D 号	伸び値不要の場合に用いる．試験片用に鋳造した供試材から採取する．
鍛造品	—	14A 号	4 号，10 号	—

　図 1.5 に JIS で規定された試験片の一部（JIS Z 2201 対応国際規格 ISO6892）を表 1.1 ととも
に示す．また試験法に関しても引張り試験は JIS Z 2241 によって定められており，他の曲げ試験，
せん断試験，ねじり試験などの試験方法に関しても同様に JIS で定められている．

　図 1.6 に，いろいろな材料の引張り試験の結果を基にしたモデル図を示す．縦軸は荷重を試験
片の断面積で除した値（応力：stress）であり横軸は試験片の伸びを試験片の長さで除した値（ひ
ずみ：strain）で，材料によって破断（図の×部のところ）まで至る曲線の形が異なっている．同図
では，曲線の形によって三つのタイプに分け記してあり，各タイプの曲線は実際には材料によって
その大きさは異っている．この曲線は材料の引張り試験時の応力-ひずみ線図（stress-strain curve）
と呼ばれる．大きい変形を伴いながら破断する材料と小さな変形で急に破断する材料に分類する
ことができ，前者を延性（ductility）材料，後者をぜい性（brittleness）材料と呼ぶ．鉄，アルミ
ニュウム，銅などは延性材料であり，鋳鉄，ガラス，セラミックス，コンクリートなどはぜい性

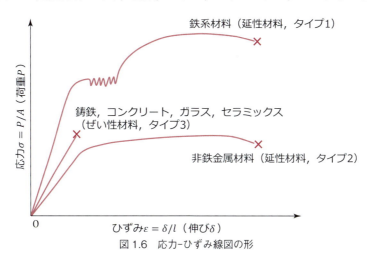

図 1.6　応力-ひずみ線図の形

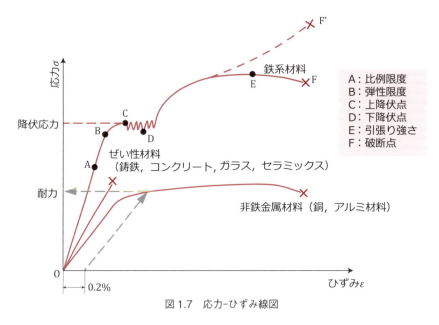

図 1.7　応力-ひずみ線図

材料である．また軟鋼材の応力-ひずみ線図は，破断前の曲線が他の曲線と異っている．そこで軟鋼の応力-ひずみ線図を図 1.7 に詳しく示す．引張り荷重を増加させてゆくと O-A の間は荷重の値（応力）と伸び（ひずみ）が比例している部分で，その少し上の B 点までが弾性域である．弾性域を過ると荷重（応力）がほぼ一定値にもかかわらず伸び（ひずみ）が増大する部分 C-D が現れる．この C-D の部分の上下の変動を区別しないときの応力を**降伏応力**（yield stress）と呼ぶ．さらに荷重（応力）が増加すると再びゆるやかに伸び（ひずみ）が増加して破断点 F（×印の箇所）に至る．伸びがゆるやかに増加する原因は，**加工硬化**（work hardening）と呼ばれる現象である．しかしながら実際の試験片の変形を観察すると図 1.8 のように局所的にくびれが生じており，断面積は元の値 A より小さくなった値 A' に変化している．荷重 P を元の断面積 A で除した $\sigma = P/A$ は**公称応力**（nominal stress）と呼ばれており，くびれた断面 A' で除した $\sigma' = P/A'$ は**真応力**（actual stress）と呼ばれ，真応力は図 1.7 の破線で示すように上昇の割合が大きくなる．

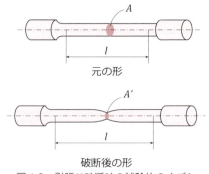

図 1.8　引張り破断時の試験片のくびれ

　一方，銅，アルミニウムなどの非鉄金属は明確な降伏点が顕著に現れないために，便宜上，0.2 % の永久ひずみを生ずる点を降伏点とみなし，これを**耐力**（proof stress）と呼んで区別をする．

表 1.2　鉄および鋼の機械的性質を代表する諸量の概略値

			錬鉄	鋳鉄	鋼
弾 性 限 度	σ_E	(N/mm²)	150～250	30～150	—
降 伏 点	σ_Y	(〃)	190～290	—	—
引 張 強 さ	σ_U	(〃)	300～450	150～250	20
縦 弾 性 係 数	E	(GPa)	210	73～13	12
伸 び	ϕ_L	(％)	30～40	＜1	45
絞 り	ϕ_A	(％)	70～80	—	70
破壊エネルギ	U_{1R}	(N-m/cm³)	98～147	2～13	9

　ここで表 1.2 に鉄，鋼の代表的な機械的性質の概略値を示しておく．

　図 1.9 のような一端が壁に固定された丸棒の先端にねじりモーメント $M_T=T$ を作用させた場合（ねじり試験）のねじりモーメント $M_T=T$ と先端に生じるねじれ角 ϕ との関係の試験結果を基にしたモデル図 1.10 に示す．直径の値によってねじれ角の大きさは異なるが，その傾向は同じである．すなわちねじれモーメント $M_T=T$ が小さいときは弾性領域にあり，ねじりモーメント M_T とねじり角 ϕ は比例して直線的に増大する．さらにねじりモーメントを増大すると少し勾配は緩やかになるがほぼ直線的に増大し，このときは丸棒の表面から徐々に塑性領域に入っていることが観察される．

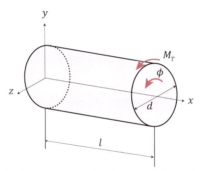

図 1.9　ねじりモーメント M_T を受ける丸棒のねじれ

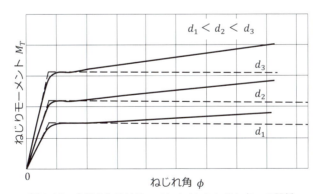

図 1.10　丸棒のねじりモーメント M_T とねじれ角 ϕ の関係

1.3.2 ◆ 引張り試験とねじり試験における材料定数

　図 1.6 に示した引張り試験では荷重が小さいときは引張り荷重と伸びが比例しており，図 1.10 に示した丸棒のねじり試験では，ねじりモーメントが小さいときは，ねじりモーメントとねじれ角は比例している．いずれも弾性域内の変形と考えられ，その比例定数は材料によって固有なも

のと考えられる．この比例定数に関しては，第 2 章で説明する弾性係数（elastic coefficients or modulus of elasticity）と呼ばれるものである．

1.3.3 ◆ 塑性域における変形の諸性質[6]

材料の物体が弾性限度以上，すなわち塑性域にまで荷重されたときの変形は，除荷した場合に瞬間的にもどる部分（弾性変形）と，遅れてもどる部分（広義では弾性変形）と，元にもどらずに永久ひずみとして残る部分（塑性変形）よりなる．一般的に材料はつぎのような塑性域における諸性質を示すことを理解しておくことは重要である．

（1）すべり線，ひずみ硬化

金属材料の引張試験に際し降伏点を越すと，きれいに研磨仕上げされていた試験片の表面は，少しずつその光沢を失ってゆくことが見られ，これをより詳細に観察すると図 1.11 に見るように，ほぼせん断応力が最大となる面（引張方向に 45°をなす面）に平行な多くの線が現われている．この種の線は塑性変形の発生および進行を示すもので，すべり線（slip line）またはリュダース線（Luder's line）と呼ばれる．

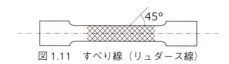

図 1.11　すべり線（リュダース線）

塑性変形は，この種のすべり（せん断）変形であり，降伏現象はその局所的な成長過程を意味する．塑性変形がある程度，試片の全域に進行すると変形抵抗を増し始め，同時に，表面硬度も上昇する．この現象はひずみ硬化，または加工硬化（strain hardening or work hardening）と呼ばれ，金属の引抜き加工やプレス加工などの塑性加工の際に重要になる．

（2）履歴的な現象

図 1.12(a)に示すように塑性域の B 点まで荷重をかけ，その後静かに除荷すると，応力-ひずみ（σ-ε）線図はほぼ比例限度内の直線部分 OA に平行に，BC のように下降する．これに再び荷重をかけると，だいたい直線 CB をたどり，すなわち 2 度目の負荷に際しては弾性限度が初めの A 点から B 点まで上昇したことになる．さらに荷重を増せば，ほぼ通常の応力-ひずみ曲線をたどり，

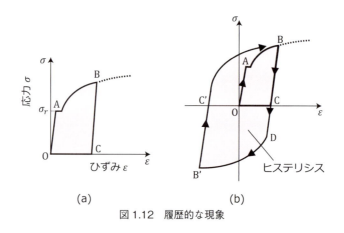

(a)　　　　　　　　　　(b)

図 1.12　履歴的な現象

破断に至る性質を示す．

　また図 1.12(b)のように，上述と同様に B 点より除荷して C 点に至った状態の試片に，こんどは逆方向（圧縮方向）の荷重を加えると D 点で示されるように弾性限度が著しく低下する現象がみられ，これはバウシンガー効果（Bauschinger's effect）と呼ばれる．

　さらにこの方向に荷重を増して B′点に至り，除荷して C′点に行き，再び引張方向に荷重をかけると σ–ε 曲線はループを描き，これはヒステリシスループ（hysteresis loop）と呼ばれる．荷重を正負にわたって変動させなくても，一般に塑性域で荷重を変動させると往復で応力–ひずみ曲線は同じ道をたどらず，細いヒステリシスループが見られる．ループに囲まれた面積に相当するエネルギーが，この際の塑性変形抵抗（内部摩擦）により消費され，熱などに変換されたことを示す．

（3）時間遅れ的な現象

　塑性域にまで荷重をかけた試験片が急に除荷された場合，瞬間的にもどる変形のほかに，長時間かかって徐々に回復する変形が見られる．この現象は弾性余効（elastic after working）と呼ばれて，ある種の粘性的な内部抵抗の存在を意味するものである（図 1.13(a)）．

　また，ある点まで試片に荷重をかけ，その両端を固定してひずみを一定に保っても，長時間たつと応力がだんだん低下する現象は応力弛緩（relaxation of stress）と呼ばれ，その一例は高温高圧容器の締付ボルトなどに見られる（図 1.13(b)）．一方これとは逆に，一定応力のもとにひずみが長時間の経過につれて増大する現象はクリープ（creep）と呼ばれ，高温の場合に著しい（図 1.13(c)）．したがってガスタービン，ジェットエンジン，原子炉などの高温にさらされる部材の設計にあたり，クリープは重要な意味を持つものである．なお繰り返し荷重を受ける材料の強度が徐々に失われていく材料の疲れ（fatigue of material）と呼ばれる現象も，塑性変形に関連したもので，長時間にわたり振動荷重を受ける部材の設計に際し重要となる．

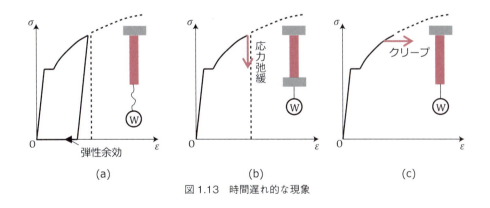

図 1.13　時間遅れ的な現象

1.4
構造部材の支持形式と反力

　剛体や弾性体で構造物を造るときは，荷重による剛体的な運動を防ぐためにそれらを支える支持機構が必要である．表 1.3 に平面内の剛体や弾性体を支える代表的な支持機構を示す．

　構造が荷重やモーメントを受けると支持機構の部分に表の左端に示すような反力と反モーメン

表 1.3 平面構造における種々の支持機構

要素の支持機構			(拘束度) Dc
代表的なもの (矢印は作用し得る反力)	その他の等価なもの		
ヒンジ・ローラ	滑動単純支持	コロ支持 滑曲面接触	1
ヒンジ (ピン,ピボット)	単純支持 (ナイフエッジ)	粗曲面接触	2
ローラ	滑平面接触		
クランプ,固定	溶接	粗平面接触	3

ト^(注1) が生じ，それらの数は平面内の自由度 (degrees of freedom) $f=3$ のいくつかを拘束するので拘束度 (degrees of constraints) と呼ばれ，同表の右端に示されている．剛体や弾性体の支持機構によって自由度 f と支点反力の数（拘束度）の関係は下記の三通りの場合が考えられる．

(a) 不静定　$s=r-n>0 \rightarrow r>n$

(b) 静定　　$s=r-n=0 \rightarrow r=n$

(c) 不安定　$s=r-n<0 \rightarrow r<n$

ここで s は，不静定次数 (statistically indeterminate number) と呼ばれる量で $s=r-n$ である．平面内に x, y 座標を採ると平衡条件式の数 $n=3$（x 方向の力のつりあい，y 方向の力のつりあい，z 方向のモーメントのつりあい）と支点反力の数から平衡条件式の数 $n=3$ を引いた値として定義される．不静定次数 s が 0 となる，一般に $s=0$（$r=n$）のときを静定 (statically determinate) と呼ぶ．この場合平面内の三つの平衡条件式から直接的に反力や反モーメントを求めることができる．一方一般に $s>0$（$r>n$）の不静定 (statically indeterminate) と呼ばれる場合には未知の支点反力の数が多くなってしまい，平衡条件式のみでは支点反力は求められず，弾性体の場合は後述の変形を考慮しなければ支点反力は求められない．また $s<0$（$r<n$）の不安定 (unstable) と呼ばれる場合は支持が不十分で構造として空間内に固定できず，空間内で運動できる機構 (mechanism) と呼ばれるものとなる．図 1.14 に平面内の剛体や弾性体の支持様式の代表例を自由度と拘束度

(注1) 構造が支持端から受ける反作用 (reaction) として，反作用力 (reaction force) と反作用モーメント (reaction moment) が存在し，前者は一般的に反力と呼ばれているが後者の適当な術語がないため，ここでは単に反モーメントと呼ぶことにする．

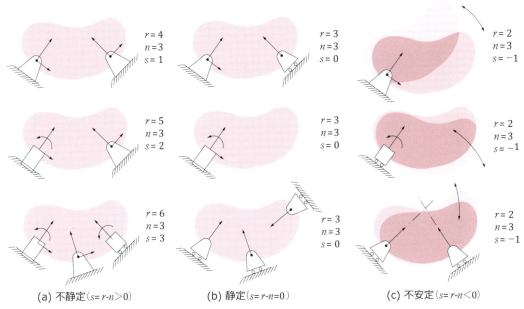

<table>
<tr><td></td><td></td><td>r = 4
n = 3
s = 1</td></tr>
</table>

r = 4, n = 3, s = 1	r = 3, n = 3, s = 0	r = 2, n = 3, s = −1
r = 5, n = 3, s = 2	r = 3, n = 3, s = 0	r = 2, n = 3, s = −1
r = 6, n = 3, s = 3	r = 3, n = 3, s = 0	r = 2, n = 3, s = −1
(a) 不静定 ($s=r$-$n>0$)	(b) 静定 ($s=r$-$n=0$)	(c) 不安定 ($s=r$-$n<0$)

図 1.14　平面における剛体の支持様式の代表例と自由度，拘束度

とともに示す．

例題 1.4e-1　はりの支点とその反力

　表 1.4e-1 に示すような，いろいろな支持形態のはり（曲げを受ける弾性の棒状部材の平衡条件式の数 n，支点反力や支点反モーメントの数 r，不静定次数 $s=r-s$ を示し，静定系か不静定系の判定をせよ．また静定系の場合には，支点反力や反モーメントを求めよ．

表 1.4e-1　いろいろな支持を受けるはりと反力

No.	はり支持形態	n	r	$s=r-n$	静定/不静定	支点反力 支点反モーメント
1	片持はり	2				
2	両端支持ばり	2				
3	支持−滑動ばり	2				

表 1.4e-1   つづき

No.	はり支持形態			
4	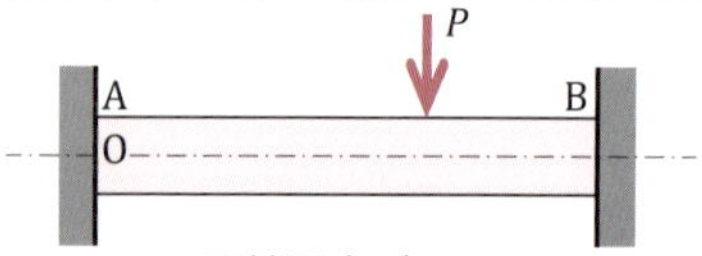 両端固定ばり	2			
5	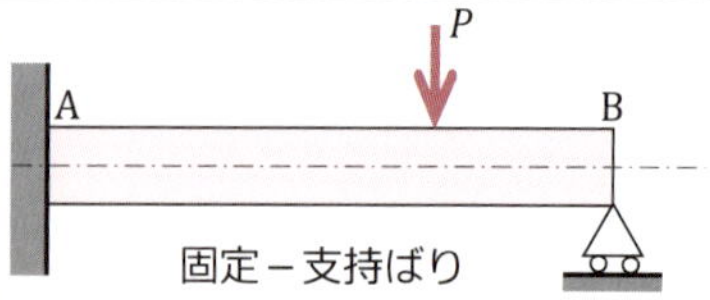 固定－支持ばり	2			
6	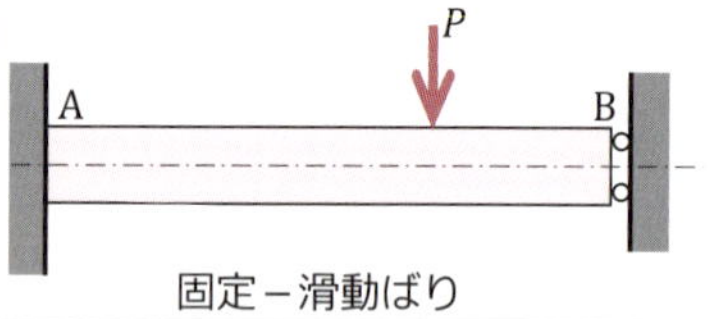 固定－滑動ばり	2			

【解答】

表 1.4e-2   いろいろな支持を受けるはりと反力

No.	はり支持形態	n	r	$S=r-n$	静定/不静定	支点反力 支点反モーメント
1	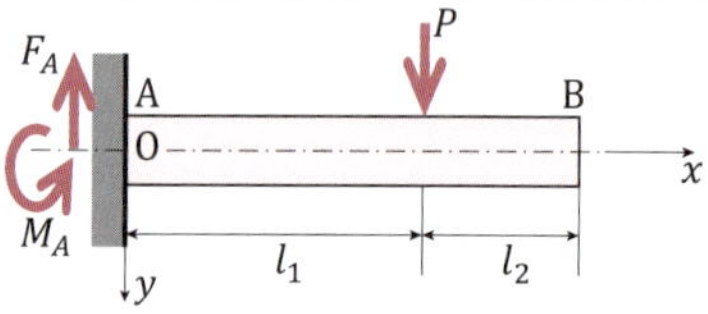	2	2	0	静定	$F_A = -P$ $M_A = l_1 P$
2	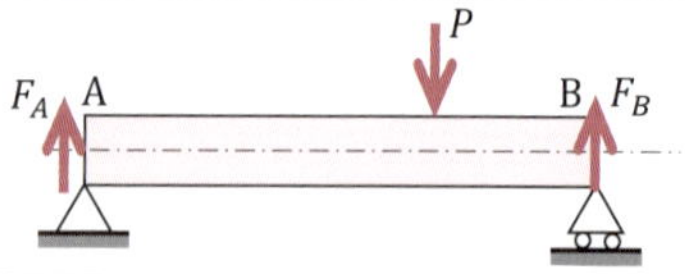	2	2	0	静定	$F_B = l_1 P / (l_1 + l_2)$ $F_A = -l_2 P / (l_1 + l_2)$
3	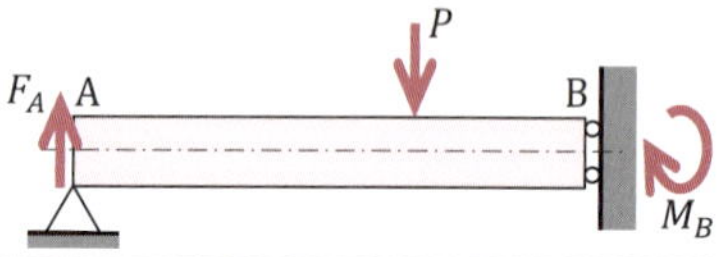	2	2	0	静定	$F_A = -P$ $M_B = P(l_1 + 2l_2)$
4	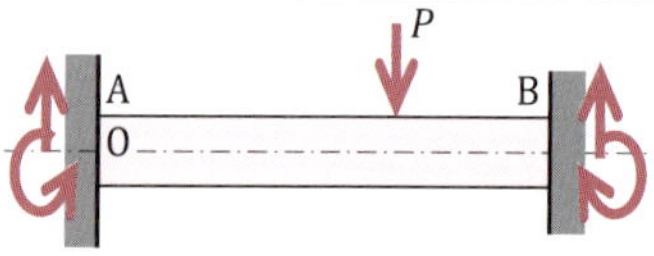	2	2	2	不静定	
5	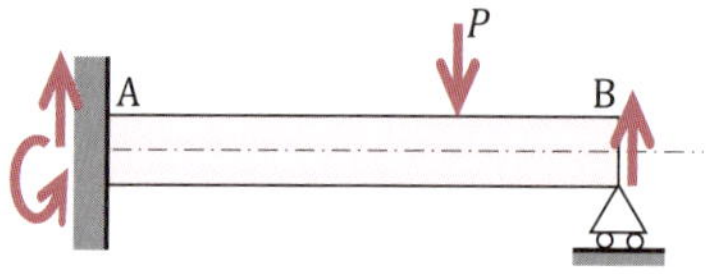	2	2	1	不静定	
6	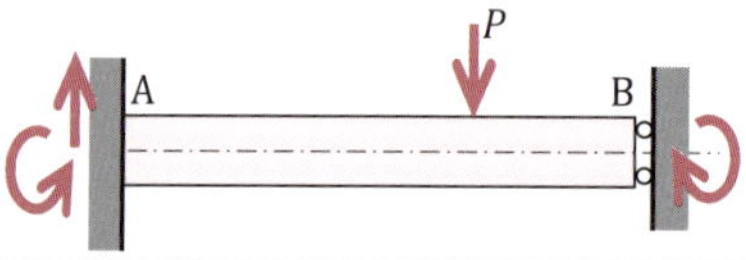	2	2	1	不静定	

　したがって静定となるはりの支持条件は，表 1.4e-1 の No.1〜3，すなわち片持はり，両端支持ばり，支持-滑動ばりの三つの場合のみである．その他の支持条件下では不静定のはりとなる．

1.5 荷重（外力），内力，断面力

1.5.1 ◆ 荷重（外力）

　図 1.15 と表 1.4 に棒状部材に加わる荷重（外力）およびモーメント荷重の例を示す．
　なお棒状部材は主として受ける荷重やモーメント荷重によって次表 1.5 のように呼ばれる．

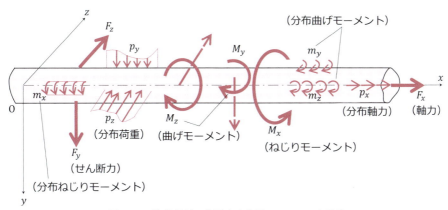

図 1.15　棒状部材に作用する荷重，モーメント荷重

表 1.4　棒状部材に加わる荷重，モーメント荷重

荷重とモーメント荷重		記号	呼称
荷重	集中荷重	F_x	軸力（x 方向）
		F_y	せん断力（y 方向）
		F_z	せん断力（z 方向）
	分布荷重	p_x	分布軸力（x 方向）
		p_y	分布せん断力（y 方向）
		p_z	分布せん断力（z 方向）
モーメント	集中モーメント荷重	M_x	ねじりモーメント荷重（x 方向）
		M_y	曲げモーメント荷重（y 方向）
		M_z	曲げモーメント荷重（z 方向）
	分布モーメント荷重	m_x	分布ねじりモーメント荷重（x 方向）
		m_y	分布曲げモーメント荷重（y 方向）
		m_z	分布曲げモーメント荷重（z 方向）

表 1.5　棒状部材の呼称と受ける荷重，モーメント荷重

棒状部材の呼称	主として受ける荷重，モーメント荷重
棒（tie rod）	引張り軸力
柱，支柱（column, strut）	圧縮軸力
はり，桁（beam）	曲げモーメント
軸（shaft）	ねじりモーメント

1.5.2 ◆ 内力，断面力

　図 1.16(a)に示すような左端が固定され，右端に圧縮軸荷重 P を受けている棒状部材を考えて

みる．荷重 P は棒の媒質を介して伝播する．この状態は同図(b)のように棒を小さな要素に分割して要素ごとに切り離して考えると理解しやすくなる．すなわち右端の 1 番目の要素には右端の荷重 P が左端に伝わる．このとき切り離した 2 番目の要素の右端の面ではこの荷重がそのまま P として伝わり一番目の要素の左端にはその反力 $R = -P$ が作用する．1 番目の要素の左端の面の $-P$ と 2 番目の要素の右端の面に生ずる P とは，両方の要素が結合したときは平衡して合力は 0 となる．この状況は 3 番目以降の要素に対しても同様となる．したがって棒の左端の結合点から x の距離にある断面を仮想的に切り離すと図 1.16 の(c)のように切断面の両方の面には P と $-P$ の力が作用している．このような物体の内部に伝播する力を **内力**（internal force）と呼ぶ．この例のように内力は大きさは等しいが，考える面によってその方向は逆向きになる．棒状部材では断面の図心（均質な物体では断面の重心に一致）における内力やモーメントを **断面力**（stress resultant）と呼ぶ．以上，述べたように内力あるいは断面力は考えている断面の両方の面のどちらの面の力を考えているのかで，その方向は逆になる．したがって断面力の符号，すなわち正，負を決める必要がある場合には，座標軸と対応させて外向きの法線ベクトルが座標軸の正の向きに向う面（正の面）の上で，荷重（外力）のベクトルとの符号の決め方と同様に座標軸の正に向う内力あるいは断面力を正に，またモーメントも荷重（外力）によるモーメントの符号と同様に決めることが一般的に行われている．この本でも一般に行われている方法に従う．教科書によっては符号の簡素化などで必要な場合にはその逆向きに定義することもあり，いずれの場合もその符号の定義を明確にしておけばよく，応力，ひずみ，変形の状態はいずれの符号の取り方でも同一になる．大事なことは符号の決め方を一貫しておくことである．

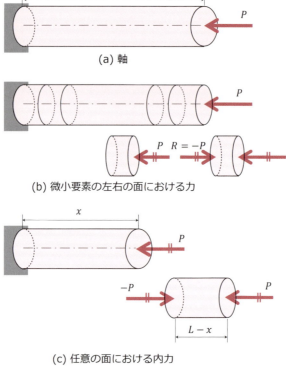

(a) 軸

(b) 微小要素の左右の面における力

(c) 任意の面における内力

図 1.16 圧縮荷重 P を受ける棒状部材

<u>**例題 1.5e-1**</u>　三次元弾性体の内力

　　図1.5e-1に示すように任意の外力を受けている弾性体内の1点Pを通る面上に作用する断面力を考えよ.

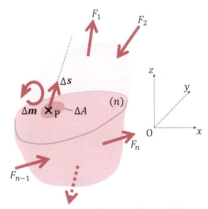

図1.5e-1　三次元弾性体円の内力

【解答】

　　図のように n の面上の点 P の近傍の微小面積 ΔA には微小内力 Δs と微小モーメント Δm が一般的に作用している. n の面の外向きの法線ベクトルの方向を座標軸に一致させると, 内力やモーメントは座標成分で表すことができる.

<u>**例題 1.5e-2**</u>　棒の断面力の種類と符号

　　引張圧縮や曲げおよびねじりを受ける棒状部材の任意の断面における断面力の種類と符号を説明せよ.

【解答】

　　任意の仮想切断面 A の上の断面力となる力とモーメントを図示すると図1.5e-2のようになる. すなわち断面には表1.4に示すような断面力と断面モーメントが生じる. その符号は多くの場合正の面（面の外向き法線ベクトルが x 軸の正の方向と一致する面）の上で荷重（外力）の等号のつけ方と一致するように採られ, 図に示した方向が正の方向である.

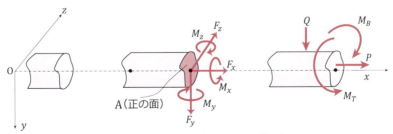

図1.5e-2　はりの断面における断面力

断面 A には，三つの断面力 F_x，F_y，F_z と三つの断面モーメント M_x，M_y，M_z の合計 6 つの力とモーメントが存在する．その正の方向は正の面 A の座標の正の方向と一致する．

例題 1.5e-3 片持はりの断面力

図 1.5e-3 に示すような先端に斜め方向の荷重 P を受ける長さ l の片持はりの固定端から x の距離にある断面 A における断面力の種類とその大きさ（符号を含む）を求めよ．

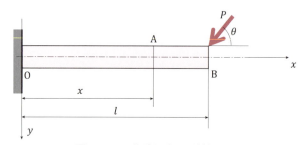

図 1.5e-3 荷重を受ける片持ちは

【解答】

下図に示すように x の距離にある断面 A で仮想的に切断する．切断された A の部分は，静力学的に平衡状態にあるので左側の断面には図に示すような方向に軸力 P_x とせん断力成分 P_y が生ずる．さらに左端には P_y による曲げモーメント荷重 $M_z = P_y(l-x)$ も生じるのでこれにつりあう断面力としての曲げモーメントも生じる．図の正の断面には荷重やモーメント荷重と同じ向きの断面力：

$$F_x = -P_x = -P\cos\theta$$
$$F_y = P_y = P\sin\theta$$
$$M_z = P_y(l-x) = P\sin\theta\,(l-x)$$

が生じる．この場合の符号（正負）は荷重やモーメント荷重の向きと同一である．

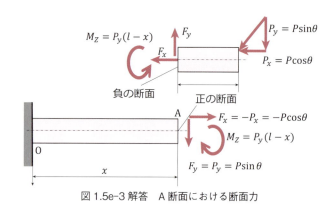

図 1.5e-3 解答 A 断面における断面力

例題 1.5e-4　荷重を受ける L 字型はりの断面力

図 1.5e-4 のように先端に荷重 P を受ける L 字型のはりがある．部材①，②に図のような座標系を取り，部材①の $x_1 = a$ の断面 A と部材②の $x_2 = b$ の断面 B における断面力の種類と大きさ（符号も含む）を求めよ．

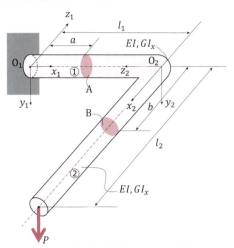

図 1.5e-4　先端に荷重を受ける L 字型はり

【解答】

①，②部材の座標 $O_1\text{-}x_1 y_1 z_1$，$O_2\text{-}x_2 y_2 z_2$ を基に考える．ここでも断面 A と断面 B で仮想的に切断した状態を想定する．

右側の切り離した部分の平衡条件より断面 A には，

・せん断力　$F_{y1} = P$

・ねじりモーメント　$M_{x1} = P l_2$

・曲げモーメント　$M_{z1} = P(l_1 - a)$

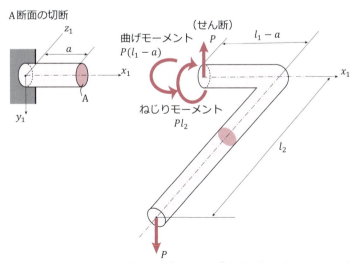

図 1.5e-5　先端に荷重を受ける L 字型はり：①部材の仮想断面による切断

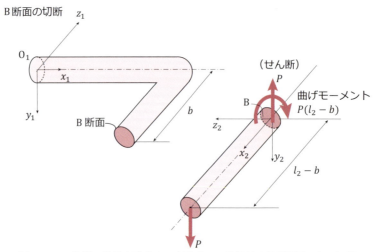

図 1.5e-6　先端に荷重を受ける L 字型はり：②部材の仮想断面による切断

が生じる．符号は正の面で考えている．

　右例の切り離した部分の平衡条件によって断面 B には
・せん断力　$F_{y2} = P$
・曲げモーメント　$M_{z2} = P(l_2 - b)$
が生じ，ここでも符号は正の面で考えている．

1.6
一次元部材（棒状部材）の応力，ひずみの初等概念

1.6.1 ◆ 棒状部材に加わる荷重と伸び

　図 1.17 に示すような太い断面積 A_1 と細い断面積 A_2 の丸棒の先端に等しい水平方向の荷重 P が加わる場合を考えてみよう．

　荷重 P を増加させてゆくと材料が破損する可能性はどちらも同じであろうか．容易に想像できるように実際には細い断面の方が危険性が高い．すなわち荷重の単なる大きさだけではなく断面積に関連する．この場合に，単位断面積当りの断面力である軸力（$=P$），すなわち P/A_1，P/A_2 が破損の一つの尺度となりそうである．また同図(c)のように垂直方向に荷重を加えた場合には x の断面には内力としてせん断力と曲げモーメントが生じる．このせん断力も断面積との関連で見る必要があり P/A_1，P/A_2 等が一つの尺度となる．

　さらに図 1.17(b)に示すような同一断面積を有し，長さの異なる二つの棒の先端に水平方向に荷重 P を加えてみる．

　それぞれに加える P を変えて同一の伸び Δl が生じたとすると，材料的に見た場合に変形はどちらの棒の方が大きいのであろうか．この場合伸びた割合を示す $\Delta l/l_1$，$\Delta l/l_2$ が一つの尺度となりそうである．すなわち l_2 の短い長さの棒の方が伸びた割合が大きい．

　上記の例でも理解できるように材料の破損などの強度は，荷重によって生ずる内力の値そのものではなく断面積で除した単位面積当りの力が一つの尺度となり，伸びや縮みもその値そのもの

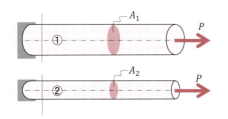
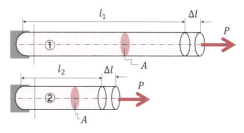

(a) 同一の引張荷重を受ける異なる断面積の棒　　(b) 長さの異なる同一断面の棒の等しい伸び変形

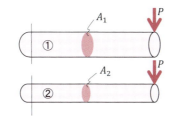

(c) せん断荷重を受ける異なる断面積の棒
図 1.17　荷重を受ける棒の断面積と長さ

ではなく，元と長さとの比率が一つの尺度となる．

　次に図 1.17(c) の場合，長さ x の任意の断面上には，せん断力 $F_y = P$ と曲げモーメント $M_z = P(l-x)$ が生じている．せん断力 P によって棒が破損するかどうかはこの場合にも単位断面積当りの力 P/A_1，P/A_2 の大きさに依存しそうである．すなわちせん断力によって棒が破損するかどうかも単位面積当りの力が尺度となりそうである．またせん断方向の変形もどの位の割合で変形したかの尺度が必要となりそうである．

1.6.2 ◆ 棒状部材の応力，ひずみの初等概念

　前項で引張りを受ける棒状部材における二つの尺度，すなわち単位面積当りの断面力および元の長さに対する伸びの割合について説明した．そこでここでは棒状部材に引張力，圧縮力やせん断力などの荷重が加った場合の二つの尺度について考えてみよう．

（1）引張力，圧縮力を受ける棒状部材の応力，ひずみ

　図 1.18(a)，(b) に示すように引張力 $+P$ および圧縮力 $-P$ を受けている棒状部材を考える．荷重の符号は座標軸 x の正の方向と対応させる．

　図 1.18(a) に示すように原点から x の距離にある断面に生ずる断面力である軸力 F_x は，$F_x = +P$ となり，x の座標値にかかわらず一定である．したがって単位面積当りの軸力を考え，垂直応力（normal stress）と呼び，次式で表すことができる．

$$\sigma_x = F_x/A \tag{1.1}$$

　(a) の引張の場合は $\sigma_x = P/A > 0$ となり，(b) の圧縮の場合は $\sigma_x = -P/A < 0$ となり，いずれも一定値となる．すなわち $\sigma_x > 0$ は引張り，$\sigma_x < 0$ は圧縮に対応している．

　また棒の伸び u_x は x の座標によって異なり，第 3 章で説明するように先端の伸びは $u_l = \Delta l$ と

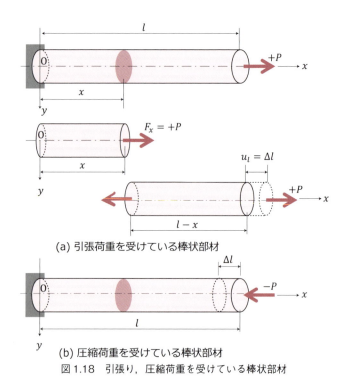

(a) 引張荷重を受けている棒状部材

(b) 圧縮荷重を受けている棒状部材

図 1.18　引張り，圧縮荷重を受けている棒状部材

なって最大となり，左端の原点では固定されていて伸びず $u_0=0$ となる（x 方向の伸び u_x は 1 次関数的に増大する．4.3 節参照）．すなわち元の長さ l に対する伸びの割合は x 座標によって異なり，先端で最大となる．先端の伸びの割合は次式で表され，垂直ひずみ（normal strain）と呼ぶ．

$$\varepsilon_l = \Delta l / l \ (>0) \tag{1.2}$$

垂直ひずみは座標の関数で左端の固定端では $\varepsilon_0=0$ となる．圧縮荷重を受けるときは Δl は縮んだ量，すなわち $-\Delta l$ となる．したがって $\varepsilon_l>0$ は引張り変形，$\varepsilon_l<0$ は圧縮変形に対応している．

（2）せん断力を受ける棒状部材の応力，ひずみ

図 1.19 に示すような先端にせん断力が加っている棒状部材を考える．原点から x の座標点における断面上では，せん断力 $F_y=+P$ と曲げモーメント $M_z=P(l-x)$ が生ずる．このうち，せん断力は断面においてずらす方向のせん断変形 $\Delta v_y=\Delta v$ を生じさせる．せん断変形は棒の長手方向に一定となる．したがって単位面積当りのせん断力：

$$\tau_{xy}=F_y/A=P/A>0 \tag{1.3}$$

は，せん断応力（shear stress）と呼ばれ，長さ l' の線素の単位長さ当りのせん断変形

$$\gamma_{xy}=\Delta v/l' \tag{1.4}$$

は，せん断ひずみ（shear strain）と呼ばれる．

しかしながら単位面積当りの力は断面で一様な分布を仮定しており近似値としては考えられるが，上下表面では自由面であるので応力は生ぜず，実際の現象とは矛盾する．またせん断ひずみ

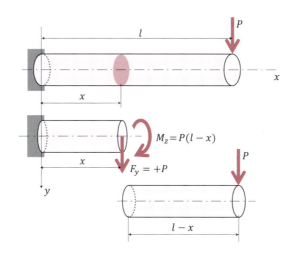

図 1.19 せん断力と曲げモーメントの分布

式（1.4）の分布の元の線素の長さ l' は何を取るべきであろうか．したがって式（1.3）のせん断応力式（1.4）のせん断ひずみはあくまでも近似値で一つの目安にすぎないことを注意すべきである．

第 1 章 演習問題

［ 1 ］材料の引引試験で "真応力"，"公称応力" について調べよ．

［ 2 ］材料の引張り試験でくびれ部分の破断形状について述べよ．

［ 3 ］ねじり試験片についての JIS の規格を調べよ．

［ 4 ］左端が固定されている断面積が A，長さ l の棒に図のように軸方向に引張り荷重 P と単位長さ当り q の分布荷重が負荷されているとき，図の A 断面と B 断面に生ずる断面力の種類とその大きさを求めよ．

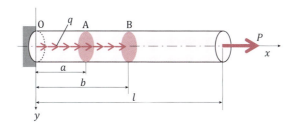

［ 5 ］図(a)，(b)のようにはりがせん断力 P と曲げモーメント T を受けている．それぞれの場合において断面 A–A′ における断面力の種類とその大きさを求めよ．

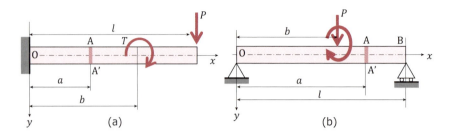

[6] 図のように T 字型のはりがその両端に水平方向に荷重 P を受けている．このとき図の断面 A，B に生じる断面力の種類とその大きさを求めよ．

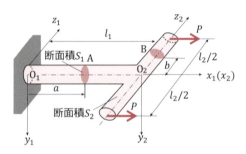

[7] 図のように内圧 P が加っている厚さ t，半径 R の球形タンクがある．タンクの接線方向に生じる応力 σ_t（単位面積当りの力）を計算せよ．

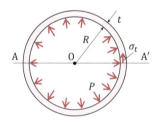

[8] 図のように固定壁に A，B でピン接合された長さ l_1，l_2 の二つの棒がその先端 C でピン結合されいて集中荷重 P が下方に作用している．棒の伸び剛性（ヤング率 E×断面積）をそれぞれ $E_1 A_1$，$E_2 A_2$ とするとき，各棒の伸び λ_1，λ_2 を求めよ．

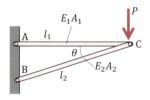

第2章

弾性体における応力，ひずみ，構成方程式

OVERVIEW

　前章では，材料の強度に関する二つの尺度としての応力とひずみの初等的な概念を述べた．しかしながらそこで示した応力とひずみの定義には，あいまいで正確性に欠ける点も含まれていた．そこで本章では二次元，三次元弾性体を対象に応力とひずみ，および応力とひずみの関係式である構成方程式と言った材料力学の中で最も重要な項目の少し厳密な定義等を示し，材料の強度と設計についても少し触れる．

トーマス・ヤング（Tomas Young）
1773 年〜1829 年，イギリス

・物理学者
・光の干渉現象の再発見
・光の波動説
・ヤング率
・ヤング音律（ヴァロッティ＝ヤング音律）

本章では，応力，ひずみ，弾性係数，構成方程式などの材料力学の基礎となるについて述べる．

阪神大震災で鋼構造物の脆性破壊による発生した落橋状況
出典：http://www.me.tokushima-u.ac.jp/zairyoukyoudo/20/l4.ppt

2.1
応力

2.1.1 ◆ 応力の定義

　図 2.1 に示すような支点等で支持されて剛体運動が除かれた三次元の弾性体に集中力，分布力，モーメントなどのいろいろな荷重が作用している系を考える．弾性体内に任意の一点 P をとる．P を通る任意の平面でこの弾性体を図 2.2 のように仮想的に切断する．P 点の回りに微小な面積 ΔA を取る．ΔA には微小な断面力（内力）Δs が作用している．ここに Δs は，内力のベクトルで平面に対して任意の方向を向いており，n 面に垂直な成分 Δs_n と平行（接線）な成分 Δs_t に分解される．

　ここで n 面に垂直な成分 Δs_n と水平（接線）成分 Δs_t を ΔA で除した値の極限を取る．

$$\sigma = \lim_{\Delta A \to 0} \frac{\Delta s_n}{\Delta A} \quad （垂直応力） \tag{2.1}$$

$$\tau = \lim_{\Delta A \to 0} \frac{\Delta s_t}{\Delta A} \quad （せん断応力） \tag{2.2}$$

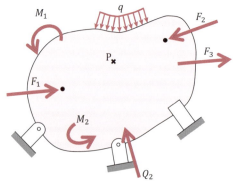

図 2.1　いろいろな荷重を受ける弾性体

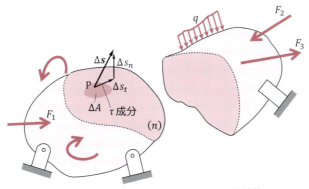

図 2.2　平面（*n*）で仮想的に切断された弾性体

　上記（2.1）（2.2）は単位面積当りの力（断面力）の平均値の極限であり，前章 1.5 節で定義したものよりも厳密な定義である．なぜ厳密かと言うと図 2.1 に示すようないろいろな荷重の下では内部に生じる内力（断面力）は厳密に言うと各点によって異なり，微分の形で定義する必要がある．また ΔA の極限は点 P に向って小さくすることを示しており，1 点における値を示している．式（2.1）は通常ギリシャ文字の σ（シグマ）という記号を用いて表され，面に垂直方向の成分を有し，垂直応力（normal stress）と呼ばれる．また式（2.2）は面に接線方向にせん断する方向の成分を持つので，ギリシャ文字で τ（タウ）を用いてせん断応力（shear stress）と呼ばれる．ここで注意すべきは，せん断応力は面上の任意の方向に向いており，便宜上，面上の二つの座標成分（τ_1, τ_2）に分けて考えられることが多い．したがって一つの面上の 1 点における応力の成分は垂直応力 σ の一つと二つのせん断応力 τ_1, τ_2 の合計 3 成分が存在する．そこで図 2.3 のように直交座標 O-xyz を取ると三次元弾性体内の 1 点 P における応力成分は x 面，y 面，z 面のそれぞれの面上で垂直応力一つとせん断応力二つの，計 3 つの成分が存在するので合計 9 つの成分が存在する．垂直応力は面に対応するので σ_x, σ_y, σ_z と表記し，せん断応力は面とその方向を示す

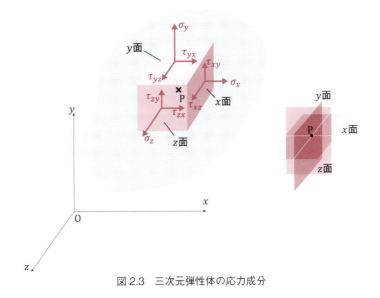

図 2.3　三次元弾性体の応力成分

必要があり，τ_{xy}，τ_{xz}，τ_{yz}，τ_{yx}，τ_{zx}，τ_{zy} と表記する．すなわち面，方向の形の表記で第1添字はせん断応力の存在する面を第2添字は作用する方向を示す．

$$\tau_{面,\ 方向} \tag{2.3}$$

また応力の正の方向は座標軸の正の方向に向かう面（正の面と呼ぶ）において正の座標方向に向かうものを正とする．

図 2.3 の立方体は点 P を通る面を理解しやすくするために示したもので x 面，y 面，z 面は右図のように実際には P を通る面であることに注意されたい．これらの 9 つの成分は，行に方向を，列に面を示すマトリクスで一つの量として式 (2.4) のように示すことができる．

$$
\underset{面}{\downarrow}
\begin{bmatrix}
\sigma_x & \tau_{xy} & \tau_{xz} \\
\tau_{yx} & \sigma_y & \tau_{yz} \\
\tau_{zx} & \tau_{zy} & \sigma_z
\end{bmatrix}
\overset{\rightarrow 方向}{}
\tag{2.4}
$$

図 2.4 に示すような z 方向の厚さが薄い板状の弾性体では z 方向の応力成分 σ_z，τ_{zy}，τ_{zx} が，小さく無視できる．このような応力状態を平面応力状態（plane state of stress）あるいは二次元応力状態（2-dimensional state of stress）と呼ぶ．この場合，式 (2.4) の z 面上，z 方向の応力成分は 0 となるので

$$
\begin{bmatrix}
\sigma_x & \tau_{xy} \\
\tau_{yx} & \sigma_y
\end{bmatrix}
\tag{2.5}
$$

の形に書け，4 つの成分が存在する．

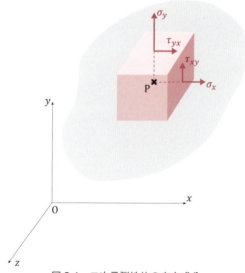

図 2.4　二次元弾性体の応力成分

2.1.2 ◆ せん断応力の共役性

式（2.4）で示したように弾性体内の xyz 座標で表示した一点の応力状態は9つの成分で示される．問題はこの9つの成分全てが独立であろうかという点である．実はせん断応力には，共役（conjugate）な関係が存在して独立な応力成分は6つとなる．

いま図2.5に示すような三次元弾性体の中に辺の長さが微小の Δx，Δy，Δz の立方体を考える．座標 x の x 面の上では同図(a)に示すような σ_x，τ_{xy} が存在する．この面は負の面であるので σ_x，τ_{zy} の方向は図のようになることに注意されたい．x から Δx 離れた $x+\Delta x$ の面では図に示すように，$\sigma_x+\partial\sigma_x/\partial x\cdot\Delta x$ と $\tau_{xy}+\partial\tau_{xy}/\partial x\cdot\Delta x$ の応力成分が図(b)のように存在する．

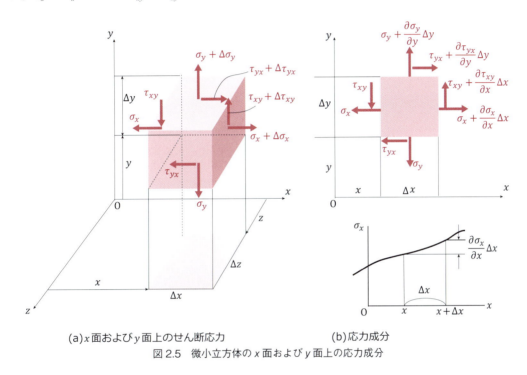

(a) x 面および y 面上のせん断応力　　　　(b) 応力成分

図2.5　微小立方体の x 面および y 面上の応力成分

第2項の増分は(b)の下に示すように接線近似あるいは σ_x，τ_{xy} は座標 x，y，z の関数であるのでテーラー展開：

$$\Delta\sigma_x=\sigma_x(x+\Delta x,\,y+\Delta y,\,z)-\sigma_x(x,\,y,\,z)=\partial\sigma x/\partial x\cdot\Delta x+\frac{1}{2}\partial^2\sigma_x/\partial x^2\cdot(\Delta x)^2+\cdots$$

の第1項までを採ったものと考えられる．

この微小な立方体は静力学的に平衡な状態にあるので z 軸回りのモーメントの平衡から次式が成立する．

$$\left(\tau_{xy}+\frac{\partial\sigma_y}{\partial y}\Delta x\right)\Delta y\Delta z\Delta x-\left(\sigma_x+\frac{\partial\sigma_x}{\partial x}\Delta x\right)\Delta y\Delta z\frac{\Delta x}{2}-\left(\tau_{yx}+\frac{\partial\tau_{yx}}{\partial y}\Delta y\right)\Delta x\Delta y\Delta z$$

$$+\left(\sigma_y+\frac{\partial\sigma_y}{\partial y}\Delta y\right)\Delta x\Delta z\frac{\Delta y}{2}=0 \tag{2.6}$$

Δx, Δy の四次以上の項を微少量として省略すると

$$(\tau_{xy} - \tau_{yx})\Delta x \Delta y \Delta z = 0$$

したがって

$$\tau_{xy} = \tau_{yx} \tag{2.7}$$

となる．すなわち直交する x 面と y 面上のせん断応力は，その大きさが等しい．すなわち共役性が成立して，τ_{xy}, τ_{yx} は共役せん断応力（conjugate shear stress）と呼ばれる．同様に

$$\tau_{yz} = \tau_{zy}, \qquad \tau_{zx} = \tau_{xz} \tag{2.8}$$

も成立するので独立な応力成分は，式（2.4）の対角線から上の部分にある σ_x, σ_y, σ_z, τ_{xy}, τ_{yz}, τ_{xz} の合計 6 つの成分となる．

2.2 ひずみ

2.2.1 ◆ ひずみの定義

　前章の式（1.2），式（1.4）では棒状部材を例に取り，垂直ひずみおよびせん断ひずみの初等的な概念を示した．しかしながら既に述べたようにせん断ひずみに関しては正確な記述ではない．また一般の弾性体内では場所によって内力の大きさが変化するのでそれに伴う変形が基になるひずみももう少し正確に定義する必要がある．

　そこで図 2.6 に示すような弾性体を平面 n で仮想的に切断した面上の点 P に長さ Δh の線素 PQ を考える．荷重を受けた後，弾性体は変形するので線素は一般に伸びと回転が生じ P′Q′ のようになる．また平面（n）もゆがんだ面となる．そこで図 2.7 に示すように元の平面（n）上の線素の P 点に変形後の線素 P′ 点を平行移動して重ねる．さらに変形前の直交 x_1 軸，x_2 軸のなす角の二等分線 m と変形後の対応する軸 x_1', x_2' のなす角の二等分線を一致するように図 2.7(b) のように重ねる．QQ′ 間の変位を $\Delta \boldsymbol{r}$ として，その平面に垂直方向の成分 Δr_n と水平（接線）方向成分 Δr_t に分解する．これらの成分を基に次式（2.9），（2.10）に示す垂直ひずみ（normal strain）とせん断ひずみ（shear strain）の一般的な定義式が得られる．

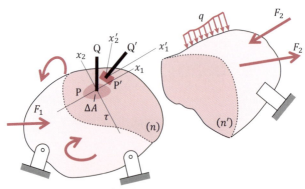

図 2.6　平面（n）で仮想的に切断された弾性体

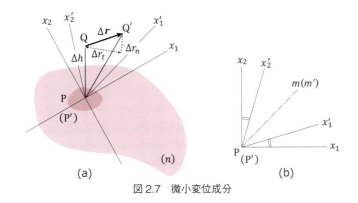

図 2.7　微小変位成分

$$\begin{cases} \varepsilon = \lim_{\Delta h \to 0} \dfrac{\Delta r_n}{\Delta h} \quad \text{(垂直ひずみ)} & (2.9) \\[4mm] \gamma = \lim_{\Delta h \to 0} \dfrac{\Delta r_t}{\Delta h} \quad \text{(せん断ひずみ)} & (2.10) \end{cases}$$

　垂直ひずみはギリシャ文字の ε（イプシロン）が，せん断ひずみは γ（ガンマー）が常用記号として使用される．式（2.9）（2.10）は前章の 1.6 で紹介したひずみの初等概念を一般的に拡張したもので，弾性体内の各点で変形が異なるので微分形式で定義している．極限は P 点に向って線素の長さ Δh を 0 に近づける操作である．またせん断ひずみ γ の方向を表すために二つの軸 x_1，x_2 に関する成分 γ_1，γ_2 に分けて考えることが多い．

2.2.2 ◆ ひずみの三次元座標成分

　上記 2.2.1 で一つの平面に関して垂直ひずみ ε とせん断ひずみ γ を二つの直交座標に分けた γ_1，γ_2 の成分が存在することを示した．したがって三次元の座標に関しては図 2.8 に示すような x 面，y 面，z 面で 9 つの成分が存在する．例えば x 面の上では垂直ひずみ ε_x とせん断ひずみ γ_{xy}，γ_{xz} の計 3 つの成分が存在する．せん断ひずみの添字は，せん断段応力のときと同様に 1 番目の添字は面を，2 番目の添字は方向を表す．この 9 つの成分を行に方向を，列に面を表すマトリクスの

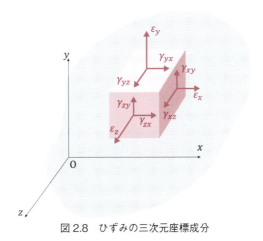

図 2.8　ひずみの三次元座標成分

形で表現すると式 (2.11) のようになる.

$$
\begin{bmatrix}
\varepsilon_x & \gamma_{xy} & \gamma_{xz} \\
\gamma_{yx} & \varepsilon_y & \gamma_{yz} \\
\gamma_{zx} & \gamma_{zy} & \varepsilon_z
\end{bmatrix}
\tag{2.11}
$$

2.2.3 ◆ せん断ひずみの共役性

応力の場合と同じように式 (2.11) で示したひずみの 9 つの成分は全て独立であるかが問題となる. 結論的には以下に示すように応力の場合と似たようにせん断成分, すなわちせん断ひずみ成分に共役 (conjugate) な関係が成立して独立なひずみ成分は ε_x, ε_y, ε_z, γ_{xy}, γ_{xz}, γ_{yz} の 6 つの成分になる. せん断ひずみの共役性は比較的簡単に示すことができる. 簡単のため二次元ひずみ状態 (2-dimensional state of strain):

$$
\begin{bmatrix}
\varepsilon_x & \gamma_{xy} \\
\gamma_{yx} & \varepsilon_y
\end{bmatrix}
\tag{2.12}
$$

を考える. 図 2.9 に示すように y 軸に位置している弾性体内の線素は荷重を受けた後は伸びやせん断変形を伴って移動するが線素の元の位置を重ね合わせると図 2.9(a) のようになる. せん断ひずみ γ_{yx} は $\Delta \gamma_t / \Delta h$ の極限となるので図の角度 α に相当する. 同様に線素を x 軸に位置させると図の (b) のようにせん断ひずみ γ_{xy} は角度 β に相当する.

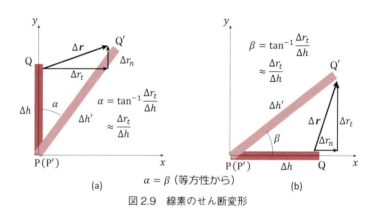

図 2.9　線素のせん断変形

材料の性質が方向に依存せず一定, すなわち等方性を有していれば(a), (b)は同一の変形となるので $\alpha = \beta$ となり

$$
\gamma_{xy} = \gamma_{yx}
\tag{2.13}
$$

が成立する. 式 (2.13) は共役せん断ひずみ (conjugate shear strain) と呼ばれる性質を示している. 同様に式 (2.11) で示す $\gamma_{yz} = \gamma_{zy}$, $\gamma_{zx} = \gamma_{xz}$ の共役性が成立するので, ひずみの 9 つの成分の内で独立なものは 6 つとなり, ε_x, ε_y, ε_z, γ_{xy}, γ_{xz}, γ_{yz} となる.

2.2.4 ◆ ひずみと変位の関係

　ここでは弾性体の中の変位とひずみの関係を調べてみる．簡単のために，ここでも二次元ひずみ状態と変位の関係を考えてみよう．図 2.10 に示すように xy 平面内に Δx，Δy を辺に持つ微小な長方形 PQRS を考える．荷重を加えた後はこの長方形は変形して P′Q′R′S′ になるとする．いま P 点の x，y 方向の変位を u，v とすれば u，v は x，y の関数 $u(x, y)$，$v(x, y)$ となる．Q，S 点の変位はテーラー展開して高次の項を無視すると図に示すような偏導関数で表すことができる．例えば S 点の y 方向の変位は

$$v(x, y+\Delta y) = v(x, y) + \frac{\partial v}{\partial y}\Delta y + \cdots \fallingdotseq v + \frac{\partial v}{\partial y}\Delta y$$

と表すことができる．他も同様である．

　したがって式 (2.9) (2.10) の定義を用いると微小なひずみとして

$$\varepsilon_x = \lim_{\Delta x \to 0} \frac{\mathrm{P}'\mathrm{Q}' - \mathrm{PQ}}{\mathrm{PQ}} = \lim_{\Delta x \to 0} \frac{\left(\Delta x + \dfrac{\partial u}{\partial x}\Delta x\right) - \Delta x}{\Delta x} = \frac{\partial u}{\partial x} \tag{2.14}$$

$$\varepsilon_y = \lim_{\Delta y \to 0} \frac{\mathrm{P}'\mathrm{S}' - \mathrm{PS}}{\mathrm{PS}} = \lim_{\Delta y \to 0} \frac{\left(\Delta y + \dfrac{\partial v}{\partial y}\Delta y\right) - \Delta y}{\Delta y} = \frac{\partial v}{\partial y} \tag{2.15}$$

$$\gamma_{xy} = \lim_{\substack{\Delta x \to 0 \\ \Delta y \to 0}} \left(\frac{\pi}{2} - \angle \mathrm{Q}'\mathrm{P}'\mathrm{S}'\right) = \lim_{\substack{\Delta x \to 0 \\ \Delta y \to 0}} \left[\frac{\pi}{2} - \left(\frac{\pi}{2} - \frac{\dfrac{\partial v}{\partial x}\Delta x}{\Delta x} - \frac{\dfrac{\partial u}{\partial y}\Delta y}{\Delta y}\right)\right] = \frac{\partial v}{\partial x} + \frac{\partial u}{\partial y} \tag{2.16}$$

となり，すなわちひずみ ε_x，ε_y，γ_{xy} は，u，v の偏導関数として表すことができる．

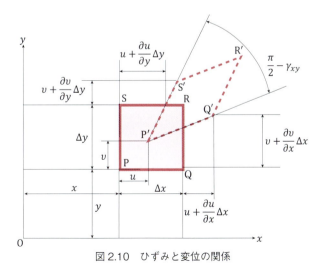

図 2.10　ひずみと変位の関係

2.2.5 ◆ 工学ひずみと体積ひずみ

（1）工学ひずみ

　ひずみの三次元成分の表示である式（2.11）および二次元成分の表示である式（2.12）はいずれ
も**工学ひずみ**（engineering strain）と呼んで後述の**ひずみテンソル**（strain tensor）の成分と区
別することがある．後述のように式（2.11），（2.12）のせん断ひずみに成分に 1/2 を乗じたものが，
ひずみテンソルのせん断成分になる．詳しくは 2.8 節を参照されたい．

例題 2.2e-1　長方形板のせん断ひずみ

　図のような幅 $3L$，高さ $2L$ の長方形板 OABC（図(a)）が荷重を受けた後長方形板は同図(b)
のように変形したとする．このとき O 点のせん断ひずみを求めよ．

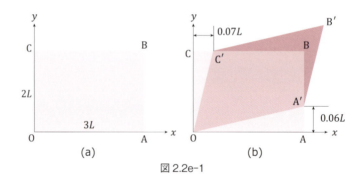

図 2.2e-1

【解答】

　式（2.16）を用いて第 1 近似的にせん断応力を計算をする．

$$\tau_{xy} = \frac{\partial v}{\partial x} + \frac{\partial u}{\partial y} \fallingdotseq \frac{0.06L}{3L} + \frac{0.07L}{2L} = 0.055$$

（2）体積ひずみ，横ひずみ

　物体に荷重が加えられ，その体積 V が ΔV だけ変形したとすると

$$\varepsilon_V = \lim_{V \to 0} \frac{\Delta V}{V} \tag{2.17}$$

を**体積ひずみ**（volmetric strain or dilatation）と呼ぶ．いま図 2.11 のように微小な辺 Δx，Δy，
Δz の微小直方体要素に荷重が加った場合を考える．その体積 $V = \Delta x \cdot \Delta y \cdot \Delta z$ が荷重負荷後に ΔV
だけ変化したと考える．微小直方体の長さは $(1+\varepsilon_x)\Delta x$，$(1+\varepsilon_y)\Delta y$，$(1+\varepsilon_z)\Delta z$ に増加している
ので式（2.17）を具体的に計算してみると

$$\varepsilon_V = \lim_{\Delta x, \Delta y, \Delta z \to 0} \frac{(1+\varepsilon_x)\Delta x(1+\varepsilon_y)\Delta y(1+\varepsilon_z)\Delta z - \Delta x \Delta y \Delta z}{\Delta x \Delta y \Delta z} = \varepsilon_x + \varepsilon_y + \varepsilon_z \tag{2.18}$$

となる．すなわち体積ひずみ ε_V は，垂直ひずみ ε_x，ε_y，ε_z の和となる．

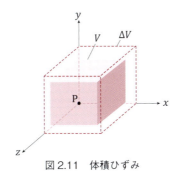

図 2.11　体積ひずみ

　さて，図 2.12 (a) (b) は，長手方向に引張り荷重と圧縮荷重をそれぞれ受けている棒状部材である．引張り荷重の場合は軸方向に一様に伸びて正の垂直ひずみ ε を生じ，横方向の寸法，すなわち高さや幅は体積が一定であるので縮む．一方圧縮荷重の場合は軸方向に一様に縮んで負の垂直ひずみ ε を生じ，横方向の寸法は広がる．横方向の寸法を b としてその変化を Δb とすれば横方向にも次式で示すような垂直ひずみ ε' が生じ，長手方向の垂直ひずみ ε を縦ひずみ（longitudinal strain）と呼ぶことがあるのでそれに対して横方向の垂直ひずみ ε' を横ひずみ（lateral strain）と呼ぶことがある．

$$\varepsilon' = \frac{\Delta b}{b} \quad \begin{pmatrix} \varepsilon' < 0 & \text{（引張り時）} \\ \varepsilon' > 0 & \text{（圧縮時）} \end{pmatrix} \tag{2.19}$$

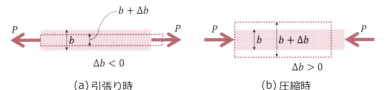

(a) 引張り時　　　　　　　(b) 圧縮時
図 2.12　引張りや圧縮を受ける時棒状部材の縦方向，横方向のひずみ

　この直交方向のひずみ ε，ε' の比に負の符号を付した量は，$-\varepsilon'/\varepsilon = \nu$ と表され，ポアソン比と呼ばれている．詳しくは 2.7.1 項で説明する．

2.3
座標変換と応力，ひずみ

2.3.1 ◆ 座標変換と応力
　ここでは簡単のために図 2.13 に示すような二次元応力状態（平面応力状態）[注1]（plane stress）状態において x-y 座標系の 1 点 A に垂直応力 σ_x，σ_y，せん断応力 τ_{xy} が作用しているときに，θ だけ回転した座標系 x'-y' 上での応力との関係を調べてみよう．
　点 A における面の状態を明らかにするために図 2.13(b) のような三角形板 ABC を考え，辺

（注 1）z 方向に関連する応力成分 σ_z，τ_{zx}，τ_{xz}，τ_{yz}，τ_{zy} が 0 となる応力状態で $\varepsilon_z = -\nu(\sigma_x + \sigma_y)/E$ は存在することに注意が必要である．薄い板状の物体において近似的に成立する応力状態である（例題 2.3e-2 参照）

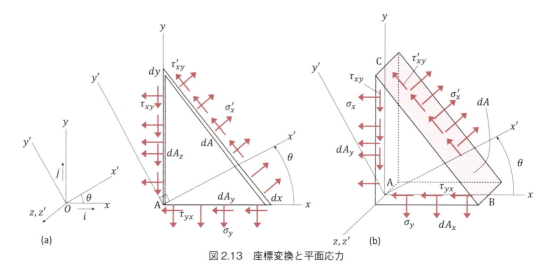

図 2.13　座標変換と平面応力

BC のある面の面積を dA とし，方向余弦を l, m とする．$l = \cos\theta$, $m = \sin\theta$ となる．

辺 AB，辺 AC が存在する面の面積 dA_x, dA_y は

$$dA_x = ldA = \cos\theta dA \qquad dA_y = mdA = \sin\theta dA \tag{2.20}$$

となる．弾性体の一点において力は平衡しているので図 2.12(b) の三角形板の $x'y'$ 方向の力の平衡と z' 方向のモーメントの平衡を考えると次式となる．

(x' 方向の力の平衡)

$$\sigma_x' dA - (\sigma_x dA_y)\cos\theta - (\tau_{xy} dA_y)\sin\theta - (\sigma_y dA_x)\sin\theta - \tau_{xy} dA_x \cos\theta = 0 \tag{2.21}$$

(y' 方向の力の平衡)

$$\tau_{xy}' dA + \sigma_x dA_y \sin\theta - (\tau_{xy} dA_y)\cos\theta - \sigma_y dA_x \cos\theta + (\tau_{yx} dA_y)\sin\theta = 0 \tag{2.22}$$

(z' 方向のモーメントの平衡)

$$\tau_{xy} dA_y \frac{dy}{2} - \tau_{yx} dA_x \frac{dx}{2} = 0 \tag{2.23}$$

式 (2.23) からは，せん断応力の共役性（$\tau_{xy} = \tau_{yx}$）が導かれ（式 (2.13) 参照），また式 (2.21)，(2.22) に式 (2.20) の関係を代入して整理すると，

$$\sigma_x' = \sigma_x \cos^2\theta + \sigma_y \sin^2\theta + 2\tau_{xy} \sin\theta \cos\theta \tag{2.24}$$

$$\tau_{xy}' = (\sigma_y - \sigma_x)\sin\theta \cos\theta + \tau_{xy}(\cos^2\theta - \sin^2\theta) \tag{2.25}$$

上式 (2.24)(2.25) に三角関数の倍角の公式を適用すると

$$\sigma_x' = \frac{\sigma_x + \sigma_y}{2} + \frac{\sigma_x - \sigma_y}{2}\cos 2\theta + \tau_{xy} \sin 2\theta \tag{2.26}$$

$$\tau_{xy}' = -\frac{\sigma_x - \sigma_y}{2} \sin 2\theta + \tau_{xy} \cos 2\theta \tag{2.27}$$

σ_y'は x 面から $\pi/2$ 角度が進んだ面であるので $\theta + \pi/2$ を式（2.26）に代入すると

$$\sigma_y' = \frac{\sigma_x + \sigma_y}{2} - \frac{\sigma_x - \sigma_y}{2} \cos 2\theta - \tau_{xy} \sin 2\theta \tag{2.28}$$

となる．式（2.26）～式（2.28）の結果は応力によって生じる断面力（内力）の座標変換と断面力を考える面の座標変換の二つが作用した結果とみなすことができる．

　なお三次元応力状態における座標変換と応力の関係は上記の二次元応力状態の場合を拡張したものと考えられる．詳しくは 2.6 の材料力学に現れるテンソル（tensor）の項で述べる.

例題 2.3e-1　垂直応力，せん断応力，合応力

　図のように幅 b，高さ h，厚さ t の長方形断面棒の両端に一様に分布する引張荷重 P が作用している．このとき対角線 AC 面に生じる垂直応力，せん断応力，合応力の大きさを求めよ.

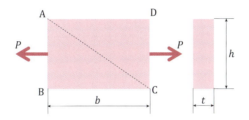

（解答）

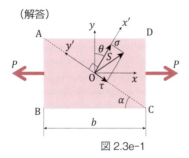

図 2.3e-1

【解答】

　図のように斜面上の点 O に x, y 軸を，斜面に垂直と水平に x', y'軸を取る.

$$\sigma_x = \frac{P}{th}, \qquad \sigma_y = 0$$

また図から

$$\sin \alpha = \frac{h}{\sqrt{b^2 + h^2}}, \qquad \cos \alpha = \frac{b}{\sqrt{b^2 + h^2}}$$

となる．また式 (2.24) (2.25) から次式が得られる．

$$\sigma_x' = \sigma_x \cos^2\theta, \qquad \tau_{xy}' = \sigma_x \sin\theta \cos\theta$$

式 (2.24) (2.25) において，θ は負の方向であるので $\theta = \pi/2 - \alpha$ となるので

$$\sigma_x' = \sigma_x \sin^2\alpha, \qquad \tau_{xy}' = \sigma_x \sin\alpha \cos\alpha$$

となり，

$$\sigma_x = \frac{P}{th}\left(\frac{h}{\sqrt{b^2+h^2}}\right)^2 = \frac{h}{t(b^2+h^2)}\,P$$

$$\tau_{xy} = \frac{P}{th}\cdot\frac{h}{\sqrt{b^2+h^2}}\cdot\frac{b}{\sqrt{b^2+h^2}} = \frac{b}{t(b^2+h^2)}\,P$$

$$\text{合応力 } S = \sqrt{{\sigma_x'}^2 + {\tau_{xy}'}^2} = \frac{1}{t\sqrt{b^2+h^2}}\,P$$

2.3.2 ◆ 座標変換とひずみ

ここでも二次元ひずみ状態（平面ひずみ状態（plane strain））[注2] における座標変換とひずみの関係を調べてみよう．三次元状態における座標変換とひずみの関係は，2.6 節の材料力学に現れるテンソル量のところで詳しく述べる．

座標変換とひずみの関係を求めるのには，基本的には線素の座標変換と線素の変形の座標変換の二つの座標変換を考慮する必要がある．理解しやすい方法は数学的な取扱いは必要となるが，2.2.4 項で説明したひずみと変位の式を活用する方法である．

図 2.14 に示すように $\Delta x'$, $\Delta y'$ の辺を持つ微小長方形 ABCD を考え，荷重を受けた後に A′B′C′D′ のように変形したと仮定する．同図に示すような座標系 O-xy と θ の角度をなす座標系 O-$x'y'$ を考え，両座標系における A 点の位置を (x, y), (x', y') またその変位を (u, v), (u', v') とすれば B，C，D 点における位置は (x', y') から $(\Delta x', \Delta y')$ 変位した点と，またその変位は $(\Delta x', \Delta y')$ の影響を受けて図のようになる．

O-$x'y'$ 座標におけるひずみと変位の関係は，2.2.4 項で既に説明したように

$$
\begin{cases}
\varepsilon_x' = \dfrac{\partial u'}{\partial x'} \\[2mm]
\varepsilon_y' = \dfrac{\partial v'}{\partial y'} \\[2mm]
\gamma_{xy}' = \dfrac{\partial v'}{\partial x'} + \dfrac{\partial u'}{\partial y'}
\end{cases}
\tag{2.29}
$$

となる．ここで偏導関数における連鎖法則（chain rule）を用いると式 (2.29) は次のように書く

（注2）平面ひずみ状態は，z 方向に関連するひずみ ε_z, γ_{zx}, γ_{xz}, γ_{yz}, γ_{zy} のすべてが 0 である状態である．このとき注意すべきは z 方向の垂直応力は $\sigma_z = \nu E(\varepsilon_x + \varepsilon_y)/\{(1+\nu)(1-2\nu)\}$ として存在することである．ν は後述のポアソン比である．この状態は z 方向に長い物体の近似としてよく使われる（例題 2.3e-2 参照）．

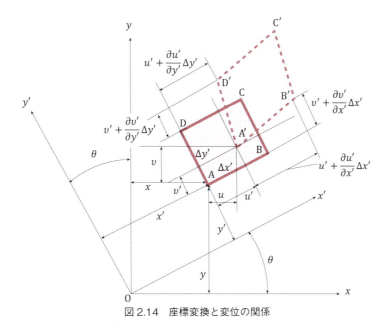

図 2.14　座標変換と変位の関係

ことができる.

$$
\begin{cases}
\varepsilon_x{'} = \dfrac{\partial u'}{\partial x}\dfrac{\partial x}{\partial x'} + \dfrac{\partial u'}{\partial y}\dfrac{\partial y}{\partial x'} \\[3mm]
\varepsilon_y{'} = \dfrac{\partial v'}{\partial x}\dfrac{\partial x}{\partial y'} + \dfrac{\partial v'}{\partial y}\dfrac{\partial y}{\partial y'} \\[3mm]
\gamma_{xy}{'} = \dfrac{\partial v'}{\partial x'} + \dfrac{\partial u'}{\partial y'} = \left(\dfrac{\partial v'}{\partial x}\dfrac{\partial x}{\partial x'} + \dfrac{\partial v'}{\partial y}\dfrac{\partial y}{\partial x'} \right) + \left(\dfrac{\partial u'}{\partial x}\dfrac{\partial x}{\partial y'} + \dfrac{\partial v'}{\partial y}\dfrac{\partial y}{\partial y'} \right)
\end{cases}
\tag{2.30}
$$

また O-xy 座標と O-$x'\,y'$ 座標と変位のそれぞれの間には

$$
\begin{cases}
x = x'\cos\theta - y'\sin\theta \\
y = x'\sin\theta + y'\cos\theta
\end{cases}
\tag{2.31}
$$

$$
\begin{cases}
u' = u\cos\theta + v\sin\theta \\
v' = -u\sin\theta + v\cos\theta
\end{cases}
\tag{2.32}
$$

の関係があるので例えば式 (2.30) の $\varepsilon_x{'}$ に式 (2.31) を代入すると

$$
\begin{aligned}
\varepsilon_x{'} &= \left(\frac{\partial u}{\partial x}\cos\theta + \frac{\partial v}{\partial x}\sin\theta \right)\cos\theta + \left(\frac{\partial u}{\partial y}\cos\theta + \frac{\partial v}{\partial y}\sin\theta \right)\sin\theta \\[2mm]
&= \frac{\partial u}{\partial x}\cos^2\theta + \frac{\partial v}{\partial y}\sin^2\theta + \left(\frac{\partial v}{\partial x} + \frac{\partial u}{\partial y} \right)\sin\theta\cos\theta \\[2mm]
&= \varepsilon_x\cos^2\theta + \varepsilon_y\sin^2\theta + \tau_{xy}\sin\theta\cos\theta
\end{aligned}
\tag{2.33}
$$

となる. ここで式 (2.14)～(2.16) の $\varepsilon_x = \partial u/\partial x$, $\varepsilon_y = \partial v/\partial y$, $\tau_{xy} = \partial u/\partial y + \partial v/\partial x$ の関係を用いている.

同様に $\varepsilon_y{}'$ および $\tau_{xy}{}'$ を求めて倍角の関係を用いて整理すると

$$\varepsilon_x{}' = \frac{\varepsilon_x + \varepsilon_y}{2} + \frac{\varepsilon_x - \varepsilon_y}{2}\cos 2\theta + \frac{\gamma_{xy}}{2}\sin 2\theta \tag{2.34}$$

$$\varepsilon_y{}' = \frac{\varepsilon_x + \varepsilon_y}{2} - \frac{\varepsilon_x - \varepsilon_y}{2}\cos 2\theta - \frac{\gamma_{xy}}{2}\sin 2\theta \tag{2.35}$$

$$\gamma_{xy}{}' = -(\varepsilon_x - \varepsilon_y)\sin 2\theta + \gamma_{xy}\cos 2\theta \tag{2.36}$$

となる．この結果はひずみの定義における線素の座標に関する変換とその変位の座標に関する変換が考慮された結果となっている．

例題 2.3e-2 平面応力状態と平面ひずみ状態の比較

平面応力状態と平面ひずみ状態による近似の対象，応力，ひずみの状態を比較せよ．

【解答】

平面応力状態と平面ひずみ状態の比較を次表に示す．

表 2.3e-1 平面応力状態と平面ひずみ状態の比較

状態	平面応力（plane stress）	平面ひずみ（plane strain）
対象	板状の物体 （z 方向が薄いと仮定）	一方向に長い物体 （z 方向に長いと仮定）
応力状態，ひずみ状態	（応力） $\sigma_z = 0,\ \tau_{zx} = \tau_{xz} = 0,\ \tau_{yz} = \tau_{zy} = 0$ $\sigma_x,\ \sigma_y,\ \tau_{xy} = \tau_{yx}$ は存在 （ひずみ） $\varepsilon_x = \dfrac{1}{E}(\sigma_x - \nu\sigma_y)$ $\varepsilon_y = \dfrac{1}{E}(\sigma_y - \nu\sigma_x)$ $\varepsilon_z = -\dfrac{\nu}{E}(\sigma_x + \sigma_y)$ （存在！） $\gamma_{yz} = \gamma_{zy} = 0,\ \gamma_{zx} = \gamma_{xz} = 0$	（ひずみ） $\varepsilon_z = 0,\ \gamma_{zx} = \gamma_{xz} = 0,\ \gamma_{yz} = \gamma_{zy} = 0$ $\varepsilon_x,\ \varepsilon_y,\ \gamma_{xy} = \gamma_{yx}$ は存在 （応力） $\sigma_z = \dfrac{\nu E}{(1+\nu)(1-2\nu)}(\varepsilon_x + \varepsilon_y)$ （存在！） $\sigma_x = \dfrac{E}{(1+\nu)(1-2\nu)}\{(1-\nu)\varepsilon_x + \nu\varepsilon_y\}$ $\sigma_y = \dfrac{E}{(1+\nu)(1-2\nu)}\{(1-\nu)\varepsilon_y + \nu\varepsilon_x\}$ $\tau_{zx} = \tau_{xz} = 0,\ \tau_{yz} = \tau_{zy} = 0$
構成式の関係	$\begin{cases}\varepsilon_x = \dfrac{1}{E}(\sigma_x - \nu\sigma_y)\\[2mm]\varepsilon_y = \dfrac{1}{E}(\sigma_y - \nu\sigma_x)\end{cases}$ （構成式は同一形式，弾性係数のみの違いで本質的な差は無い） $\begin{cases}\varepsilon_x = \dfrac{1}{E^*}(\sigma_x - \nu^*\sigma_y)\\[2mm]\varepsilon_y = \dfrac{1}{E^*}(\sigma_y - \nu^*\sigma_x)\end{cases}$ $E^* = E,\ \nu^* = \nu$	$\begin{cases}\varepsilon_x = \dfrac{1-\nu^2}{E}\left(\sigma_x - \dfrac{\nu}{1-\nu}\sigma_y\right)\\[3mm]\varepsilon_y = \dfrac{1-\nu^2}{E}\left(\sigma_y - \dfrac{\nu}{1-\nu}\sigma_x\right)\end{cases}$ $E^* = \dfrac{1-\nu^*}{E},\ \nu^* = \nu/(1-\nu)$

2.4 モールの応力円，モールのひずみ円

前述の座標変換と平面応力や平面ひずみの関係は，幾何学的（図的）にモールの円（Mohr's circle）で表現すると理解しやすいし，またいろいろな視点から検討できる．この方法は 1882 年に

モール（Mohr, C. O., ドイツ）が平面応力の図的手法として示し，彼の名が付されている．モールは材料力学，構造力学の多くの業績があり 1874 年にモールは不静定構造の概念も示している．

2.4.1 ◆ モールの応力円

平面応力状態における座標系と応力の関係は式（2.26）〜（2.28）で示したが，その関係は次のようなモールの応力円（Mohr's stress circle）と呼ばれる方法によって図的に表現できる．

（1）モールの応力円の描き方

基準座標 O-xy における平面応力状態（σ_x, σ_y, τ_{xy}）を既知として横軸に垂直応力（σ_x, σ_y），（σ_x', σ_y'）に対応する量を，縦軸下方にせん断応力 τ_{xy}, τ_{xy}'に対応する量をとる．中心を $[(\sigma_x + \sigma_y)/2.0]$ とし，半径 $r = [\{(\sigma_x - \sigma_y)/2\}^2 + \tau_{xy}^2]^{1/2}$ の円（図 2.15）を描く．

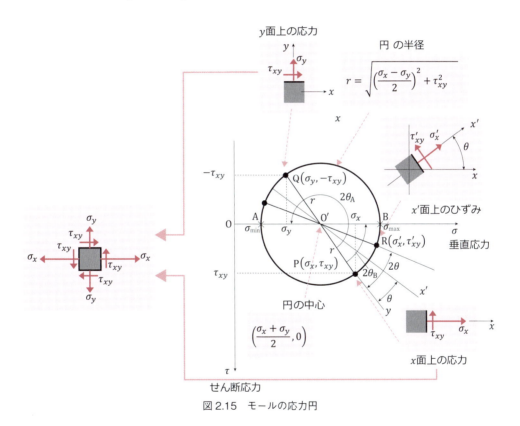

図 2.15　モールの応力円

（2）x 軸と θ の角度と θ を持つ x 面上の応力

モールの円上の点 P(σ_x, τ_{xy}) は x 面上の応力成分を，点 Q(σ_y, τ_{xy}) は y 面上における応力成分（σ_y, $\tau_{yx} = \tau_{xy}$）を示す．

x 軸と任意の角度 θ をなす x' 軸面（外向き法線が x' 軸方向の面）上の応力成分（σ_x', τ_{xy}'）は点 P から 2θ 離れた円周上の点 R(σ_x', τ_{xy}') として与えられる．

（3）主応力，最大せん断応力

　垂直応力の最大値，最小値およびせん断応力の最大値，最小値は強度設計上重要である．材料の破損・破壊に対してそれらの値は大きな影響を与える．すなわち材料の強度を考えて設計するとき，すなわち強度設計においてこれらの値を知ることは重要であり，モールの円を描くことによって簡単にそれらの大きさと生ずる面を知ることができる．材料の強度設計については，2.11で簡単に紹介する．

①　主応力

　垂直応力の最大値（$\sigma_{\max}$）と最小値（$\sigma_{\min}$）はモールの応力円で横軸を切る点（図2.15）のA点とB点で与えられることは明らかであろう．どのような面上でこれらの最大値と最小値が生じるかは基準となる面（x面）とA点，B点までの角度 $2\theta_A$，$2\theta_B$ の1/2の角度 θ_A，θ_B の方向の面上に生じ，せん断応力はいずれも0となる．これらの最大垂直応力 $\sigma_{\max}$ と最小垂直応力 $\sigma_{\min}$ は主応力（principal stress）と呼ばれる．

②　最大せん断応力

　最大せん断応力，最小せん断応力は図2.16に示すように縦軸のせん断応力値が最大となる点Cと最小になる点Dで生じる．生じる面はモール円上の角度 $2\theta_C$，$2\theta_D$ の1/2の θ_C，θ_D の面となり，この面上では垂直応力は0とならず，円の中心の垂直応力の値 $(\sigma_x + \sigma_y)/2 = (\sigma_{\max} + \sigma_{\min})/2$ の大きさを持つ．また最大せん断応力と最小せん断応力の絶対値は等しくなることが図から明らかであろう．

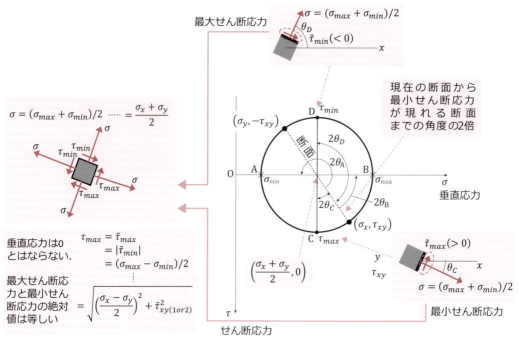

図2.16　最大せん断応力と最小せん断応力

例題 2.4e-1 モールの応力円（1）

荷重を受けている弾性体内部の点 P の応力状態を調べるために，P の回りに x 軸，y 軸，z 軸方向に稜線を持つ微小な直方体を想定して，その上の応力状態を調べた結果，図のような状態となった．このとき次の問いに答えよ．

① z 面上のせん断応力は測定しなかった．せん断応力が存在するかどうかを考え，存在する場合はその大きさと方向を示せ．

② P 点の σ_x，σ_z，τ_{xz} を求めよ．（大きさと符号）

③ モールの応力円を描き，主応力の値と方向（x 面からの角度，$\tan^{-1}$ の形でよい）を求めよ．

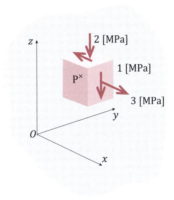

図 2.4e-1

【解答】

① 共役せん断応力として存在し，$\tau_{zx} = \tau_{xz} = -1\,[\mathrm{MPa}]$ となる．

② $\sigma_x = 3\,[\mathrm{MPa}]$，$\sigma_z = -2\,[\mathrm{MPa}]$，$\tau_{xz} = -1\,[\mathrm{MPa}]$

③ モールの円（右図）

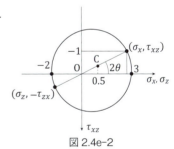

図 2.4e-2

主応力の値

$$\begin{cases} \sigma_{\max} = 3.19\,[\mathrm{MPa}] \\ \sigma_{\min} = -2.19\,[\mathrm{MPa}] \end{cases}$$

主応力の方向

$$\begin{cases} \tan 2\theta = \dfrac{1}{3} \\ \theta = \dfrac{1}{2}\tan^{-1}\dfrac{1}{3} \end{cases}$$

例題 2.4e-2 モールの応力円（2）

次図 2.4e-3(a)〜(d) の各場合のモールの応力円を求めよ．

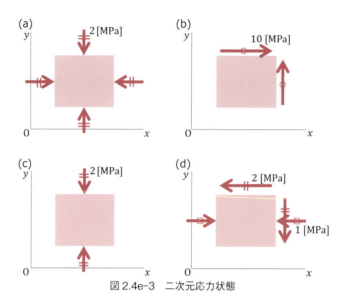

図 2.4e-3　二次元応力状態

【解答】

　各場合のモールの応力円は図 2.4e-4 のようになる.

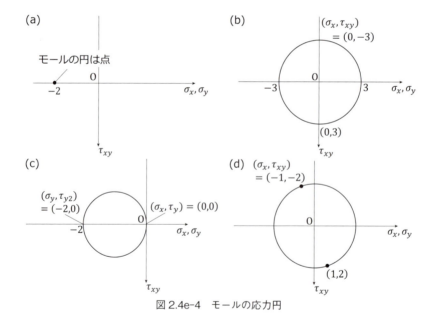

図 2.4e-4　モールの応力円

例題 2.4e-3

　図のように幅 30 mm 高さ 2 mm の長方形断面で長さが 400 mm の一端が壁に固定され，他端に 3 kN の荷重を受ける板がある．このとき次の問いに答えよ．

① 平面（2 次元）応力状態と考えて，点 P の応力 σ_x，σ_z，τ_{xz} を求めよ．

② モールの応力円を求めよ．
　圧縮最大垂直応力および最大せん断応力を求めよ．

③ z 軸に平行な面から図のように 30° ずれた面を考え，座標軸 x'–z' をとるとき，P 点のこの面に垂直な垂直応力 σ_x' およびこの面内のせん断応力 τ_{xz}' をモール円から求めよ．

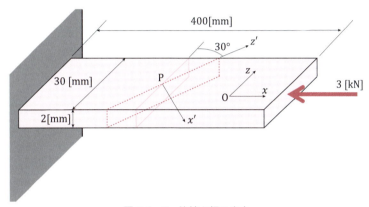

図 2.4e-5　片持ち板の応力

【解答】

① $\sigma_x = -3/(0.03 \times 0.002) = -50$ [MPa]

　$\sigma_z = 0$，$\tau_{xz} = 0$

② 右図

図 2.4e-6　モールの応力円

③ $2\theta = -60° \rightarrow$ P 点

　$\sigma_x' = -50 \cos 60° = -50 \times \dfrac{1}{2} = -25$ [MPa]

　$\tau_{xz}' = -50 \sin 60° = -50 \times \dfrac{\sqrt{3}}{2} = -25\sqrt{3} = -44.3$ [MPa]

2.4.2 ◆ モールのひずみ円

（1）モールのひずみ円

平面ひずみ状態における座標系とひずみの関係は式（2.34）〜（2.36）で示した．これらの式と座標系と応力の関係式，式（2.26）〜（2.28）を比較して次表の対応関係に着目すると全く同一の形式をしていることがわかる．その際に，せん断応力 τ_{xy} にはせん断ひずみ γ_{xy} の 1/2 の $\gamma_{xy}/2$ が対応していることに注意されたい．

表2.1 座標系と応力，ひずみの対応関係

対応項目	応力	ひずみ
対応式	式（2.26） 式（2.28） 式（2.27）	式（2.34） 式（2.35） 式（2.36）
対応量	σ_x'	ε_x'
	σ_y'	ε_y'
	τ_{xy}'	$\dfrac{\gamma_{xy}'}{2}$

したがってモールの応力円と全く同一の方法でモールのひずみ円（Mohr's strain circle）を描くことができ，x 軸と θ の角度を持つ x' 面上のひずみ成分を図2.17のように x 面から 2θ 回転した円上の点として求めることができる．

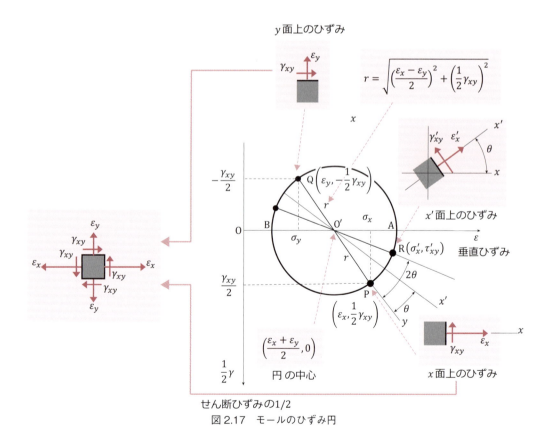

図2.17 モールのひずみ円

この座標系と応力および，ひずみの関係式の類似性は同一量として取り扱えることを示し，後述のテンソル（tensor）量として把握できる．

（2）主ひずみと最大せん断ひずみ

応力の場合と同様に垂直ひずみが最大 $\varepsilon_{\max}$ となるモールのひずみ円上の A 点と最小 $\varepsilon_{\min}$ となる B 点は重要であり，その垂直ひずみは主ひずみ（principal strain）と呼ばれる．$\varepsilon_{\max}$, $\varepsilon_{\min}$ が生ずる面は図 2.18 で x 断面から A 点，B 点までの角度 $2\theta_A$, $2\theta_B$ の $1/2$ の θ_A, θ_B の方向が法線となる面である．主ひずみが生ずる面上ではせん断ひずみは 0 となる．

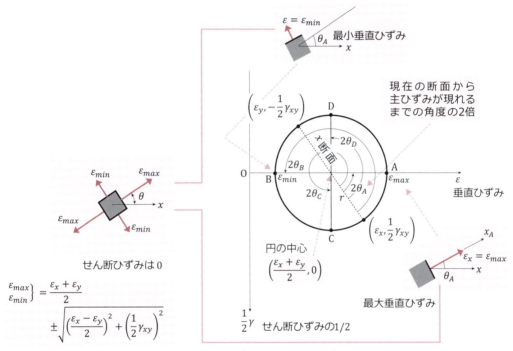

図 2.18　主ひずみと最大せん断ひずみ

また最大せん断ひずみ $\gamma_{\max}$，最小せん断ひずみ $\gamma_{\min}$ はモールひずみ円上の C 点と D 点の値となり，その生ずる面は $2\theta_C$, $2\theta_D$ の $1/2$ の θ_C, θ_D の方向が法線となる面である．最大せん断ひずみと最小せん断ひずみが生じる面上では垂直ひずみの値は 0 とならず，モール円の中心点の垂直ひずみ $(\varepsilon_x+\varepsilon_y)/2=(\varepsilon_{\max}+\varepsilon_{\min})/2$ の値を取る．$\gamma_{\max}$ と $\gamma_{\min}$ はその絶対値が等しい．

例題 2.4e-4　モールのひずみ円

弾性体内の一点 P におけるひずみ状態を調べてみた結果，図 2.4e-7 のような二次元ひずみ成分となった．このとき，下記の問に答えよ．
① モールのひずみ円を描け．
② ε_x, ε_y, γ_{xy} をモールのひずみ円から求めよ．

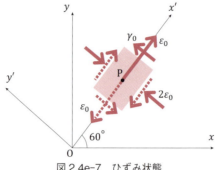

図 2.4e-7　ひずみ状態

【解答】

① x'–y'座標におけるひずみの値は $\varepsilon_x' = \varepsilon_0$,　$\varepsilon_y' = -2\varepsilon_0$,　$\tau_{xy}' = \gamma_0$.
したがってモールの円は下図となる.

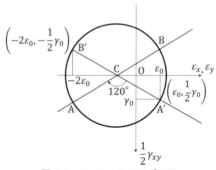

図 2.4e-8　モールのひずみ円

② O-x'と O-x のなす角 θ は

$$\theta = -60°$$

したがってモールの円上で A′から $-120°$進んだ A の点のひずみが ε_x, γ_{xy} となる. ε_y は B 点における垂直ひずみとなる.

2.5
断面のモーメント，図心，断面の主軸

　材料力学ではその基礎として棒状部材が引張りや圧縮荷重，せん断荷重，曲げやねじりモーメント荷重を受けたときの応力，ひずみの分布や変形を求めることに，かなりの重点が置かれている．応力，ひずみの分布や変形は棒状部材の力学的性質や長さに依存するばかりでなく，断面の形状にも依存する．

2.5.1 ◆ 断面モーメント

　いろいろな断面形状の特性を一般的に表現する量として断面一次モーメント（1st moment of area）と断面二次モーメント（2nd moment of area）（moment of inertia of area），断面相乗モ

ーメント（product of inertia of area），**断面二次極モーメント**（polar moment of inertia of ares）などの諸モーメントがあり，以下に定義を示そう．

（1）断面一次モーメント

図 2.19 に示すように任意の断面上に座標 O-yz を取る．断面上の任意の点 P(y, z) を考え，P 点の回りに微小断面積 dA を取る．断面一次モーメントは次式で定義できる．

$$G_z = \int y\,dA \tag{2.37}$$

$$G_y = \int z\,dA \tag{2.38}$$

ここで断面一次モーメントが 0 となる座標軸の原点 O′ を求めてみる．式（2.37）（2.38）において $y = y' + y_0$, $z = z' + z_0$ を代入すると

$$G_z = \int (y' + y_0)\,dA = \int y'\,dA + y_0 A = G_z' + y_0 A = y_0 A \tag{2.39}$$

$$G_y = \int (z' + z_0)\,dA = \int z'\,dA + z_0 A = G_y' + z_0 A = z_0 A \tag{2.40}$$

となる．ここでは定義から G_z', G_y' は 0 と考えられる．

したがって G_z, G_y を 0 にする座標 O′(y_0, z_0) は (G_z/A, G_y/A) となり，**図心**（center of area, centroid）と呼ばれる[注3]．表 2.2 に代表的な断面の図心の位置を示す．

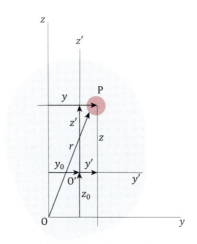

図 2.19　断面とモーメント

（2）断面二次モーメント

断面二次モーメント I_z, I_y は次式で定義される．

（注3）断面の重心（質量中心）G の座標は，$G_{mz} = \int y\,dm$, $G_{my} = \int z\,dm$ から G(G_{mz}/m, G_{my}/m) と求まり，均質な密度 ρ の一様な断面積の長さ l の棒では $dm = \rho l\,dA$, $m = \rho A l$ となるので図心に一致する．

表 2.2 種々の形状の物体の重心[1]

種別	形状	重心
線形	(1) 円弧	重心は中心角 2α(ラジアン)の二等分線上. $y_G = r\dfrac{s}{b} = r\dfrac{\sin\alpha}{\alpha}$ 半円円周 $y_G = \dfrac{2r}{\pi} \fallingdotseq 0.6366r$ 四半円周 $y_G = \dfrac{2\sqrt{2}r}{\pi} \fallingdotseq 0.9003r$ 六分の一円周 $y_G = \dfrac{3r}{\pi} \fallingdotseq 0.9549r$ (任意の弧 $x_G = \dfrac{2}{3}h$)
平面形	(2) 三角形	重心 G は 3 中線の交点 重心 G の座標 $\begin{cases} x_G = \dfrac{1}{3}(x_1 + x_2 + x_3) \\ y_G = \dfrac{1}{3}(y_1 + y_2 + y_3) \end{cases}$
平面形	(3) 台形	重心 G は 2 辺 AB, CD の中点 M, N を結ぶ線上. $h_a = \dfrac{h}{3}\dfrac{a+2b}{a+b}$, $h_b = \dfrac{h}{3}\dfrac{2a+b}{a+b}$ または EF と MN の交点 あるいは G_1G_2 と MN の交点 (G_1 は △ABD, G_2 は △ADC の重心)
平面形	(4) 多角形	多角形を三角形に分割し,各三角形の面積を A_i,その三頂点の座標を (x_{i1}, y_{i1}), (x_{i2}, y_{i2}), (x_{i3}, y_{i3}) とすれば重心 G の座標は $x_G = \dfrac{1}{A}\sum\dfrac{1}{3}A_i(x_{i1}+x_{i2}+x_{i3})$ $y_G = \dfrac{1}{A}\sum\dfrac{1}{3}A_i(y_{i1}+y_{i2}+y_{i3})$
平面形	(5) 扇形	$y_G = \dfrac{2}{3}\dfrac{s}{b}r = \dfrac{r}{3}\dfrac{S}{A} = \dfrac{2}{3}\dfrac{r\sin\alpha}{\alpha}$ (α:ラジアン) $A = r^2\alpha$(扇形の面積) 半円 $y_G = \dfrac{4}{3}\dfrac{r}{\pi} \fallingdotseq 0.4244r$ 四半円 $y_G = \dfrac{4\sqrt{2}}{3\pi}r \fallingdotseq 0.6002r$ 六分の一円 $y_G = \dfrac{2}{\pi}r \fallingdotseq 0.6366r$
平面形	(6) 環形の一部	$y_G = \dfrac{2}{3}\dfrac{\sin\alpha}{\alpha}\dfrac{R^3-r^3}{R^2-r^2}$ (α:ラジアン)

$$\begin{cases} I_z = \displaystyle\int y^2 dA & (2.41) \\[2ex] I_y = \displaystyle\int z^2 dA & (2.42) \end{cases}$$

　式 (2.41) (2.42) は任意の座標 O-yz の原点 O に取った値であるが図心 O′を原点に取った断面二次モーメント Iz', Iy'との関係を求めてみる．式 (2.41) (2.42) に $y=y'+y_0$, $z=z'+z_0$ を代入すると

$$I_z = \int (y'+y_0)^2 dA = \int y'^2 dA + 2\int y' y_0 dA + \int y_0^2 dA \tag{2.43}$$

$$I_y = \int (z'+z_0)^2 dA = \int z'^2 dA + 2\int z' z_0 dA + \int z_0^2 dA \tag{2.44}$$

となり，$I_z = \displaystyle\int y'^2 dA$, $I'_y = \displaystyle\int z'^2 dA$, $2\displaystyle\int y' y_0 dA = 2y_0 \displaystyle\int y' dA = 0$, $2\displaystyle\int z' z_0 dA = 2z_0 \displaystyle\int z' dA = 0$（O′が図心なので）であるので

$$\begin{cases} I_z = I_z' + y_0^2 A & (2.45) \\ I_y = I_y' + z_0^2 A & (2.46) \end{cases}$$

となる．すなわち任意の座標系 O-yz の断面二次モーメント I_y, I_z は図心を原点に取った座標系 O′-$y'z'$の断面二次モーメント I_z', I_y'に補正項 $y_0^2 A$, $z_0^2 A$ をそれぞれ加えたものとして計算される．したがって図心における断面二次モーメントが計算できていれば任意の点における断面二次モーメントが計算できる．表 2.3 に代表的な断面の図心における断面二次モーメントを示しておく．

表 2.3　簡単な断面形の $\left\{\begin{array}{l} \text{断面二次モーメント：} I \\ \text{断面二次半径：} i = \sqrt{I/A} \\ \text{断面係数：} Z = I/e \text{（注4）} \end{array}\right.$

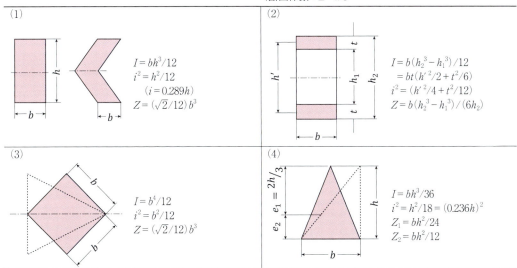

表 2.3　つづき

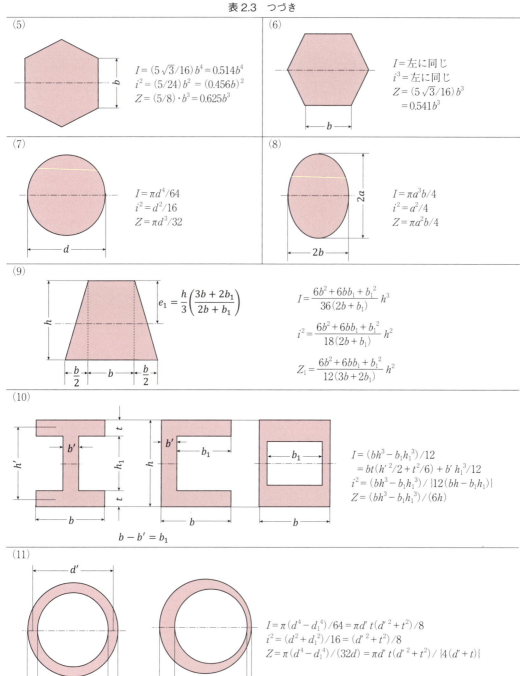

(5)
$$I = (5\sqrt{3}/16)\,b^4 = 0.514b^4$$
$$i^2 = (5/24)\,b^2 = (0.456b)^2$$
$$Z = (5/8)\cdot b^3 = 0.625b^3$$

(6)
$$I = 左に同じ$$
$$i^3 = 左に同じ$$
$$Z = (5\sqrt{3}/16)\,b^3$$
$$\quad = 0.541b^3$$

(7)
$$I = \pi d^4/64$$
$$i^2 = d^2/16$$
$$Z = \pi d^3/32$$

(8)
$$I = \pi a^3 b/4$$
$$i^2 = a^2/4$$
$$Z = \pi a^2 b/4$$

(9)
$$e_1 = \frac{h}{3}\left(\frac{3b+2b_1}{2b+b_1}\right)$$

$$I = \frac{6b^2 + 6bb_1 + b_1{}^2}{36(2b+b_1)}\,h^3$$

$$i^2 = \frac{6b^2 + 6bb_1 + b_1{}^2}{18(2b+b_1)}\,h^2$$

$$Z_1 = \frac{6b^2 + 6bb_1 + b_1{}^2}{12(3b+2b_1)}\,h^2$$

(10)
$$I = (bh^3 - b_1 h_1{}^3)/12$$
$$\quad = bt(h'^2/2 + t^2/6) + b'\,h_1{}^3/12$$
$$i^2 = (bh^3 - b_1 h_1{}^3)/\{12(bh - b_1 h_1)\}$$
$$Z = (bh^3 - b_1 h_1{}^3)/(6h)$$

$$b - b' = b_1$$

(11)
$$I = \pi(d^4 - d_1{}^4)/64 = \pi d'\,t(d'^2 + t^2)/8$$
$$i^2 = (d^2 + d_1{}^2)/16 = (d'^2 + t^2)/8$$
$$Z = \pi(d^4 - d_1{}^4)/(32d) = \pi d'\,t(d'^2 + t^2)/\{4(d'+t)\}$$

（3）断面相乗モーメント

断面相乗モーメント I_{yz} は次式で定義される.

$$I_{zy} = \int yzdA \tag{2.47}$$

この定義から $I_{zy} = I_{yz}$ の共役性が成立することも容易にわかる.

　任意の座標 O-xy における断面相乗モーメント I_{zy} と図心 O′ を原点に持つ座標系 O′-$x'y'$ における断面相乗モーメントは断面二次モーメントの場合と同様に式（2.47）に $y = y' + y_0$，$z = z' + z_0$ を代入して $G_z' = 0$，$G_y' = 0$ の関係を用いれば

$$I_{zy} = \int (y' + y_0)(z' + z_0)\,dA = \int y'z'\,dA + y_0\int z'\,dA + z_0\int y'\,dA + \int z_0 y_0 dA = I_{zy}' + z_0 y_0 A$$

となる. すなわち図心における断面相乗モーメント I_{zy}' に補正項 $z_0 y_0 A$ を加えたものになる.

例題 2.5e-1　長方形断面，円形断面，三角形断面の断面二次モーメント

　下図①長方形断面，②円形断面，③三角形断面の図心における断面二次モーメントを計算せよ.

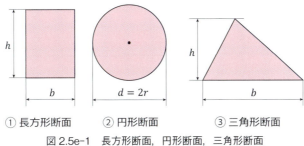

① 長方形断面　　② 円形断面　　③ 三角形断面

図 2.5e-1　長方形断面，円形断面，三角形断面

【解答】

① 　長方形断面

　2 本の対称軸 y，z は主軸であり，その交点 O は図心である. まず z 軸に関する断面二次モーメントを計算しよう：それは積分における面積要素を $dA = bdy$ にとって

$$I_z = \int y^2 dA = b\int_{-\frac{h}{2}}^{\frac{h}{2}} y^2 dy = \frac{bh^3}{12}$$

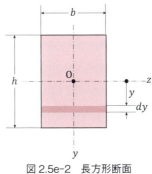

図 2.5e-2　長方形断面

したがって, z軸に関する

断面二次半径は $i_z = \sqrt{I_z/A} = \sqrt{\dfrac{bh^3/12}{bh}} = \dfrac{h}{2\sqrt{3}} = 0.289h$

断面係数は $Z_z = I_z/(h/2) = bh^2/6$

同様にして I_y が求まり I_x は以下となる.

$$I_x = I_y + I_z = \frac{hb^3}{12} + \frac{bh^3}{12} = \frac{bh}{12}(b^2 + h^2)$$

② 円形断面

中心Oは図心であり, 中心を通る任意の直交2軸 y, x は主軸である. この場合は, まず図心Oに関する断面二次極モーメント I_x を計算するのが便利である. それには積分における面積要素をリング状に $dA = 2\pi\rho d\rho$ ととり

$$I_x = \int \rho^2 dA = 2\pi \int_0^r \rho^3 d\rho = \frac{\pi r^4}{2} = \frac{\pi d^4}{32}$$

しかるに $I_x = I_y + I_z$, $I_y = I_z$ であるから

$$I_y = I_z = I_x/2 = \frac{\pi r^4}{4} = \frac{\pi d^4}{64}$$

したがって, 任意の直径に関する

断面二次半径は $i = \sqrt{I_y/A} = \sqrt{\dfrac{\pi r^4/4}{\pi r^2}} = \dfrac{r}{2} = \dfrac{d}{4}$

断面係数は $Z = I_y/r = \dfrac{\pi r^3}{4} = \dfrac{\pi d^3}{32}$

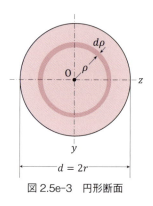

図 2.5e-3   円形断面

③ 三角形断面

まず底辺（z'軸）に関する断面二次モーメント I_x' を求めてみよう. 面積要素 dA は

$$dA = b\,\frac{h-y'}{h}\,dy'$$

ととることができるから

$$I_{z'} = \int y'^2 dA = \int_0^h y'^2 \cdot \frac{b(h-y')}{h}\,dy' = \frac{bh^3}{12}$$

　三角形の図心は底辺から $h/3$ の距離にあるから，図心を通り底辺に平行な軸 z に関する断面二次モーメント I_z は直ちにつぎのように求められる．

$$I_z = I_{z'} - \left(\frac{h}{3}\right)^2 \cdot \frac{bh}{2} = \frac{bh^3}{12} - \frac{bh^3}{18} = \frac{bh^3}{36}$$

したがって，z 軸に関する両側の断面係数は

$$Z_{z1} = I_z \bigg/ \left(\frac{2}{3}\cdot h\right) = \frac{bh^2}{24}, \qquad Z_{z2} = I_z \bigg/ \left(\frac{1}{3}\cdot h\right) = \frac{bh^2}{12}$$

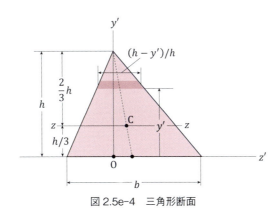

図 2.5e-4　三角形断面

例題 2.5e-2　I 形断面の断面二次モーメント

　図に示すような I 形断面の図心における断面二次モーメントを計算せよ．

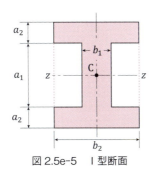

図 2.5e-5　I 型断面

【解答】

2種の分割により算出してみよう.

まず図①のように分割すれば

$$I_z = I_{z,A_1} + I_{z,A_2} + I_{z,A_3} = I_{z,A_1} + 2I_{z,A_2} = \frac{a_1^3 b_1}{12} + 2\left\{ \frac{a_2^3 b_2}{12} + \left(\frac{a_1+b_1}{2} \right)^2 a_2 b_2 \right\}$$

また図②のように分解すれば

$$I_z = I_{z,A_1'} - I_{z,A_2'} - I_{z,A_3'} = I_{z,A_1'} - 2I_{z,A_2'} = \frac{1}{12}(a_1 + 2a_2)^3 b_2 - \frac{1}{12} a_1^3 (b_2 - b_1)$$

同様な2種の分割により，この断面形の上半分のz軸に関する断面一次モーメントは，つぎのように算出される：

$$G_z = \frac{a_1 b_1}{2} \cdot \frac{a_1}{4} + a_2 b_2 \cdot \left(\frac{a_1 + a_2}{2} \right)$$

または

$$G_z = \left(\frac{a_1}{2} + a_2 \right) b_2 \cdot \frac{1}{2} \left(\frac{a_1}{2} + a_2 \right) - \frac{a_1}{2}(b_2 - b_1) \cdot \frac{a_1}{4}$$

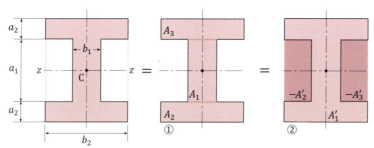

図 2.5e-6　Ⅰ型断面の断面二次モーメントの解析

（4）断面二次極モーメント

断面二次極モーメントは図 2.19 に示す原点からの距離 r で

$$I_P = \int r^2 dA \tag{2.48}$$

のように定義される．$r^2 = y^2 + z^2$ であるので式 (2.48) は次式のように結局，二つの断面二次モーメントの和になる．

$$I_P = \int r^2 dA = \int (y^2 + z^2) dA = \int y^2 dA + \int z^2 dA = I_z + I_y \tag{2.49}$$

したがって図心座標における I_P' との関係は（2）の式 (2.45) (2.46) より

$$I_P = I_P' + (z_o^2 + y_o^2) A \tag{2.50}$$

となる.

2.5.2 ◆ 座標系と断面モーメントの関係

　平行移動（並進移動）した座標系と断面モーメントの関係は既に 2.5.1 項の（1）〜（4）で任意の座標系 O-yz と図心を原点に取った座標系 O′-$y′z′$ の間で示したので，ここでは図 2.20 に示すように座標系 O-yz から θ だけ回転した O″-$y″z″$ 座標系における断面モーメントの関係を調べてみよう.

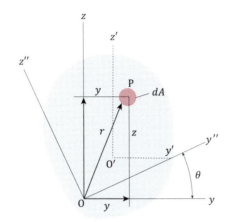

図 2.20　断面相乗モーメントと断面二次極モーメント

　両座標間の関係は

$$
\begin{cases}
y'' = y \cos \theta + z \sin \theta \\
z'' = - y \sin \theta + z \cos \theta
\end{cases}
\tag{2.51}
$$

で与えられるので，例えばこれらの式を I_y'' の定義式に代入すると

$$
\begin{aligned}
I_y'' &= \int z''^{\,2} dA = \int (- y \sin \theta + z \cos \theta)^2 dA \\
&= \sin^2 \theta \int y^2 dA - 2 \sin \theta \cos \theta \int yz dA + \cos^2 \theta \int z^2 dA \\
&= \sin^2 \theta I_z - 2 \sin \theta \cos \theta I_{yz} + \cos^2 \theta I_y \\
&= \frac{1}{2}(I_y + I_z) + \frac{1}{2}(I_y - I_z) \cos 2\theta - I_{yz} \sin 2\theta
\end{aligned}
\tag{2.52}
$$

全く同様に I_z''，I_{yz}'' に対しても変形すれば結局

$$\begin{cases} I_y'' = \dfrac{1}{2}(I_y+I_z) + \dfrac{1}{2}(I_y-I_z)\cos 2\theta - I_{yz}\sin 2\theta & (2.53) \\[3mm] I_z'' = \dfrac{1}{2}(I_y+I_z) - \dfrac{1}{2}(I_y-I_z)\cos 2\theta + I_{yz}\sin 2\theta & (2.54) \\[3mm] I_{yz}'' = \dfrac{1}{2}(I_y-I_z)\sin 2\theta + I_{yz}\cos 2\theta & (2.55) \end{cases}$$

となる．式 (2.53)〜(2.55) を先の応力の変換式 (2.26)〜(2.28) に対応させれば $\sigma_x \longleftrightarrow I_y$, $\sigma_y \longleftrightarrow I_z$, $\tau_{xy} \longleftrightarrow -I_{yz}$ となり，式 (2.53)〜(2.55) の変換式は，ここでもモールの円 (モールの慣性円 (Mohr's inertia circle)) として図 2.21 のように表現できる．なお応力との対応で $\tau_{zy} \longleftrightarrow -I_{yz}$ の対応関係から I_{yz} の正の方向は応力の場合のせん断応力の方向と逆の上向きに対応させている．

　基準となる座標系 O–yz における P(I_y, I_{yz}) は，θ 回転した座標系 O″–$y''z''$ では 2θ 回転した点 P″(I_y'', I_{yz}'') となる．また断面相乗モーメントが 0 となる A，B 点の面の方向は I_{max}, I_{min} を与え，断面の主軸 (principal axis of cross section) と呼ばれ，棒状部材の変形の際の解析に必要な概念である．

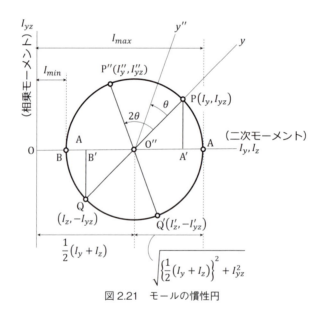

図 2.21　モールの慣性円

2.6 材料力学に現れるテンソル量

　これまでに応力，ひずみ，断面のモーメントの諸量と座標系の関係について説明してきた．そこでは基準座標から回転した座標系においてそれらの諸量が同一概念であるモールの円で図的に表現できることを示した．その背景にはそれらの量は一つの概念の量で表現できることを暗示している．本節ではそれらの量がテンソル (tensor) (二次元テンソル) として統一的に扱われることを示そう．

2.6.1 ◆ テンソルの基礎概念

通常の関数はスカラー集合 A の中の点から別のスカラー集合 B の中の点への写像としてとらえられる．例えば $b=f(a)$ という関数は図 2.22 に示すように集合 A の中の 1 点 a から集合 B の中の 1 点 b への写像が $f(a)$ という関数形で行われていることを表している（複数の点への写像も考えられる：多価関数）．

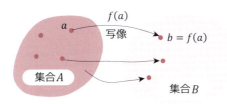

図 2.22　関数の概念

同様にこの概念を拡張してベクトルの集合 A 内の一つのベクトルから他のベクトルの集合 B 円のベクトルの写像を考える．例えば図 2.23 のようにベクトルの集合 A の中の一つのベクトル $\boldsymbol{a}$ から他のベクトルの集合の中の一つのベクトル $\boldsymbol{b}$ の写像 $f(\boldsymbol{a})$ を考える．$f(\boldsymbol{a})$ は引数がベクトル $\boldsymbol{a}$ となり，ベクトル関数（vector function）と呼ばれ，$\boldsymbol{b}=f(\boldsymbol{a})$ と表現できる．

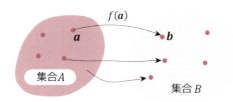

図 2.23　ベクトル関数

このようなベクトル関数はいろいろな形のものが考えられるが，その中で線形の性質

$$\begin{cases} f(\boldsymbol{a}_1+\boldsymbol{a}_2)=f(\boldsymbol{a}_1)+f(\boldsymbol{a}_2) \\ f(\lambda\boldsymbol{a})=\lambda f(\boldsymbol{a}) \end{cases} \tag{2.56}$$

を有するものを考えてみる．式 (2.56) の線形の性質を有する関数 $\boldsymbol{b}$ は，マトリクス $[T]$ とベクトル $\boldsymbol{a}$ の積の斉一次の形で表すことができる．

$$\boldsymbol{b}=[T]\boldsymbol{a} \tag{2.57}$$

$[T]$ と書けば式 (2.57) の具体形は

$$\begin{Bmatrix} b_1 \\ b_2 \\ b_3 \end{Bmatrix} = \begin{bmatrix} T_{11} & T_{12} & T_{13} \\ T_{21} & T_{22} & T_{23} \\ T_{31} & T_{32} & T_{33} \end{bmatrix} \begin{Bmatrix} a_1 \\ a_2 \\ a_3 \end{Bmatrix} \tag{2.58}$$

となる．式 (2.57) の $[T]$ は数学ではテンソル（tensor）と呼ばれる量であり，式 (2.58) では 9 つの成分を有している．

2.6.2 ◆ テンソルの階数

（1）回転座標系 O-x′y′における表現

スカラーやベクトルとともに新たにテンソルを対象としてこれらの量の基準座標系 O-xy と θ 回転した座標系 O-x′y′における両者の関係について簡単のために二次元空間で考えてみよう.

① スカラー量

図 2.24（a）のようにスカラー量の場合は回転した座標系では新たな座標で表示されるスカラー量となり，1 点となるので座標変換の操作は必要とされない.

② ベクトル量

図 2.24（b）のように両座標間の関係は方向余弦 $l = \cos\theta$，$m = \sin\theta$ によって関連付けられる.

$$\begin{cases} x' = xl + ym = x\cos\theta + y\sin\theta \\ y' = -xm + yl = -x\sin\theta + y\cos\theta \end{cases} \tag{2.59}$$

したがってベクトル $\boldsymbol{a}$ の O-xy 座標の成分を $\boldsymbol{a} = (a_1,\ a_2)$，O-x′y′座標における $\boldsymbol{a}$ の表示とその成分を $\boldsymbol{a}' = (a_1{}',\ a_2{}')$ とすれば

$$\boldsymbol{a}' = [L]\boldsymbol{a}$$

$$\begin{Bmatrix} a_1{}' \\ a_2{}' \end{Bmatrix} = \begin{bmatrix} l & m \\ -m & l \end{bmatrix} \begin{Bmatrix} a_1 \\ a_2 \end{Bmatrix} = \begin{bmatrix} \cos\theta & \sin\theta \\ -\sin\theta & \cos\theta \end{bmatrix} \begin{Bmatrix} a_1 \\ a_2 \end{Bmatrix} \tag{2.60}$$

ここに $[L]$ は座標変換マトリクス（coordinate transformateon matrix）と呼ばれるものである.

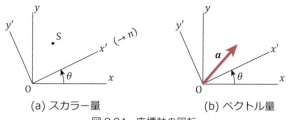

(a) スカラー量　　　　　(b) ベクトル量

図 2.24　座標軸の回転

したがってベクトル表現の場合では，座標変換マトリクスを乗じる必要がある.

③ テンソル量

ベクトル $\boldsymbol{a}$，ベクトル $\boldsymbol{b}$ に対して上記②で示したようにそれぞれに座標変換マトリクス $[L]$ を乗じる必要がある.

$$\boldsymbol{b}' = [L]\boldsymbol{b}$$

$$\boldsymbol{a}' = [L]\boldsymbol{a} \tag{2.61}$$

またベクトル $\boldsymbol{a}$ とベクトル $\boldsymbol{b}$ の関係は

$$\boldsymbol{b} = [T]\boldsymbol{a} \tag{2.62}$$

となるのでこの式に $\boldsymbol{b} = [L]^{-1}\boldsymbol{b}'$，$\boldsymbol{a} = [L]^{-1}\boldsymbol{a}'$ を代入する. $[L]^{-1}$ は座標変換マトリクスの逆マトリクスである. さらに $[L]$ は直交マトリクスであるので $[L]^T[L] = [I]$ となり，また逆マトリク

スの定義から $[L]^{-1}[L]=[I]$ となり，両者の比較から $[L]^T=[L]^{-1}$ を容易に導くことができる．$[L]^T$ は $[L]$ の転置マトリクスで $[I]$ は対角がすべて 1 で他の成分は 0 の単位のマトリクスである．したがって式 (2.62) から

$$[L]^{-1}b' = [T][L]^{-1}a'$$

となり，このベクトルにマトリクス $[L]$ を前から乗じると

$$[L][L]^{-1}b' = [L][T][L]^{-1}a' \tag{2.63}$$
$$\therefore \quad b' = [L][T][L]^T a'$$

が成立する．式 (2.63) において $[L][T][L]^T=[T']$ と書けば

$$b' = [T']a' \tag{2.64}$$

となり，$[T']$ は回転した座標系 O-$x'y'$ におけるテンソルを表し，座標変換マトリクス $[L]$ を座標系 O-xy におけるテンソル $[T]$ に前後から乗じた形 $[L][T][L]^T$ となる．

（2）テンソルの階数

　座標変換マトリクス $[L]$ が回転座標 O-$x'y'$ 上の表現に必要な乗算の回数（次数）をながめてみると，スカラー量では 0 次，ベクトル量では一次，テンソル量では二次となっている．この次数を使ってテンソルの概念を拡張して，スカラーは 0 階のテンソル，ベクトルは一階のテンソル，先に示したテンソルは式 (2.63) より二階のテンソル（2nd order tansor）と呼ばれ，材料力学に現れる主なテンソルは二階のテンソルである．同様に座標変換を必要とする次数が r 次のものは r 階のテンソルと呼ばれる．

（3）テンソルの主値とテンソルだ円面

　式 (2.58) の 2 階のテンソルの要素，$T_{xx}, T_{yy}, T_{zz}, T_{xy}, T_{yz}\cdots$ で構成される二次曲面：

$$T_{xx}\,x^2 + T_{yy}y^2 + T_{zz}z^2 + 2(T_{xy}xy + T_{yz}yz + T_{zx}zx)=1 \tag{2.65}$$

を考えると，この式は

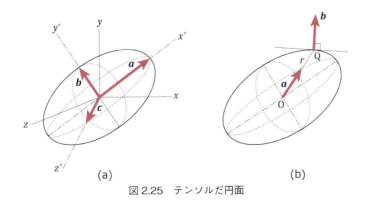

(a)　　　　　　　　　　　(b)

図 2.25　テンソルだ円面

$$\frac{x^2}{a^2} + \frac{y^2}{b^2} + \frac{z^2}{c^2} = 1 \qquad (2.66)$$

の形に書くことができるので図 2.25(a) に示すようなだ円面（ellipsoid surface）を表す．ここに

$$a = \frac{1}{\sqrt{T_1}}, \quad b = \frac{1}{\sqrt{T_2}}, \quad c = \frac{1}{\sqrt{T_3}} \qquad (2.67)$$

であり，T_1, T_2, T_3 は，後述のテンソルの主値（principal values of tensor）である．

式 (2.57) においてベクトル $\boldsymbol{a}$ とベクトル $\boldsymbol{b}$ が平行となる特別の場合を考えると

$$\boldsymbol{b} = [\boldsymbol{T}]\boldsymbol{a} = \lambda\boldsymbol{a} = \lambda[\boldsymbol{I}]\boldsymbol{a} \qquad (2.68)$$

となり，右辺を左辺に移項すると

$$[\boldsymbol{T} - \lambda\boldsymbol{I}]\boldsymbol{a} = 0 \qquad (2.69)$$

となる．ここに λ はスカラー量で $[\boldsymbol{I}]$ は対角項がすべて 1 で，他の非対角項がすべて 0 の単位マトリクスである．式 (2.69) が成立する条件は，次の行列式が 0 となることである．

$$|\boldsymbol{T} - \lambda\boldsymbol{I}| = 0 \qquad (2.70)$$

この問題は，いわゆる固有値問題（eigenvalue problem）であり，いまテンソル $\boldsymbol{T}$ の次元は 3 であるので 3 つの固有値である λ_1, λ_2, λ_3 が一般的には存在する．この固有値に相当するテンソル $T_1 = \lambda_1$, $T_2 = \lambda_2$, $T_3 = \lambda_3$ はテンソルの主値（principal value）と呼ばれる．また 3 つの固有値に対応する次の式に示される固有ベクトルは主値の方向である主方向は，方向余弦を ξ_i, η_i, ζ_i とすると次式で与えられる．

$$\frac{\xi_i}{\begin{vmatrix} T_{xy} & T_{xz} \\ T_{yy}-T_i & T_{yz} \end{vmatrix}} = \frac{\eta_i}{\begin{vmatrix} T_{xz} & T_{xz}-T_i \\ T_{yz} & T_{yx} \end{vmatrix}} = \frac{\zeta_i}{\begin{vmatrix} T_{xx}-T_i & T_{xy} \\ T_{yx} & T_{yy}-T_i \end{vmatrix}} \quad (i=1,\ 2,\ 3) \qquad (2.71)$$

ところで図 2.23 のベクトル $\boldsymbol{a}$ からベクトル $\boldsymbol{b}$ への変換は，幾何学的には次のように解釈される：図 2.25(b) に示すようなだ円の中心 O からだ円の局面上の点 Q までの任意のベクトル $\boldsymbol{r} = \overline{\mathrm{OQ}}$ を考えると，ベクトル $\boldsymbol{b}$ はだ円の法線方向，すなわち Q における接平面に垂直で，そのベクトル $\boldsymbol{a}$ 方向の成分が $|\boldsymbol{a}|/r^2$ のベクトルとなる．

2.6.3 ◆ 材料力学に表れるテンソル

（1）材料力学に表れるテンソル

材料力学に現れるテンソルは式 (2.58) の $[\boldsymbol{T}]$ の形の二階のテンソルであり，応力テンソル（stress tendor），ひずみテンソル（strain tensor），断面のモーメントから成る慣性テンソル（inertia tensor）の三種類がある．表 2.4 に式 (2.58) のベクトル $\boldsymbol{a}$, $\boldsymbol{b}$ に対応する量と二次元座標における各テンソルの具体的な形を示す．ここでひずみテンソルの非対角項のせん断ひずみは工学的なせん断ひずみの 1/2 としている点に注意されたい．

表2.4　材料力学に表れるテンソル（2階テンソル）

名称	$b=[T]a$		テンソル $[T]$
	b	a	
応力テンソル	x'面（n方向）の ベクトル応力 $s_n = \begin{Bmatrix} s_{nx} \\ s_{ny} \end{Bmatrix}$	方向余弦ベクトル $n = \begin{Bmatrix} l \\ m \end{Bmatrix}$ $\begin{pmatrix} l = \cos\theta \\ m = \sin\theta \end{pmatrix}$	応力テンソル $\begin{bmatrix} \sigma_x & \tau_{xy} \\ \tau_{yx} & \sigma_y \end{bmatrix}$ $(\tau_{xy} = \tau_{yx})$
ひずみテンソル	x'面（n方向）の ベクトルひずみ $\delta_n = \begin{Bmatrix} \delta_{nx} \\ \delta_{ny} \end{Bmatrix}$	方向余弦ベクトル $n = \begin{Bmatrix} l \\ m \end{Bmatrix}$ $\begin{pmatrix} l = \cos\theta \\ m = \sin\theta \end{pmatrix}$	ひずみテンソル $\begin{bmatrix} \varepsilon_x & \frac{1}{2}\gamma_{xy} \\ \frac{1}{2}\gamma_{yx} & \varepsilon_y \end{bmatrix}$ $(\gamma_{xy} = \gamma_{yx})$
慣性テンソル	x'面（n方向）の 断面モーメントベクトル $I_n = \begin{Bmatrix} I_{nx} \\ I_{ny} \end{Bmatrix}$	方向余弦ベクトル $n = \begin{Bmatrix} l \\ m \end{Bmatrix}$ $\begin{pmatrix} l = \cos\theta \\ m = \sin\theta \end{pmatrix}$	慣性テンソル $\begin{bmatrix} I_x & -I_{yz} \\ -I_{zy} & I_z \end{bmatrix}$ $(I_{yz} = I_{zy})$

（2）テンソルの不変量とモール円の表現

① テンソルの不変量

式（2.58）に示す一般的な三次元空間のテンソルは，座標変換に依存しない三つの一定量が存在し，それらの量は不変量（invariant）と呼ばれる．具体的には以下の三つの量である．

$$l_1 = T_{xx} + T_{yy} + T_{zz} = T_1 + T_2 + T_3 \quad （トレース） \tag{2.72}$$

$$l_2 = \begin{vmatrix} T_{yy} & T_{yz} \\ T_{zy} & T_{zz} \end{vmatrix} + \begin{vmatrix} T_{xx} & T_{xz} \\ T_{zx} & T_{zz} \end{vmatrix} + \begin{vmatrix} T_{xx} & T_{xy} \\ T_{yx} & T_{yy} \end{vmatrix} = T_1 T_2 + T_2 T_3 + T_3 T_1 \quad （小行列式の和） \tag{2.73}$$

$$l_3 = \begin{vmatrix} T_{xx} & T_{xy} & T_{xz} \\ T_{yx} & T_{yy} & T_{yz} \\ T_{zx} & T_{zy} & T_{zz} \end{vmatrix} = T_1 T_2 T_3 \quad （行列式） \tag{2.74}$$

（T_1，T_2，T_3 は 2.6.2 の（3）で示したテンソルの主値である）

② テンソルのモール円の表現

二次元空間のテンソルの基準座標系 O-xy を θ 回転した座標系 O-$x'y'$ 上の表現は次式で表される．

$$\begin{cases} T_{xx}' = \dfrac{1}{2}(T_{xx} + T_{yy}) + \dfrac{1}{2}(T_{xx} - T_{xy})\cos 2\theta + T_{xy}\sin 2\theta & (2.75) \\[2mm] T_{yy}' = \dfrac{1}{2}(T_{xx} + T_{yy}) - \dfrac{1}{2}(T_{xx} - T_{yy})\cos 2\theta - T_{xy}\sin 2\theta & (2.76) \\[2mm] T_{xy}' = T_{yx}' = -\dfrac{1}{2}(T_{xx} - T_{yy})\sin 2\theta + T_{xy}\cos 2\theta & (2.77) \end{cases}$$

これらの式の幾何学的関係は，図 2.26 のモールのテンソル円によって図的に表現できる．応力，ひずみ，断面モーメントの座標変換による幾何学的関係が同一形式のモール円によって表現された背景には，このモールのテンソル円の存在がある．このモール円そのものの描き方は，モールの応力円等の場合と同じであるので省略する．

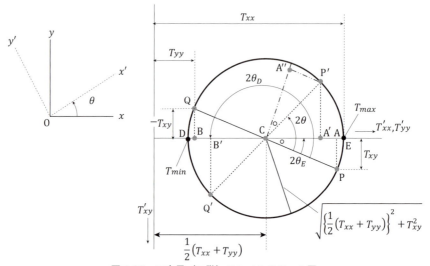

図 2.26　二次元（二階）テンソルのモール円

モール円で横軸を切る点 D，E は，T_{xy}' が 0 になる点で，テンソルの主値（principal value of tensor）と呼ばれ，モール円の円周上の点 P から D，E までの角度 $2\theta_D$，$2\theta_E$ の 1/2 の θ_D，θ_E の面における値となる．解析的には式 (2.68) の固有値問題

$$[T]\boldsymbol{a} = \lambda \boldsymbol{a} \qquad (2.78)$$

を解くことによって決定される．式 (2.78) の固有値 λ を決定するには次の行列式を解く必要がある．

$$\begin{vmatrix} T_{xx} - \lambda & T_{xy} \\ T_{xy} & T_{yy} - \lambda \end{vmatrix} = 0 \qquad (2.79)$$

$$\therefore \quad \lambda^2 - (T_{xx} + T_{yy})\lambda + (T_{xx}T_{yy} - T_{xy}^2) = 0$$

$$\lambda = \frac{T_{xx} + T_{yy}}{2} \pm \sqrt{\left(\frac{T_{xx} - T_{yy}}{2}\right)^2 + T_{xy}^{\ 2}} \tag{2.80}$$

すなわち

$$\left.\begin{array}{l} T_{\max} \\ T_{\min} \end{array}\right\} = \frac{T_{xx} + T_{yy}}{2} \pm \sqrt{\left(\frac{T_{xx} - T_{yy}}{2}\right)^2 + T_{xy}^{\ 2}} \tag{2.81}$$

となる．またその生ずる面は式 (2.77) において $T_{xy}{}' = T_{yx}{}' = 0$ と置いて

$$\tan 2\theta = \frac{2T_{xy}}{T_{xx} - T_{yy}} \tag{2.82}$$

となる．

（3）テンソルのモール円と不変量

　二次元空間円のテンソルの不変量は式 (2.72)〜式 (2.74) の二次元の場合で次の二つの量になる．

$$\begin{cases} I_1 = T_{xx} + T_{yy} \\ I_2 = T_{xx} T_{yy} - T_{xy}^{\ 2} \end{cases} \tag{2.83} \tag{2.84}$$

　これらの値はモール円上のどのような量と対応しているのかを考えてみる．式 (2.83) の I_1 の 1/2 は，モール円の中心となり，角度のいかんにかかわらず一定，すなわち不変量となる．一方，式 (2.84) の I_2 は，モール円上の幾何学的な量と直接対応はしないが，

$$\sqrt{I_1^{\ 2} - 4I_2} = \sqrt{(T_{xx} - T_{yy})^2 + 4T_{xy}^{\ 2}} = \sqrt{\left(\frac{T_{xx} - T_{yy}}{2}\right)^2 + T_{xy}^{\ 2}} = 4r \tag{2.85}$$

となり，I_1 を一緒に考えることによってモール円の半径の 4 倍となり，これも角度によらず一定の値，すなわち不変量であることがわかる．

例題 2.6e-1　応力テンソル

(1) 図 2.6e-1 に示した微小三角形の弾性体の $\mathrm{O}\text{-}xy$ 座標に対する応力テンソルが

$$\begin{bmatrix} \sigma_x & \tau_{xy} \\ \tau_{yx} & \sigma_y \end{bmatrix} = \begin{bmatrix} 1+\sqrt{3} & 1 \\ 1 & 1-\sqrt{3} \end{bmatrix} \quad [\mathrm{MPa}]$$

となっているとき，斜面 AB 上の垂直応力 σ_n，せん断応力 τ_n に関して以下の問に答えよ．

① 力のつり合いから σ_n，τ_n を求めよ．

② テンソルの座標変換から σ_n，τ_n を求めよ．

③ 主応力 σ_1，σ_2 を 2 通りの方法によって求めよ．

　　(a) モールの応力円　　　(b) テンソルの固有値

(2) 二次元テンソル不変量：

$$I_1 = T_{xx} + T_{yy}$$
$$I_2 = T_{xx}T_{yy} - T_{xy}^{\,2}$$

はモールの応力円において何に相当するのかを述べよ．

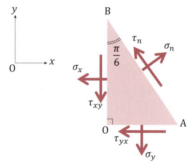

図 2.6e-1　微小三角形弾性体

【解答】

(1)　①　力のつりあいに関しては 2.3.1 項を参照．

$$\begin{cases} \sigma_n = \dfrac{\sigma_x + \sigma_y}{2} + \dfrac{\sigma_x - \sigma_y}{2}\cos 2\theta + \tau_{xy}\sin 2\theta \\[2mm] \tau_n = -\dfrac{\sigma_x - \sigma_y}{2}\sin 2\theta + \tau_{xy}\cos 2\theta \end{cases}$$

$$\sigma_x = 1+\sqrt{3},\ \ \sigma_y = 1-\sqrt{3},\ \ \tau_{xy} = 1,\ \ \theta = \pi/6$$

を代入．

$$\begin{cases} \sigma_n = \dfrac{1+\sqrt{3}+1-\sqrt{3}}{2} + \dfrac{1+\sqrt{3}-(1-\sqrt{3})}{2}\cos\dfrac{\pi}{3} + \sin\dfrac{\pi}{3} = 1+\sqrt{3} \quad [\text{MPa}] \\[4mm] \tau_n = -\dfrac{1+\sqrt{3}-(1-\sqrt{3})}{2}\sin\dfrac{\pi}{3} + 1\cdot\cos\dfrac{\pi}{3} = -1 \quad [\text{MPa}] \end{cases}$$

② 座標変換マトリクスは式 (2.60) から

$$L = \begin{bmatrix} \cos\theta & \sin\theta \\ -\sin\theta & \cos\theta \end{bmatrix} = \begin{bmatrix} \dfrac{\sqrt{3}}{2} & \dfrac{1}{2} \\[3mm] -\dfrac{1}{2} & \dfrac{\sqrt{3}}{2} \end{bmatrix}$$

となるので式 (2.64) に代入して σ_n, τ_n が求められる.

$$\begin{Bmatrix} \sigma_n \\ \tau_n \end{Bmatrix} = \begin{bmatrix} \dfrac{\sqrt{3}}{2} & -\dfrac{1}{2} \\[3mm] \dfrac{1}{2} & \dfrac{\sqrt{3}}{2} \end{bmatrix} \begin{bmatrix} 1+\sqrt{3} & -1 \\ -1 & 1-\sqrt{3} \end{bmatrix} \begin{bmatrix} \dfrac{\sqrt{3}}{2} & \dfrac{1}{2} \\[3mm] -\dfrac{1}{2} & \dfrac{\sqrt{3}}{2} \end{bmatrix} \begin{Bmatrix} 1+\sqrt{3} \\ 1 \end{Bmatrix} = \begin{Bmatrix} 1+\sqrt{3} \\ -1 \end{Bmatrix}$$

③　(a) モールの応力円

$$\begin{Bmatrix} \sigma_1 \\ \sigma_2 \end{Bmatrix} = \dfrac{\sigma_x-\sigma_y}{2} \pm \sqrt{\left(\dfrac{\sigma_x-\sigma_y}{2}\right)^2 + \tau_{xy}^{\;2}} = \begin{Bmatrix} 3 \\ -1 \end{Bmatrix}$$

(b) 固有値

$$\begin{vmatrix} \sigma_x-\lambda & \tau_{xy} \\ \tau_{xy} & \sigma_y-\lambda \end{vmatrix} = \begin{vmatrix} (1+\sqrt{3})-\lambda & 1 \\ 1 & (1-\sqrt{3})-\lambda \end{vmatrix} = (\lambda-3)(\lambda+1) = 0$$

$\lambda = 3, \ -1$

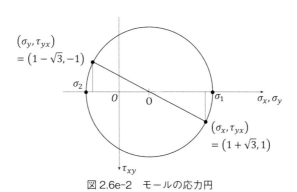

図 2.6e-2　モールの応力円

(2)　面が回転してもモール円上で変化しないのは中心位置と半径である．不変量は次のように中心と半径を表している.

$$中心位置 = \frac{1}{2}(T_{xx} + T_{yy}) = \frac{I_1}{2} = 1$$

$$半径 = \sqrt{\left(\frac{T_{xx}-T_{yy}}{2}\right)^2 + \tau_{xy}^2} = \sqrt{\frac{T_{xx}^2 - 2T_{xx}T_{yy} + T_{yy}^2}{4} + \tau_{xy}^2} = \sqrt{\left(\frac{T_{xx}-T_{yy}}{2}\right)^2 + \tau_{xy}^2}$$

$$= \sqrt{\frac{I_1^2}{4} - I_2} = 2$$

（4）テンソルだ円と三次元応力，三次元ひずみの状態

　三次元空間内の弾性体内の一点における応力やひずみの状態はテンソルだ円を考えると理解しやすい．二次元空間の式（2.57）における応力やひずみに関連するベクトル a とベクトル b に関しては既に表 2.4 に示したので，ここではその拡張として表 2.5 に三次元空間の場合のベクトル a とベクトル b と対応するテンソル T を示しておく．

表 2.5　材料力学に表れるテンソル（3 次元空間テンソル）

名称	$b = [T]a$		テンソル $[T]$
	b	a	
応力テンソル	n 面（n 方向余弦）のベクトル応力 $s_n = \begin{Bmatrix} s_{nx} \\ s_{ny} \\ s_{nz} \end{Bmatrix}$	方向余弦ベクトル $n = \begin{Bmatrix} l \\ m \\ n \end{Bmatrix}$	応力テンソル $\begin{bmatrix} \sigma_x & \tau_{xy} & \tau_{xz} \\ \tau_{yx} & \sigma_y & \tau_{yz} \\ \tau_{zx} & \tau_{zy} & \sigma_z \end{bmatrix}$ （共役 $\tau_{xy} = \tau_{yx}$ 等）
ひずみテンソル	n 面（n 方向余弦）のベクトルひずみ $\delta_{nx} = \begin{Bmatrix} \delta_{nx} \\ \delta_{ny} \\ \delta_{nz} \end{Bmatrix}$	方向余弦ベクトル $n = \begin{Bmatrix} l \\ m \\ n \end{Bmatrix}$	ひずみテンソル $\begin{bmatrix} \varepsilon_x & \frac{1}{2}\gamma_{xy} & \frac{1}{2}\gamma_{xz} \\ \frac{1}{2}\gamma_{yx} & \varepsilon_y & \frac{1}{2}\gamma_{yz} \\ \frac{1}{2}\gamma_{zx} & \frac{1}{2}\gamma_{zy} & \varepsilon_z \end{bmatrix}$ （共役 $\gamma_{xy} = \gamma_{yx}$ 等）

ここで応力テンソルだ円およびひずみテンソルだ円と関連事項に関して若干補足しておく．

①応力テンソルだ円

　式（2.65）を応力テンソルで表せば

$$\sigma_x x^2 + \sigma_y y^2 + \sigma_z z^2 + 2(\tau_{xy}xy + \tau_{yz}yz + \tau_{zx}zx) = 1 \tag{2.86}$$

となる．図 2.25 のテンソルだ円曲面上への動径ベクトル r は

$$r = n/\sqrt{\sigma_n} \tag{2.87}$$

となる．ここに σ_n は，方向余弦が $n = (l, m, n)^T$ の n 面上の垂直応力成分である．

　式（2.86）のだ円は，図 2.27(a) に示すようなコーシーの応力だ円（Cauchy's stress ellipsoid）

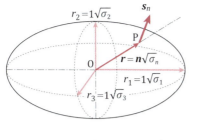
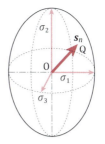

(a) コーシーの応力テンソルだ円　　　　(b) ラーメの応力テンソルだ円

図 2.27　応力テンソルだ円

と呼ばれる．一方，$\boldsymbol{r}=\boldsymbol{s}_n$（$n$ 面上の合応力）に取ると同図(b)に示すような別の形の応力だ円が得られ，これはラーメの応力だ円（Lame's stress ellipsoid）と呼ばれる．どちらも応力テンソルを完全に表すものである．

②ひずみテンソルだ円

式 (2.65) をひずみテンソルで表すと

$$\varepsilon_x x^2 + \varepsilon_y y^2 + \varepsilon_z z^2 + \gamma_{xy} xy + \gamma_{yz} yz + \gamma_{zx} zx = 1 \tag{2.88}$$

となる．図 2.25 のテンソルだ円曲面上への動径 $\boldsymbol{r}$ を $\boldsymbol{r}=\boldsymbol{n}/\sqrt{\varepsilon_n}$（$\varepsilon_n$ は n 面上の垂直ひずみ成分）と取ればコーシーのひずみだ円が，$\boldsymbol{r}=\boldsymbol{\delta}_n$ と取ればラーメのひずみだ円が得られる．

　ところで 2.2.1 項のひずみの定義のところで合ひずみベクトルの説明を少し述べたが，ここでは 3 次元空間内の弾性体の n 面上の合ひずみベクトルについて若干の補足説明をする．弾性体内のひずみは単位長さの線素を基準として求められるので，1 点 P におけるひずみは半径が 1 の線素の単位球面への動径の荷重後の変形としてとらえられる．解りやすいように平面ひずみの例で元の単位円と荷重を受けて変形した後のだ円の図 2.28(a) を示す[注5]．また同図(b)には剛体的な回転を除去して単位球面とだ円面を重ね合わせた状態を示す．方向余弦が n の線素は荷重

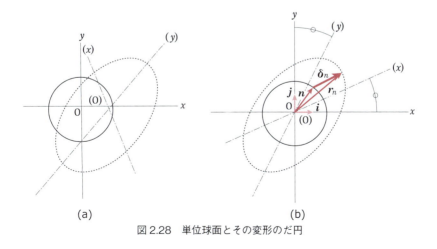

(a)　　　　　　　　　　　(b)

図 2.28　単位球面とその変形のだ円

[注5]　合ひずみベクトル $\boldsymbol{\delta}_n$ は主値の方向で $\varepsilon_1, \varepsilon_2, \varepsilon_3$ を軸とするだ円であることから想像できる．

を受けた後はベクトル $\boldsymbol{r}_n$ で示されるような変形をして, 図のベクトル $\boldsymbol{\delta}_n$（変形後のベクトル $\boldsymbol{r}_n$ とベクトル $\boldsymbol{n}$ の差）が合ひずみベクトルである. 表2.5には合ひずみベクトル $\boldsymbol{\delta}_n$ がひずみテンソル $[\varepsilon]$ との積

$$\boldsymbol{\delta}_n = [\varepsilon]\boldsymbol{n}$$

として得られることを記している[注6].

2.7
材料の弾性と弾性係数

2.7.1 ◆ 材料の弾性

　材料に加わる荷重が小さい場合にはフックの法則が成り立ち荷重と変位が比例するいわゆる弾性（elastic property）を示す. その結果, 単位面積当たりの荷重である応力と単位長さ当たりの変位であるひずみも比例する. 例えば図2.29の引っ張り応力 σ を受ける弾性体では引っ張り方向に伸びひずみ, あるいは縦ひずみと呼ばれるひずみ ε が生じ, 両者の間には,

$$\sigma = E\varepsilon \tag{2.89}$$

の関係式が成り立つ. この比例定数 E は, 縦弾性係数（longitudinal elastic modulus）, あるいはヤング率（Young's modulus）と呼ばれる材料固有の定数である. この時, 引っ張りで伸びた分の材料の体積を増加させないためには, 材料は引っ張り方向と直角方向に縮む必要があり, 横ひずみ（tranverse strain）と呼ばれるひずみ ε'（圧縮ひずみで負の値）を生じる. この両者のひずみの比に負の符号を付した比

$$\nu = -\varepsilon'/\varepsilon \tag{2.90}$$

はポアソン比（Poisson's ratio）と呼ばれる正の値で1より小さい値を取り, ギリシャ文字の ν（ニュー）が常用記号として用いられていることは2.2.5でも述べた. その逆数 $m = -\varepsilon/\varepsilon' = 1/\nu$ はポアソン数（Poisson's number）と呼ばれる. さらに図2.30のせん断応力 τ をうける弾性体ではせん断ひずみ γ を生じ, τ と γ は次式のように比例関係を示す.

$$\tau = G\gamma \tag{2.91}$$

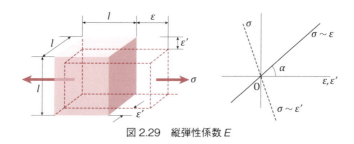

図2.29　縦弾性係数 E

（注6）ひずみテンソルで, せん断ひずみ成分に1/2の係数がついているのは剛体回転を除去するように単位球面とだ円面は重ねられているのでせん断ひずみは2直交方向に半分ずつ振り分けているからである.

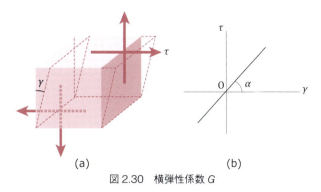

図 2.30　横弾性係数 G

　この比例定数 G は，横弾性係数（modulus of transvers elasticity）あるいはせん断弾性係数（shear modulus）と呼ばれる.

2.7.2 ◆ 材料定数

　上記の 2.7.1 項では応力とひずみの比例関係の比例定数として弾性係数 E と横弾性係数 G とポアソン比 ν の紹介をした．これに加え一様な垂直応力 σ_0 が作用している弾性体では図 2.31 に示すように生じる体積ひずみ ε_V と σ_0 の間には，やはり次のような比例関係が成立する.

$$\sigma_0 = K\varepsilon_V \tag{2.92}$$

この比例定数 K は体積弾性係数（volumetric elastic modulus）と呼ばれる.

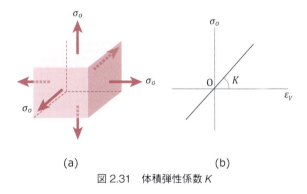

図 2.31　体積弾性係数 K

　材料力学に現れる弾性係数は，これらの E，G，ν，K の 4 つとなり，次表 2.6 にまとめて示す.
　この表の 4 つの弾性係数は独立でなく，例題 2.8e-1 でみられるように次式のような関係が成立するので独立な弾性係数の数は 2 となる.

$$G = \frac{E}{2(1+\nu)} \tag{2.93}$$

$$K = \frac{E}{3(1-2\nu)} \tag{2.94}$$

表 2.7 に代表的な材料の縦弾性係数等を示しておく.

表2.6　材料力学に現れる弾性係数

名称	常用記号	定義式
縦弾性係数 （ヤング率）	E	$\sigma_x = E\varepsilon_x$ σ_x：垂直応力，ε_x：垂直ひずみ
横弾性係数 （せん断弾性係数）	G	$\tau_{xy} = G\gamma_{xy}$ τ_{xy}：せん断応力，γ_{xy}：せん断ひずみ
体積弾性係数	K	$\sigma_0 = K\varepsilon_V$ σ_0：一様な応力（例えば静水圧など） あるいは $\sigma_n = K\varepsilon_V$ σ_n：平均応力　$\sigma_n = (\sigma_x + \sigma_y + \sigma_z)/3$ ε_V：体積ひずみ　$\varepsilon_V = \varepsilon_x + \varepsilon_y + \varepsilon_z$
ポアソン比	ν	$\nu = -\varepsilon'/\varepsilon$ ε：縦ひずみ，ε'：横ひずみ （$m = 1/\nu$：ポアソン数）

表2.7　金属材料の弾性係数の値[2]

材料	縦弾性係数 E [GPa]	横弾性係数 G [GPa]	体積弾性係数 K [GPa]	ポアソン比 $\nu = 1/m$
鉄　（C　痕跡）	2.15×10^2	0.83×10^2	$- \times 10^2$	
軟鋼（C　0.12〜0.20%）	2.15	0.84	—	
硬鋼（C　0.40〜0.50%）	2.09	0.84	—	0.28〜0.3
鋳鋼	2.15	0.83	—	
鋳鉄	0.75〜1.30	0.29〜0.40	—	0.2〜0.29
ニッケル鋼（Ni2〜3%）	2.09	0.84	—	—
ニッケル	2.05	0.73	1.54	0.31
タングステン	3.70	1.60	3.33	0.17
銅	1.25	0.41	—	0.34
青銅	1.16	—	—	—
りん青銅	1.34	0.43	—	—
砲金	0.95	0.40	—	—
黄銅　七三	0.98	0.42	—	—
黄銅　四六	0.93	0.40	—	—
アルミニウム	0.72	0.27	—	0.34
ジュラルミン	0.70	0.27	—	0.34
すず	0.55	0.28	0.56	0.33
鉛	0.17	0.078	—	0.45
亜鉛	1.00	0.30	0.67	0.2〜0.3
金	0.81	0.28	1.86	0.42
銀	0.81	0.29	1.25	0.48
白金	1.70	0.62	2.50	0.39

2.8
応力とひずみの関係式（構成式）

　応力とひずみは前の2.7節で説明した弾性係数と呼ばれる材料の力学的性質を示す定数によって関係付けられる．そこではじめに棒状部材の一軸方向の垂直応力と関連する垂直ひずみの関係およびせん断応力とせん断ひずみの関係を調べ，次に二軸方向および三軸方向に垂直応力が存在する場合の垂直応力と垂直ひずみの一般的な関係とせん断応力とせん断ひずみの一般的な関係を調べてみよう．

2.8.1 ◆ 一軸方向の応力とひずみの関係

　既に 2.7 節で述べたように一軸方向の引張荷重を受けている棒状の部材は軸方向に応力を生じ，軸方向に伸びて正の垂直ひずみ（縦ひずみ）ε を生じるとともに体積を保持するために横方向は縮み，負の垂直ひずみ（横ひずみ）ε' を生じる．その比は材料に依存して一定でポアソン比と呼ばれることも既に示した．また縦ひずみ ε および横ひずみ ε' と軸方向の垂直応力 σ の関係を調べてみると式 (2.89) より，

$$\sigma = E\varepsilon \tag{2.95}$$

が成立する．また横ひずみと縦ひずみ，垂直応力 σ との関係は式 (2.90) から

$$\varepsilon' = -\nu\varepsilon = -\nu\sigma/E \tag{2.96}$$

となる．

　またせん断応力 τ とせん断ひずみの間には荷重が小さい時には式 (2.91) から次式のような比例関係が成立する．

$$\tau = G\gamma \tag{2.97}$$

2.8.2 ◆ 二次元応力状態下の応力とひずみの関係

（1）二次元応力状態における応力とひずみの関係

　垂直応力が一つの軸方向のみならず，直交する他の軸方向にも作用する場合の応力とひずみの関係を調べてみよう．ここでも荷重が小さく，いずれの方向もフックの法則が成立しているものと考えよう．図 2.32(a) に示すように x 軸方向に垂直応力 σ_x と y 軸方向に垂直応力 σ_y を受ける二次元の弾性体を考える．線形の範囲の変形では重ね合せの原理が成立するので同図(b) に示すように，垂直応力 σ_x のみが作用する状態（式 (2.89)）と垂直応力 σ_y のみが作用する状態（式 (2.90)）を重ね合わせると次式のようにひずみと応力の関係式である**構成方程式**（constitutive equation）と呼ばれる式が容易に導出できる．

$$\begin{cases} \varepsilon_x' = \dfrac{\sigma_x}{E} \\[2mm] \varepsilon_y'' = -\nu\varepsilon_x \end{cases} \tag{2.98}$$

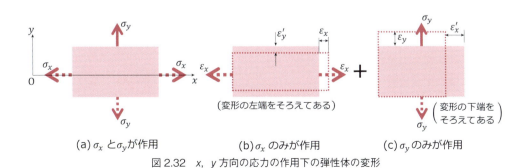

(a) σ_x と σ_y が作用　　　　(b) σ_x のみが作用　　　　(c) σ_y のみが作用

図 2.32　x, y 方向の応力の作用下の弾性体の変形

$$\begin{cases} \varepsilon_x'' = -\nu \varepsilon_y', \quad \varepsilon_y'' = -\nu \varepsilon_x' \\ \varepsilon_x' = \dfrac{\sigma_x}{E}, \quad \varepsilon_y' = \dfrac{\sigma_y}{E} \end{cases} \tag{2.99}$$

$$\begin{cases} \varepsilon_x = \varepsilon_x' + \varepsilon_x'' = \dfrac{1}{E}(\sigma_x - \nu \sigma_y) \\ \varepsilon_y = \varepsilon_y' + \varepsilon_y'' = \dfrac{1}{E}(\sigma_y - \nu \sigma_x) \end{cases} \tag{2.100}$$

ここで重要なことは，式（2.100）から理解されるように一つの面の上の垂直ひずみはその方向の応力のみならず，ポアソン比の関係で直交する他の面の垂直応力の影響も受ける．一方，せん断ひずみと応力の関係は，次式

$$\gamma_{xy} = \frac{1}{G}\tau_{xy} \tag{2.101}$$

となり，他の応力の影響は受けない．

垂直応力を垂直ひずみで，せん断応力 τ_{xy} をせん断ひずみ γ_{xy} でそれぞれ表せば

$$\begin{cases} \sigma_x = D(\varepsilon_x + \nu \varepsilon_y) \\ \sigma_y = D(\varepsilon_y + \nu \varepsilon_x) \end{cases} \tag{2.102}$$

$$\tau_{xy} = G\gamma_{xy} \tag{2.103}$$

となる．ここに $D = E/\{(1+\nu)(1-\nu)\} = E/(1-\nu^2)$ である．

2.8.3 ◆ 三次元応力状態下の応力とひずみの関係

上記で二次元応力状態における応力とひずみの関係を示したが，三次元応力状態の場合も同様な考え方で構成式を導くことができる．

図 2.33 は三次元弾性体の 1 点に x, y, z 方向の垂直応力 σ_x, σ_y, σ_z が作用している様子を示す．この場合でも垂直応力 σ_x, σ_y, σ_z が単独に作用している状態を重ね合わせて σ_x, σ_y, σ_z が同時に作用している状態を表現できる．同図(b)は σ_y のみが作用している状態を示す．この場合には

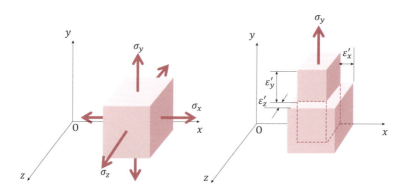

(a)σ_x,σ_y,σ_zが作用する三次元弾性体　　　(b)σ_yのみが作用する三次元弾性体

図2.33　x, y, z 方向の応力作用下の三次元弾性体

y 方向の垂直ひずみが生じるとともにポアソン比の関係で x，z 方向の垂直ひずみも次式のように生ずる.

$$\begin{cases} \varepsilon_x{}'' = -\nu\,\varepsilon_y{}' \\[2mm] \varepsilon_y{}' = \dfrac{\sigma_y}{E} \\[2mm] \varepsilon_z{}'' = -\nu\,\varepsilon_z{}' \end{cases} \tag{2.104}$$

垂直応力 σ_x，σ_z が単独に作用している場合も同様な状態となるので，結局，垂直ひずみと垂直応力の関係式は次の形に書くことができる.

$$\begin{cases} \varepsilon_x = \dfrac{1}{E}\{\sigma_x - \nu\,(\sigma_y + \sigma_z)\} \\[3mm] \varepsilon_y = \dfrac{1}{E}\{\sigma_y - \nu\,(\sigma_x + \sigma_z)\} \\[3mm] \varepsilon_z = \dfrac{1}{E}\{\sigma_z - \nu\,(\sigma_x + \sigma_y)\} \end{cases} \tag{2.105}$$

ここでも一つの面上の垂直ひずみは，その面上の垂直応力のみならずポアソン比の関係で直交する二つの面上の垂直応力の影響を受けることに注意されたい. 一方，せん断ひずみは次式で示すように同一面上の同じ方向のせん断応力のみの影響を受ける.

$$\begin{cases} \gamma_{xy} = \dfrac{1}{G}\,\tau_{xy} \\[3mm] \gamma_{yz} = \dfrac{1}{G}\,\tau_{yz} \\[3mm] \gamma_{zx} = \dfrac{1}{G}\,\tau_{zx} \end{cases} \tag{2.106}$$

式 (2.105)，(2.106) を基に応力をひずみの成分で表すことができ，次式となる.

$$\begin{cases} \sigma_x = D_1\varepsilon_x + D_2(\varepsilon_y + \varepsilon_z) \\ \sigma_y = D_1\varepsilon_y + D_2(\varepsilon_z + \varepsilon_x) \\ \sigma_z = D_1\varepsilon_z + D_2(\varepsilon_x + \varepsilon_y) \end{cases} \tag{2.107}$$

$$\begin{cases} \tau_{xy} = G\gamma_{xy} \\ \tau_{yz} = G\gamma_{yz} \\ \tau_{zx} = G\gamma_{zx} \end{cases} \tag{2.108}$$

ここに二次元の場合の D_1，D_2 は

$$D_1 = E(1-\nu)\,/\,\{(1+\nu)(1-2\nu)\}, \qquad D_2 = E\nu\,/\,\{(1+\nu)(1-2\nu)\}$$

である.

例題 2.8e-1　横弾性係数 G と縦弾性係数 E 間の関係

二次元弾性体において横弾性係数 G と縦弾性係数 E 間の関係をモールの円を用いて表せ.

【解答】　図 2.8e-1 に示すような微小な正方形を考える. この正方形の x 面（BC 面）および y 面（AD 面）に大きさが等しく, 反対向きの大きさが σ_o の垂直応力が作用しており, せん断応力は作用していないとすると

$$\sigma_x = \sigma_o, \qquad \sigma_y = -\sigma_o, \qquad \tau_{xy} = 0 \tag{1}$$

となる. したがって図 2.8e-2(a) のようなモールの応力円が描ける. この時 x 面および y 面では, 等しい大きさの ε_o の反対向きの垂直ひずみ $\varepsilon_x = \varepsilon_0$, $\varepsilon_y = -\varepsilon_0$ のみが存在してせん断ひずみは存在せず, 図 2.8e-2(b) のようなモールのひずみ円が描ける. x 面の応力状態 P, ひずみ状態 Q から 45°回転した面の上の応力状態 P′, ひずみ状態 Q′はモールの応力円上とひずみ円を上でそれぞれ 90°回転した点となる. その大きさは

$$\begin{aligned}
&\sigma_{45°} = 0 \qquad \tau_{45°} = -\sigma_o \\
&\varepsilon_{45°} = 0 \qquad \frac{1}{2}\gamma_{45°} = -\varepsilon_o \rightarrow \gamma_{45°} = -2\varepsilon_o
\end{aligned} \tag{2}$$

となる. 一方, ひずみと応力の関係は式（2.105）より

$$\varepsilon_x = \frac{1}{E}(\sigma_x - \nu\sigma_y)$$

$$\therefore \quad \varepsilon_o = \frac{1}{E}(1+\nu)\sigma_o \tag{3}$$

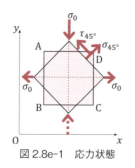

図 2.8e-1　応力状態

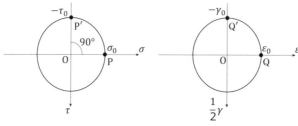

(a)モールの応力円　　　(b)モールのひずみ円
図 2.8e-2　モールの応力円とひずみ円

となり，せん断応力は式 (2.91) の関係から

$$\gamma_{45^\circ} = \frac{1}{G}\,\tau_{45^\circ} \tag{4}$$

となる．式 (3)，(4) から

$$G = \frac{E}{2(1+v)}$$

の関係（式 (2.93)）を導くことができる．

2.9
応力測定（ひずみによる応力測定：ロゼット解析）

　応力を測定したいとき，応力自体は目に見えないものであるので，目に見えるひずみを測定してその結果から応力を求めることが考えられており，ロゼット解析（Rosette analysis）と呼ばれている．

　まず主応力が生じる状態では主ひずみも生じることを理解しよう．これはせん断ひずみとせん断応力の関係式 (2.101) から導ける．すなわち主応力状態ではせん断ひずみが 0 であるので式 (2.93) からせん断ひずみも 0 となり，主ひずみ状態となる．そこで主応力と主ひずみの関係式を二次元応力状態において示せば

$$
\begin{aligned}
\sigma_1 &= E(\varepsilon_1 + v\,\varepsilon_2)/(1 - v_2^{\,2})\\
\sigma_2 &= E(\varepsilon_2 + v\,\varepsilon_1)/(1 - v_2^{\,2})
\end{aligned}
\tag{2.109}
$$

と書ける．したがって σ_1，σ_2 を求めるには，ε_1，ε_2 の値とその方向を知る必要がある．そこで 3 つの方向（I，II，III）のひずみ ε_{I}，ε_{II}，ε_{III} を使って求める方法が考えられている．この 3 方向のひずみを測定するためにひずみを電気抵抗の変化としてとらえる，電気抵抗線ひずみゲージ（electrical resistance wire gage）が良く用いられる．ひずみを測定する 3 方向としては図 2.34 に示す 45°方向と 60°方向が多く用いられている．図 2.34 と図 2.35 に 3 方向のひずみの測定値とモールのひずみ円における主ひずみの決定方法を示す．45°の場合について説明を加えると，ε_{I}，ε_{III} は 90°をなし，モールのひずみ円上では 180°をなすので直径上に存在する．したがってモール

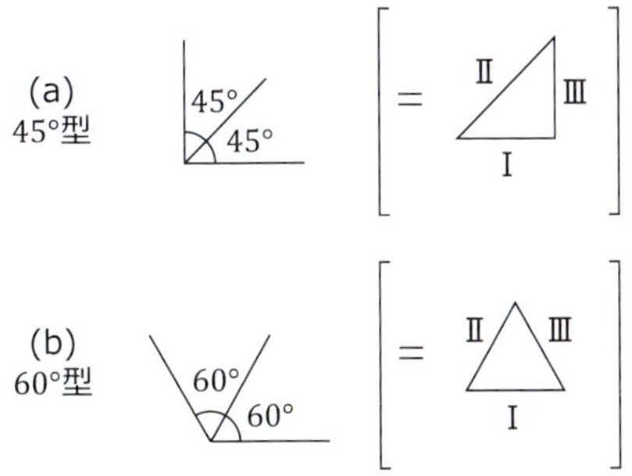

図 2.34　3 方向のひずみ測定（ロゼット解析）

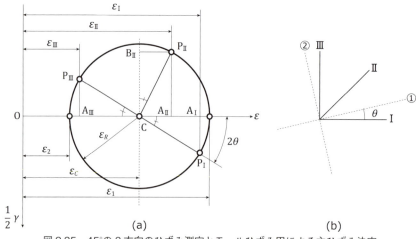

図2.35　45°の3方向のひずみ測定とモールひずみ円による主ひずみ決定

のひずみ円の中心点 C は $(\varepsilon_{\mathrm{I}} + \varepsilon_{\mathrm{III}})/2$ の位置になる．また $\Delta CA_{\mathrm{I}}P_{\mathrm{I}} \backsim \Delta CA_{\mathrm{II}}P_{\mathrm{II}}$ となるので $CA_{\mathrm{I}} = CB_{\mathrm{II}} = \varepsilon_{\mathrm{I}} - \varepsilon_{\mathrm{II}}$ となり，円上の P_{II} 点が決定できる．したがってモールのひずみ円を描くことができ，主ひずみ ε_1, ε_2 を求めることができる．60°の場合については次の例題を参照されたい．

例題 2.9e-1　60°の場合の主ひずみの求め方

　図 2.34 に示した 60°の3方向のひずみ測定結果を用いてモールのひずみ円を求める方法を説明せよ．

【解答】　ε_{I}, $\varepsilon_{\mathrm{II}}$, $\varepsilon_{\mathrm{III}}$ は 60°の角度をなすのでモールのひずみ円上では 120°の角度をなす．$\Delta P_{\mathrm{I}}P_{\mathrm{II}}P_{\mathrm{III}}$ は正三角形となるのでその重心 $(\varepsilon_{\mathrm{I}} + \varepsilon_{\mathrm{II}} + \varepsilon_{\mathrm{III}})/3$ がモール円の中心 C となる．モールの円上の点 P_{I}, P_{II}, P_{III} を決定するのは少し手間がかかる．値は不明であるが，ひずみ円の半径を ε_R，主ひずみ ε_1 の生じる面の角度を θ とすると，$A_{\mathrm{I}}P_{\mathrm{I}}$, $A_{\mathrm{III}}A_{\mathrm{II}}$ は以下のようになる．

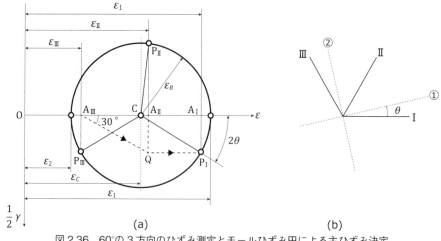

図2.36　60°の3方向のひずみ測定とモールひずみ円による主ひずみ決定

$$A_{\mathrm{I}}P_{1} = \varepsilon_R \sin 2\theta \tag{1}$$

$$A_{\mathrm{III}}A_{\mathrm{II}} = CA_{\mathrm{III}} + CA_{\mathrm{II}} = \varepsilon_R \cos(2\pi/3 - 2\theta) - \varepsilon_R \cos(2\pi/3 + 2\theta)$$

$$= \varepsilon_R \times (2\sin 2\pi/3) \times \sin 2\theta = \sqrt{3}\,\varepsilon_R \sin 2\theta \tag{2}$$

$$\therefore \quad A_{\mathrm{I}}P_{1}/A_{\mathrm{III}}A_{\mathrm{II}} = 1/\sqrt{3} \tag{3}$$

したがって A_{III} を通り ε 軸と 30°をなす直線を引き，A_{II} を通る垂線との交点を Q 点とすれば Q を通る水平線と A_{I} を通る垂線の交点から P_{1} を決定することができる．よってモールの円を描くことができ，主ひずみ ε_{1}, ε_{2} を求めることができる．

2.10
温度変化を受ける弾性体のひずみと応力

弾性体が温度変化 T を受けるときのひずみと応力の関係は垂直ひずみ ε_x, ε_y, ε_z の方向の線素が影響を受けてその変化量は αT となる．ここに α は線膨張係数（coefficient of linear expansion）と呼ばれる量で物質定数の一つである．表 2.8 に代表的な工業材料の線膨張係数 α を示す．

表 2.8　工業材料の線膨張係数 α

材料	α (20°〜40°)	材料	α (20°〜40°)
亜鉛（多結晶）	3.97×10^{-5}	金	1.42×10^{-5}
鉛	2.93 〃	ニッケル	1.33 〃
すず	2.70 〃	純鉄	1.17 〃
アルミニウム	2.39 〃	軟鋼	1.12 〃
ジュラルミン	2.26 〃	硬鋼	1.07 〃
銀	1.97 〃	鋳鉄	0.92〜1.18 〃
黄銅（四六）	1.84 〃	白金	0.89 〃
銅	1.65 〃	タングステン	0.43 〃

弾性体における重ね合わせの原理から温度変化がある場合の垂直応力と垂直ひずみの関係は，温度変化がない場合の関係式（2.105）の各式に温度変化 T によるひずみ αT を加えた式となり，せん断応力は影響を受けない[注7]．

(注 7)　等方性の弾性体ではどの方向を取っても温度変化による垂直ひずみは αT であるので，温度変化のみを二次元状態で考えるとモールのひずみ円は点になる．

$$
\left\{
\begin{aligned}
&\varepsilon_x = \frac{1}{E}\left\{\sigma_x - \nu\left(\sigma_y + \sigma_z\right)\right\} + \alpha T \\[1.5em]
&\varepsilon_y = \frac{1}{E}\left\{\sigma_y - \nu\left(\sigma_z + \sigma_x\right)\right\} + \alpha T \\[1.5em]
&\varepsilon_z = \frac{1}{E}\left\{\sigma_z - \nu\left(\sigma_x + \sigma_y\right)\right\} + \alpha T \\[1.5em]
&\gamma_{xy} = \frac{1}{G}\,\tau_{xy} \\[1.5em]
&\gamma_{yz} = \frac{1}{G}\,\tau_{yz} \\[1.5em]
&\gamma_{zx} = \frac{1}{G}\,\tau_{zx}
\end{aligned}
\right.
\tag{2.110}
$$

2.11
応力，ひずみと強度設計

　材料の破壊や降伏基準は表2.9に示すようにいろいろな仮説があるが，実際の構造物や構造部材の設計においては破壊や降伏を生じないような安全な設計が必要である．

　このような設計は強度設計（strength design）と呼ばれる．強度設計として古くから採用されている代表的な手法は，最大応力説に基づき破壊や降伏に至らないように十分に余裕を持った設計で，許容応力設計（allowable stresss design）と呼ばれる．しかし問題は材料が破壊や降伏に対する材料の強度をいかに把握するかである．そのためには実際には以下の項目を総合的に考慮する必要がある．

① 荷重見積の不確定性

② 応力計算の精度

③ 材料の不均一性

④ 工作の精度

⑤ 腐食・磨耗作用

⑥ 要求される寿命や信頼性

　また次表2.10に示すような荷重の作用の仕方によって材料の強度の基準である"基準強さ"も合理的に考える必要がある．

　したがってこれらを総合的に考慮すると材料の強度設計で使用される許容応力は，材料の基準強さよりも小さな余裕を持った値としなければならない．材料の基準強さ σ_n と許容応力 σ_{all} の比

$$
\sigma_u / \sigma_{\text{all}} = S_f
$$

は安全率（safety factor）と呼ばれる．すなわち安全率 S_f は1より大きく，前述のいろいろな不確定な要素を補正する役割を有している．この安全率の考え方はいわば古典的な考え方で，最近では，材料の性質や荷重の種類に応じて破壊形式を予想して材料の基準強さを適正に把握すると

表 2.9　破壊・降伏基準

名称	基準	備考
最大応力基準 $\left(\begin{array}{l}\text{maximum}\\ \text{primciple}\\ \text{stress}\\ \text{criterion}\end{array}\right)$	・主応力 σ_1, σ_2, σ_3 ・[基準] 　$\|\sigma_1\|<\sigma_u$, $\|\sigma_2\|<\sigma_u$, $\|\sigma_3\|<\sigma_u$ 　σ_u : 極限応力（ultimate stress）	・クーロン（Coulomb）の基準 ・ぜい性材料に適用
最大ひずみ基準 $\left(\begin{array}{l}\text{maximum}\\ \text{principle}\\ \text{strain}\\ \text{criterion}\end{array}\right)$	・主ひずみ ε_1, ε_2, ε_3 ・[基準] 　$\|\varepsilon_1\|<\varepsilon_u$, $\|\varepsilon_2\|<\varepsilon_u$, $\|\varepsilon_3\|<\varepsilon_u$ 　ε_u : 極限ひずみ	・サンブナン（Saint-Venant）の破壊基準 ・ぜい性材料
最大せん断応力基準 $\left(\begin{array}{l}\text{maximum}\\ \text{shearing}\\ \text{stress}\\ \text{criterion}\end{array}\right)$	・主応力 σ_1, σ_2, σ_3 　$\sigma_1 \geqq \sigma_2 \geqq \sigma_3$ 　$\tau_{\max}=\dfrac{1}{2}(\sigma_1-\sigma_3)$ ・[基準] 　$\tau_{\max}=\dfrac{1}{2}(\sigma_1-\sigma_3)\leqq\tau_y$ 　τ_y : せん断降伏応力	・トレスカ（Tresca）の降伏条件 ・主として延性材料
せん断ひずみエネルギー基準 $\left(\begin{array}{l}\text{shearing}\\ \text{strain}\\ \text{energy}\\ \text{criterion}\end{array}\right)$	・せん断ひずみエネルギー U_s 　$U_s=\dfrac{1}{2}\{(\sigma_1-\sigma_2)^2+(\sigma_2-\sigma_3)^2+(\sigma_3-\sigma_1)^2\}$ ・[基準] 　$\sqrt{U_s}=\sqrt{\dfrac{1}{2}\{(\sigma_1-\sigma_2)^2+(\sigma_2-\sigma_3)^2+(\sigma_3-\sigma_1)^2\}}\leqq\sigma_y$ 　σ_y : 降伏応力	・ミーゼス（Mises）の降伏条件 ・多くの金属材料

表 2.10　荷重の作用状態と基準強さ

荷重の作用状態	材料の基準強さ
静荷重	ぜい性材料→引張強さ, 延性材料→降伏点
繰返し荷重	疲れ限度
高温下荷重	クリープ限度

ともに, 部材の寸法, 表面状況, 温度などの影響をも考慮して修正し, 安全率には荷重やその他の要素の不確定要素を含める考え方になっている. さらに信頼性設計に基づき, 強度や応力の確率分布を考えて安全率を与える手法も考えられており, 統計的安全率（statis tical safety factor）と呼ばれている. また最近では, 機械, 建築, 土木などの諸分野において狭義の意では許容応力設計と異なる限界状態設計（limit state design）という設計概念も使い始められている. 限界荷重設計法では構造物に生じてはならない, いくつかの限界状態である, 終局限界状態, 使用限界状態, 疲労限界状態などを想定して個々に設計する方法であるが, 本書の範囲を超えるので文献のみを示しておく[3][4].

第 2 章　演習問題

Ⅰ．応力，ひずみ，モールの円

［1］図のように平衡状態にある弾性体の微小要素上で応力成分 σ_x, σ_y, τ_{xy} が与えられている．x 軸と θ の角度をなす斜面（n）上の合応力成分 σ_n とその x, y 軸方向成分 σ_{nx}, σ_{ny} を求めよ．

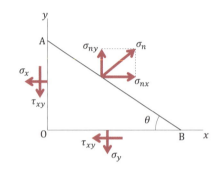

［2］図のような高さ $h=10$［cm］幅 $b=5$［cm］，長さ $l=50$［cm］の長方形断面棒に集中圧縮軸荷重 $P=980$［kN］が作用するとき対角線の断面 AC 上に生じる垂直応力成分 σ，せん断応力成分および合応力成分 S を求めよ．

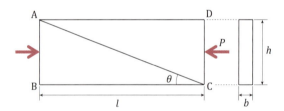

［3］上記［2］をモール円を用いて解け．

［4］図のような平衡状態ある弾性体の 1 点 P における応力状態を調べるために微小立方体要素の表面の応力状態を調べると図のようになった．このとき次の間に答えよ．なお z 面の応力成分は 0 であった．
① σ_x, σ_y, τ_{xy} を求めよ．
② モールの応力円を描け．
③ 主応力の値 σ_1, σ_2 とその生じる面を求めよ．

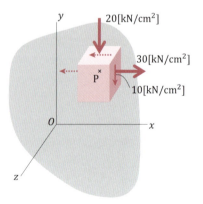

［5］図は弾性体表面のある点における応力状態を示している．次の問に答えよ．

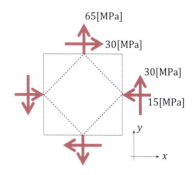

① この応力状態をモールの応力円にて示せ．

② モールの応力円より主応力，主方向をそれぞれ求めよ．

③ x-y 座標系から半時計回りに $45°$ 回転した面での応力 $(\sigma_n,\ \sigma_t,\ \tau_{nt})$ を求めよ．

［6］図のような平面応力状態にある点における次の量を求めよ．

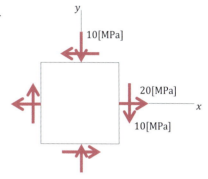

① モールの応力円

② 主応力 $\sigma_1,\ \sigma_2$ とその生じる面

③ 最大せん断応力 $\tau_{\max}$ とその生じる面

［7］下記の三つの平面応力状態にある場合のモールの応力円を描け．

① $\sigma_x = 30\ [\mathrm{MPa}]$，$\sigma_y = 10\ [\mathrm{MPa}]$，$\tau_{xy} = 0$

② $\sigma_x = 20\ [\mathrm{MPa}]$，$\sigma_y = 0$，$\tau_{xy} = 30\ [\mathrm{MPa}]$

③ $\sigma_x = 48\ [\mathrm{MPa}]$，$\sigma_y = 48\ [\mathrm{MPa}]$，$\tau_{xy} = 60\ [\mathrm{MPa}]$

［8］弾性体内の一点 P の応力状態を平面応力状態とする．P-xy 座標と x 軸より θ の角をなす図の P-nt 座標の上の応力状態を下記の二つの場合の問題について①成分の変換式（2.26）と②モールの応力円の二つの解法によって求めよ．

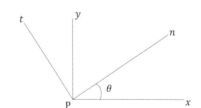

(a) $\sigma_x = 6\ [\mathrm{MPa}]$，$\sigma_y = 72\ [\mathrm{MPa}]$，$\sigma_n = 6.6\ [\mathrm{MPa}]$
  $\tau_{xy} = 0.6\ [\mathrm{MPa}]$，find θ

(b) $\sigma_n = -90\ [\mathrm{MPa}]$，$\sigma_t = -30\ [\mathrm{MPa}]$，$\tau_{xy} = 75\ [\mathrm{MPa}]$
  $\tau_{nt} = 90\ [\mathrm{MPa}]$，find $\sigma_x,\ \sigma_y,\ \theta$

［9］弾性体の表面に下図のような微小三角形部分を考える．この部分に作用している応力が次式のとき，設問に答えよ．ただし，斜面 AB の面積を S とする．

$$\begin{pmatrix} \sigma_x & \tau_{xy} \\ \tau_{xy} & \sigma_y \end{pmatrix} = \begin{pmatrix} 4 & 1 \\ 1 & 1 \end{pmatrix}\ [\mathrm{MPa}]$$

① 微小要素（OAB）に関して，力の平衡式から σ_n，τ_{nt} を求めよ．

② このときの応力状態をモールの応力円にて示し，円の中心（σ_c, τ_c），円の半径 r を求めよ．

③ $[\sigma'] = [L][\sigma][L^T]$ の関係から，σ_n，τ_{nt} を求めよ．

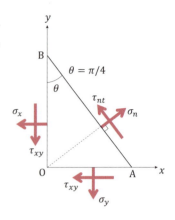

[10] 弾性体内の一点 P における微小正方形要素の各辺に作用する応力を調べてみると図のようになった．このとき

① 主応力 σ_1，σ_2 をモールの応力円を描いて求めよ．またその作用している面を示せ．

② 最大せん断応力 $\tau_{xy,\,max}$ とその作用している面を求めよ．

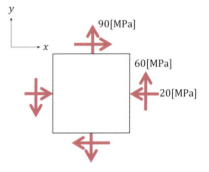

Ⅱ．モールのひずみ円，主ひずみ，主応力

[11] 平面応力状態にある弾性体の表面上の一点 O で図に示す 3 つの方向の垂直ひずみを測定した結果，

$$\varepsilon_{0°} = 3.0 \times 10^{-4}$$
$$\varepsilon_{45°} = 2.0 \times 10^{-4}$$
$$\varepsilon_{90°} = 3.0 \times 10^{-4}$$

の値を得た．

① モールのひずみ円を描け．

② モールのひずみ円から主ひずみの値 ε_1，ε_2 を求めよ．

③ ヤング率 $E = 2.0 \times 10^6$ [kgf/cm^2]，ポアソン比 $\nu = 1/3$ とするとき，主応力 σ_1，σ_2 の値を求めよ．

[12] 他の寸法に比較して十分に薄い板（板厚 $= t$ [mm]）が変形して図のようになっている．板の材料定数を $E = 182$ [Mpa]，$\nu = 0.3$ とするとき，以下の設問に答えよ．ただし，変形前の寸法は，OA $= 20$ [mm]，OB $= 10$ [mm] とし，AA$' = \Delta L_x = 200$ [μm]，BB$' = \Delta L_y = 20$ [μm] とする．

① x，y 方向の垂直ひずみ ε_x，ε_y をそれぞれ求めよ．

② x，y 方向の垂直応力 σ_x，σ_y をそれぞれ求めよ．

③ z 方向の垂直ひずみ ε_z を求めよ．

④ 最大せん断応力 τ_{max} を求め，その方向を求めよ．

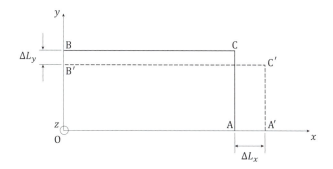

[13] 薄い平板が xy 平面内の外力を受け，板の表面にある点 A$(0, 10)$，B$(20, 0)$ が図のように変位して A′，B′に移動した（変位は誇張して表示してある）.

　考える平板での応力状態はどこも一様とし，ここでの縦弾性係数を $E = 182$ [GPa]，ポアソン比を $\nu = 0.3$ とし，図中の長さの単位は [mm] とする.

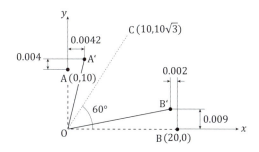

① $(\varepsilon_x,\ \varepsilon_y,\ \gamma_{xy})$ を求めよ.

② $(\sigma_x,\ \sigma_y,\ \tau_{xy})$ を求めよ.

③ この平面におけるモールのひずみ円，応力円を描き，主ひずみ方向を求めよ.

④ 点 C$(10,\ 10\sqrt{3})$ も A，B と同様に C′に変位した. この時 C の x 方向および y 方向の変位をそれぞれ求めよ.

[14] 正方形 OABC（一辺 l）にせん断応力が作用し，OA′B′C のように変形した.

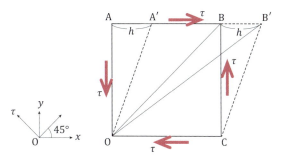

① ε_x，ε_y，γ_{xy} を l，h を用いて表せ.

② このときのモールの応力円を描き，n-t 座標における $[\sigma_{ij}] = \begin{bmatrix} \sigma_n & \tau_{nt} \\ \tau_{tn} & \sigma_t \end{bmatrix}$ を求めよ.

③ OB′の長さを図から l，h を用いて求め，ε_n を求めよ. ただし，高次の微小量は無視する.

④　n–t 座標系における応力とひずみの関係から ε_{45} を求めよ.

⑤　③, ④で求めたひずみは一致することから, G, E, ν の関係式を求めよ.

[15] 図に示すように, 弾性体の表面にひずみゲージを 3 枚異なる方向（x 軸方向に対し 0°, 45°, 90°方向）に貼り付けた. それぞれのひずみゲージから読み取れるひずみは ε_0, ε_{45}, ε_{90} とし, その値は次に示す数値となった.

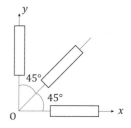

$$\varepsilon_0 = 90 \times 10^{-5}, \quad \varepsilon_{45} = 40 \times 10^{-5}, \quad \varepsilon_{90} = 10 \times 10^{-5}.$$

ひずみが一様であって, O 点におけるひずみが 3 枚のひずみゲージによって求められるとする. 弾性体の機械的特性値は, 縦弾性係数 $E = 30 \times 10^3$ [MPa], ポアソン比 $\nu = 0.25$ とするとき, 下記の設問に答えよ.

①　モールのひずみ円を描き, せん断ひずみ γ_{xy} を図中に示せ. また, その値を求めよ.

②　主ひずみ ε_1, ε_2, および主ひずみ方向 θ_1, θ_2 を求めよ.

③　主応力 σ_1, σ_2, および主方向 θ_1, θ_2 を求めよ.

④　最大せん断応力 $\tau_{\max}$ を求めよ.

[16] 弾性体内の 1 点 P の応力状態が下記のように与えられている.

$$\sigma_x = 70 \text{ [MPa]}, \quad \sigma_y = 105 \text{ [MPa]}, \quad \sigma_z = 0$$
$$\tau_{xy} = 70 \text{ [MPa]}, \quad \tau_{yz} = 0, \quad \tau_{xy} = 0$$

縦弾性率 $E = 84 \times 10^3$ [MPa], $\nu = 0.25$ とするとき, P の方向余弦 $(l, m, n) = (1/\sqrt{3}, 1/\sqrt{3}, 1/\sqrt{3})$ 方向の垂直ひずみを計算せよ.

[17] 等方弾性体で, 任意の応力 F においても次のような特殊の性質を有する場合のポアソン比 ν の値を求めよ.

①　体積変化 0

②　せん断変形 0

第3章

棒状部材（一次元部材）解析の基礎

3.1 棒状部材が受ける荷重と部材の呼称
3.2 棒状部材の解析と座標系
3.3 棒状部材の断面に生ずる応力と断面力の関係
3.4 棒状部材が受ける集中荷重・分布荷重と断面力の関係
3.5 サンブナンの原理
3.6 棒状部材の断面の平面保持，図心軸の直交性

OVERVIEW

　本章では第6章以降の棒状部材の応力，ひずみ，
変形を扱うそれぞれの章に共通の基礎的な事項をま
とめて述べる．その中でサンブナンの原理および図
心軸の直交性と平面保持の仮定であるベルヌーイ−
ナヴィエの仮定についても述べる．

クロード・ルイ・マリー・アンリ・ナヴィエ
（Claude Louis Marie Henri Navier）
1785 年〜1836 年，フランス

・数学者，物理学者
・流体力学，ナヴィエ・ストークス
　方程式
・材料力学の本出版
・ガリレオ・ガリレイのはりの強度
　に関する論文の誤りを指摘
・はりの図心軸の直交性と平面保持
　の仮定（ベルヌーイ−ナヴィエの
　仮定）

　本章では柱，棒等の長手方向の寸法が断面寸法に比べて大きい（一次元部材）に，引張り・圧縮，曲げ，ねじり等の荷重を受けた際の解析に必要な基礎事項をまとめる.

　はじめに受ける荷重によって棒状部材の呼称が異なることを説明し，応力，ひずみ，変形を解析する際の基準となる座標系を示す. 次に断面に生ずる応力と断面力の関係や断面力と集中荷重や分布荷重の関係を示す. なお引張りや圧縮を受ける複数の棒状部材を二次元的，三次元的に結合・配置した骨組構造（framed strcture）はトラス構造（truss structure）と呼ばれ，橋，建物等の主要な構造の一つである. また結合部で曲げも受ける二次元，三次元の骨組構造は，ラーメン構造（rahmen structure）と呼ばれ，トラスと同様に構造解析の際の重要な対象構造となっている.

エンジンのクランクシャフト
出典：http://www.tdforge.co.jp/product/engine.html#csCrank Shaft

3.1 棒状部材が受ける荷重と部材の呼称

　長手方向の寸法が断面の寸法に比して大きい，いわゆる棒状部材は，負担する荷重やモーメントによって前出の表1.5でも示したが，以下の表3.1に示すように一般的には区別して呼ばれることが多い.

表3.1　棒状部材の受ける荷重と呼称

荷重	棒状部材の呼称
引張り荷重	棒（bar），控棒（tie-rod）
圧縮荷重	柱（column）
曲げモーメント	はり（beam）
ねじりモーメント	軸（shaft）

3.2 棒状部材の解析と座標系

　棒状部材の応力，ひずみ，変形などを解析する際には，図3.1に示すように，長手方向の図心軸に一致させて x 軸を，断面の主軸方向[注1]に y，z 座標を取ると便利である. 本書では棒状部材の解析の際にこのような座標系を採用する.

　したがって図3.2(a)のような L 字型断面の棒状部材では同図(b)のモールの慣性円の主値 I_1，

（注1）断面の主軸方向とは，断面相乗モーメント I_{yz}，I_{zy} が 0 となる二つの方向でモールの慣性円において横軸を切る二つの方向である（第2章 p. 64 を参照）

図 3.1　棒状部材の解析の際の座標系：x 軸（図心軸と一致），y, z 軸（断面の主軸方向）

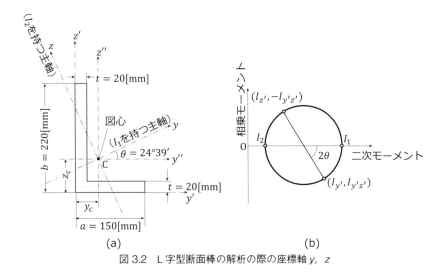

図 3.2　L 字型断面棒の解析の際の座標軸 y, z

I_2 の方向として y, z 軸は二点鎖線の方向になり，この方向に座標軸 y, z を取る必要がある．断面の方向に沿った y', z' 軸や y'', z'' 軸でないことに注意されたい．

3.3
棒状部材の断面に生じる応力と断面力の関係

　図 3.3 に示すような任意の断面形状の棒の断面 A を考える．上述 3.2 に従いこの断面の図心軸に沿って x 座標を，断面に主軸方向に y, z 軸を取る．荷重（軸力 F_a，せん断力 Q，曲げモーメント荷重 M_b，ねじりモーメント荷重 M_T）を受ける棒の断面 A 内の任意の点 P(y, z) には x 方向の垂直応力 σ_x および y, z 方向のせん断応力 τ_{xy}, τ_{xz} が一般的には存在する．これらの応力と第 1 章の 1.5 節で示した断面力，断面モーメントの関係は P の周りに微小断面積 dA を考えることにより以下のようになる．

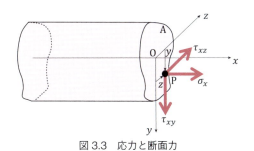

図 3.3　応力と断面力

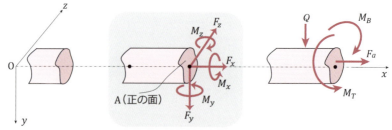

図 3.4　はりの断面における断面力

$$（軸力）\qquad F_x = \int \sigma_x dA$$

$$（せん断力）\qquad F_y = \int \tau_{xy} dA$$

$$F_z = \int \tau_{xz} dA$$

$$（曲げモーメント）\qquad M_y = \int z\sigma_x dA$$

$$M_z = -\int y\sigma_x dA$$

$$（ねじりモーメント）\quad M_x = \int (y\tau_{xz} - z\tau_{xy}) dA$$

(3.1)

3.4
棒状部材が受ける集中荷重・分布荷重と断面力の関係

3.4.1 ◆ 集中荷重と断面力の関係

　引張・圧縮や曲げを受ける棒状部材の集中荷重や集中モーメントと断面力の関係は第 1 章の例題 1.5e-3 で扱ったのでここではその結果のみを示しておく．なお断面力の大きさは断面力を考える面において荷重の大きさやモーメントの大きさと方向がつりあう（負の面）の上で，あるいは同方向の（正の面）上で決定することができる．

3.4.2 ◆ 分布荷重と断面力の関係

　図 3.5 に示すような棒状部材の x 断面から微小長さ δ_x の大きさの微小要素を考える．その左端は負の面であるので，右の正の面の断面力と逆の

$$左端の断面力（負の面）\begin{cases} -F_x, \\ -F_y, \\ -F_z, \end{cases} \begin{cases} -M_x, \\ -M_y, \\ -M_z, \end{cases}$$

が生じ，右端 $x+\delta x$ の断面には，正の断面上に δx の変化分が加わった下記の断面力が生じる．

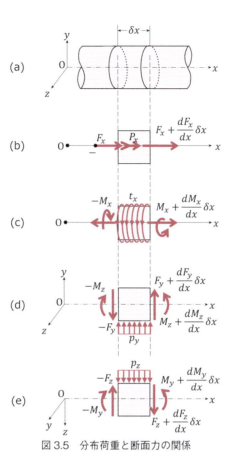

図 3.5 分布荷重と断面力の関係

$$
右端の断面力（正の面）:
\begin{cases}
F_x + \dfrac{dF_x}{dx}\,\delta x, \\[2mm]
F_y + \dfrac{dF_y}{dx}\,\delta x, \\[2mm]
F_z + \dfrac{dF_z}{dx}\,\delta x,
\end{cases}
\begin{cases}
M_x + \dfrac{dM_x}{dx}\,\delta x, \\[2mm]
M_y + \dfrac{dM_y}{dx}\,\delta x, \\[2mm]
M_z + \dfrac{dM_z}{dx}\,\delta x,
\end{cases}
$$

x，y，z の力のつりあいから

$$
\begin{cases}
-F_x + \left(F_x + \dfrac{dF_x}{dx}\,\delta x \right) + p_x \delta x = 0, \\[3mm]
-F_y + \left(F_y + \dfrac{dF_y}{dx}\,\delta x \right) + p_y \delta x = 0, \\[3mm]
-F_z + \left(F_z + \dfrac{dF_z}{dx}\,\delta x \right) + p_z \delta x = 0,
\end{cases}
$$

となる．この式から下記の分布荷重と断面力の関係を導くことができる．

$$\begin{cases} \dfrac{dF_x}{dx} + p_x = 0, & \qquad p_x = -\dfrac{dF_x}{dx}, \\[2ex] \dfrac{dF_y}{dx} + p_y = 0, & \text{または} \qquad p_y = -\dfrac{dF_y}{dx}, \\[2ex] \dfrac{dF_z}{dx} + p_z = 0, & \qquad p_z = -\dfrac{dF_z}{dx}, \end{cases} \qquad (3.2)$$

すなわち，“断面力 F_x, F_y, F_z の x 方向に減少する割合は分布荷重 p_x, p_y, p_z の値に等しい” ことがわかる．

　つぎに x, y, z 方向のモーメントのつりあい式は

$$\begin{cases} -M_x + \left(M_x + \dfrac{dM_x}{dx}\delta x\right) + t_x \delta x = 0, \\[2ex] -M_y + \left(M_y + \dfrac{dM_y}{dx}\delta x\right) - \left(F_z + \dfrac{dF_z}{dx}\delta x\right)\delta x - p_z \delta x \cdot \dfrac{\delta x}{2} = 0, \\[2ex] -M_z + \left(M_z + \dfrac{dM_z}{dx}\delta x\right) + \left(F_y + \dfrac{dF_y}{dx}\delta x\right)\delta x + p_y \delta x \cdot \dfrac{\delta x}{2} = 0. \end{cases}$$

となり，二次の微小量を省略することで

$$\begin{cases} \dfrac{dM_x}{dx} + t_x = 0, & \qquad t_x = -\dfrac{dM_x}{dx}, \\[2ex] \dfrac{dM_y}{dx} - F_z = 0, & \text{または} \qquad F_z = \dfrac{dM_y}{dx}, \\[2ex] \dfrac{dM_z}{dx} + F_y = 0, & \qquad F_y = -\dfrac{dM_z}{dx}, \end{cases} \qquad (3.3)$$

この第 1 式は “ねじりモーメント M_x の x 方向に減少する割合は，分布ねじりモーメント荷重 t_x の値に等しい” ことを意味するが，第 2，第 3 式は第 1 式とは性質が異なり，分布荷重の有無には無関係で一般にせん断力と曲げモーメントとの間に存在する関係を示す．さらに式 (3.2)，式 (3.3) から

$$\begin{cases} p_y = -\dfrac{dF_y}{dx} = \dfrac{d^2 M_z}{dx^2} \\[2ex] p_z = -\dfrac{dF_z}{dx} = -\dfrac{d^2 M_y}{dx^2} \end{cases} \qquad (3.4)$$

の一般的な関係を得る．

3.5
サンブナンの原理

　サンブナンの原理（Saint-Venant's principle）は，"弾性体の一部に作用する荷重を静力学的に等価な荷重やモーメントに置き換えても，荷重点から十分に離れた領域では，弾性体に生ずる応力分布の状態は同一となる" という原理である[(1),(2)]．

　すなわち応力集中などによる領域から十分に離れた領域にはその影響は及ばないとも解釈され，"十分に離れた領域" に関しては表現上のあいまいさが残るが，実用上，応用価値が高い．図 3.6 は，棒状部材に引っ張り荷重を加えた場合の断面の応力状態を示している図である．同図(b)，(c)のように荷重の加えられた箇所の応力分布は断面上では一様でない場合もあるが，荷重点から十分に離れると断面内の応力分布が一様となることを例示している．

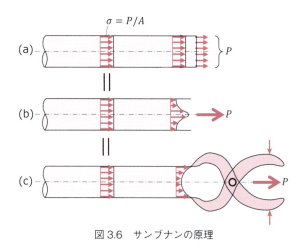

図 3.6　サンブナンの原理

3.6
棒状部材の断面の平面保持，図心軸の直交性

　棒状部材の図心軸に直交する任意の平面断面が荷重を受けた後も平面を保持するか否かは，解析上，極めて重要である．平面保持が成立する場合には，材料力学で多く用いられる微分方程式の適用で比較的簡単な解析が可能となる．

（1）一様な軸力や曲げモーメントを受ける棒状部材
　いま図 3.7(a)に示すような一様な軸力 P_a や曲げモーメント T_B が作用する均一断面の棒状部材を考えてみる．

　この棒状部材内の図心軸（x 軸）に直交する変形前の二つの面 A-A′，B-B′で囲まれる微小要素を考えてみよう．この要素の左右の A-A′面および B-B′面には同図(b)に示すように一様な軸力 $F_x = P_a$，一様な曲げモーメント $M_z = T_B$ が作用している．この微小要素の中点を通る変形前の中央の面 M-M′を考えてみる．この M-M′面には左右対称的に軸力 F_x と曲げモーメント M_z が作用しているので生じる変形も左右対称的なものでなければならない．したがって中央の M-M′は

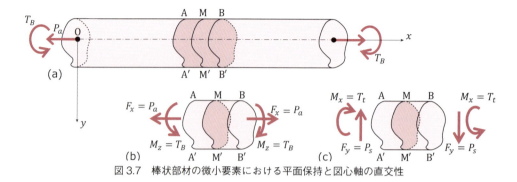

図3.7　棒状部材の微小要素における平面保持と図心軸の直交性

変形後も平面であり，すなわち変形後も平面を保持する.

　次に変形前に直線であった棒の図心軸の変形を考えてみる．この図心軸は一様に変形し，一様な伸び縮みとともに円弧上に曲がる変形[注2] が生じ，やはり面 M-M′に対しては対称的な変形である．したがって断面 M-M′に直交する.

（2）一様なねじりやせん断を受ける棒状部材

　ここで図3.7(c)の左右に一様なねじりモーメント $M_x = T_t$ やせん断 $F_y = P_s$ が作用している場合，図3.7(b)の微小要素の左右に作用する断面力は，中央の面に対して対称的にはならず点対称的になる．したがって変形後には任意の断面形状の平面を保持していない．また図心軸も直交していないことがわかる．例外として中実円形断面や中空円形断面の場合のみ，平面を保持する[注3].

　上記（1）の場合でも断面が均一でないと平面保持や図心軸の直交性の仮定は成立しなくなる．しかしながら材料力学では，近似として断面の平面保持や図心軸の直交性を仮定している場合が多い．このような意味で用いられた平面保持と図心軸の直交性の仮定は，ベルヌーイ-ナヴィエ（Bernoulli-Navier）の仮定と呼ばれる.

第3章　演習問題

［1］　図のように部分的に均一の分布軸荷重を受けている左端が固定，右端が自由の棒がある．棒の断面における軸力の分布を図示せよ．棒の断面積を A，縦弾性係数を E とする.

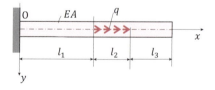

（注2）曲がる曲率ベクトルの向きは，一般には曲げモーメントベクトルの向きに一致しない（6.1節を参照）.
（注3）円形断面の場合のみが点対称と断面上のどの軸に対しても回転対称が考えられるので平面保持と図心軸の直交性が成立する（5.1節を参照）.

［2］図のように集中荷重 P を C 点と D 点に受ける両端支持のはりがある．このときにはりの各断面に生じる断面力の種類と大きさ（符号も含む）を示せ．

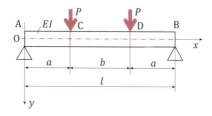

［3］図のように一様な分布荷重 q を受けている片持ちはりがある．はりの各断面に生じる断面力の種類と大きさを求めよ．

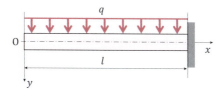

［4］図のように右側にオーバーハングした支持ばりが，右端に集中横荷重 P を受けている．はりの各断面に生じる断面力の種類と大きさを求めよ．

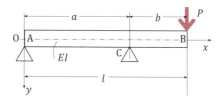

［5］図のように水平面上に置かれた L 字形の棒状部材の左端が剛壁に固定され，他端は自由端になっている．棒の長さは図に示すとおりである．いま自由端に水平方向に図のような集中荷重を加えたときに図の断面 A，B に生じる断面力の種類とその大きさを求めよ．

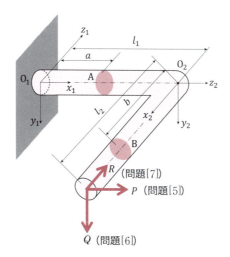

[6] 上記問題[5]で水平方向の力 P の代りに垂直方向の力 Q のみが作用したときに断面 A，B に生じる断面力の種類とその大きさを求めよ.

[7] 上記問題[5]で水平方向の力 P と直交する R のみが作用した場合はどうか.

[8] 図のような一端 A が回転端，他端 D が滑動端である骨組構造物が上部 E の点に荷重 P を受けている．このとき，F,G,H 点の断面力とその大きさを求めよ.

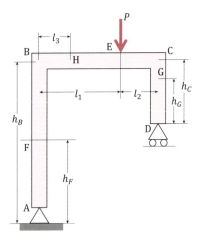

[9] 図に示すように長さ $2l$，比重量 γ の均一な直線棒を回転数 N [rpm] で回転させたとき，棒に生じる最大引張り応力 $\sigma_{\max}$ を求めよ.

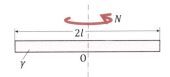

[10] 図に示すように内半径 r，厚さ t の薄肉半円球殻と同一の厚さ t で作られた容器の上部を固定して鉛直に吊り下げ，容器に比重量 γ の液体を深さ $r+h$ まで満たすときの半球殻に生じる子午線応力 σ_1 と円周応力 σ_2 を求めよ.

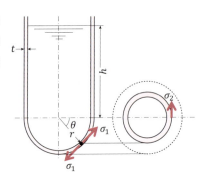

第4章

引っ張り，圧縮を受ける棒状部材の応力，ひずみ，変形

4.1 引張り，圧縮を受ける棒状部材

4.2 引張り，圧縮を受ける棒状部材の応力，ひずみ

4.3 引張り，圧縮を受ける棒状部材の変形

4.4 棒状部材の変形とバネの変形

4.5 各種の組合せ棒状部材の変形

OVERVIEW

　本章では，材料力学の問題としてはもっとも基本的な問題である引張り・圧縮を受ける棒状部材の応力，ひずみ，変形を取り扱う．引張り・圧縮を受ける棒状部材の弾性変形は線形バネの変形と同一であることも示す．また骨組構造でトラス構造（truss structure）と呼ばれる構造は，引張り・圧縮を受ける棒状部材を組み合わせたものであり，本章における基本的な事項は，トラス構造の解析において重要な事項となる．

シメン・ドニ・ポアソン
（Simèon Denis Poisson）
1781 年～1840 年，フランス

・数学者，地学者，物理学者
・ポアソン方程式
・ポアソン分布
・ポアソン括弧
・ポアソン比

本章では断面積の寸法に比べて長手方向の寸法が大きい棒状部材を対象に，まず引張り，圧縮荷重が作用したときの応力，ひずみについて導出をする．棒状部材は材料力学の対象としては基本的な部材で，引張や圧縮のみを受ける棒状部材を空間的に配置した骨組構造は**トラス構造**（truss structure）と呼ばれ，橋梁や建物などの構造のモデルとして用いられる．以下に引張り，圧縮を受ける棒状部材の変形についても説明を行う．

トラス橋

4.1
引張り，圧縮を受ける棒状部材

図 4.1 に示すような引張や圧縮などの軸力のみを受ける棒状部材を考えよう．棒の断面は均一もしくは均一でなくてもその断面変化がごくなだらかで図心軸が真直な棒を対象とする．長手方向の図心軸に沿って x 座標を取り，棒は長手方向に集中軸荷 P_x や分布軸荷重 p_x を受けているものとする．

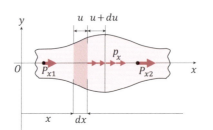

図 4.1 集中荷重や分布軸荷重を受ける棒状部材

4.2
引張り，圧縮を受ける棒状部材の応力，ひずみ

棒の図心軸に沿って x 座標と $x+dx$ の間の長さ dx の微小要素を考えよう．x の位置の伸びを u，$x+dx$ の位置の伸びを $u+du$ とすると，いずれも x の関数 $u(x)$，$u(x)+du(x)$ となるが，表記を簡単にするために関数記号は省く．

（1）ひずみ

x における垂直ひずみ ε_x は，その定義より

$$\varepsilon_x = \frac{(u + du) - u}{dx} = \frac{du}{dx} \tag{4.1}$$

となる．すなわち変位の x 座標の 1 階の微係数として与えられる．

（2）応力

応力とひずみの関係，すなわち構成式から垂直応力 σ_x は

$$\sigma_x = E\varepsilon_x = E\frac{du}{dx} \tag{4.2}$$

として与えられる．ここに E は棒の縦弾性係数（ヤング率）である．

4.3
引張り，圧縮を受ける棒状部材の変形

x における軸力を F_x とすれば，断面力である軸力 F_x と垂直応力 σ_x の関係式（3.3 節参照）より：

$$F_x = \int \sigma_x dA = \sigma_x A = EA\frac{du}{dx} \tag{4.3}$$

となる．ここでは σ_x の分布が断面にわたり均一であると考えられるので積分の値は単に面積 A となる．ここに EA は伸び剛性（tensile rigidity）と呼ばれる．式（4.3）から伸び u に関する基礎微分方程式

$$\frac{du}{dx} = \frac{F_x}{EA} \tag{4.4}$$

を得る．さらに分布軸荷重 p_x と断面力の関係（3.3 節）から

$$p_x = -\frac{dF_x}{dx} = -\frac{d}{dx}\left(EA\frac{du}{dx}\right) \tag{4.5}$$

が得られる．式（4.4），式（4.5）は，次の例題で示すように引張り，圧縮を受ける棒の変形を求める際の基礎微分方程式となる．

例題 4.3e-1　一様な軸力を受ける棒の変形

図 4.3e-1 に示すような縦弾性係数 E，長さ l の一様な軸力 P を両端に受ける棒の変形を①断面積 A が均一な棒，②断面積が x の関数 $A(x)$ となっている棒について計算せよ．

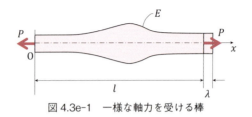

図 4.3e-1 一様な軸力を受ける棒

【解答】
① 均一な断面棒

軸力は $F_x = P$（一定）であるので式 (4.4) から

$$\frac{du}{dx} = \frac{P}{EA} \tag{4.3e-1}$$

となり，両辺を x で積分すると

$$u = \int_0^x \frac{P}{EA}\,dx + u_0 \tag{4.3e-2}$$

となる．ここに u_0 は積分定数で $x=0$ の点の伸びである棒の右端におけるの伸びを u_l とすると棒全体の伸び λ は

$$\lambda = \lambda_l - \lambda_0 = \int_0^l \frac{P}{EA}\,dx = \frac{l}{EA}\,P \tag{4.3e-3}$$

$$F_x = P = \left(\frac{EA}{l}\right)\lambda = k\lambda \tag{4.3e-4}$$

となり，$k = EA/l$ は伸びと力の関係を示す等価な伸びバネ定数（伸び剛さ）と考えられる．すなわち図 4.3e-1 で断面積が均一な棒は下図 4.3e-2 に示すような線形の伸びバネ定数（伸び剛さ）$k = EA/l$ のバネとして考えられる．

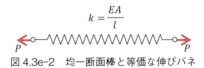

$$k = \frac{EA}{l}$$

図 4.3e-2 均一断面棒と等価な伸びバネ

② 断面積が x の関数の場合

この場合は式 4.3e-3 の積分時に A は定数でなく x の関数である $A(x)$ になるだけなので

$$\lambda = \lambda_l - \lambda_0 = \frac{1}{E}\int_0^l \frac{1}{A(x)}\,dx \cdot P \tag{4.3e-5}$$

$$P = E\left\{\frac{1}{\displaystyle\int_0^l \frac{1}{A(x)}\,dx}\right\}\lambda = k_E\lambda \tag{4.3e-6}$$

の形に書ける.

　ここに $k = E\Big/\Big(\displaystyle\int_0^l \frac{1}{A(x)}\,dx\Big)$ で等価なバネ定数である.

例題 4.3e-2　　テーパした丸棒の伸び

　図 4.3e-3 に示すようなテーパした円形断面の中実丸棒の両端に作用する軸力 P と全体の変位 λ との関係を求めよ.

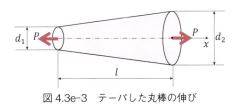

図 4.3e-3　テーパした丸棒の伸び

【解答】

　断面積 $A(x)$ は次のように与えられる.

$$A(x) = \frac{\pi}{4}\Big[d_1 + \frac{d_2 - d_1}{l}\,x\Big]^2 \tag{4.3e-7}$$

したがって前例題の $A(x)$ に式 (4.3e-7) を代入すると等価な伸びバネ定数 k，変形 λ は

$$k = E\Big/\Big(\int_0^l \frac{1}{A(x)}\,dx\Big) = \frac{E\pi}{4}\Big/\Big(\int_0^l \{d_1 + (d_2 - d_1)/l\cdot x\}^{-2}\Big) = \frac{E\pi d_1 d_2}{4l} \tag{4.3e-8}$$

$$\lambda = \frac{P}{k} = \frac{4l}{E\pi d_1 d_2}\,P \tag{4.3e-9}$$

となる.

例題 4.3e-3　　分布軸荷重 $p(x)$ を受ける棒の変形

　図 4.3e-4 に示すような縦弾性係数 E，長さ l の左端が固定の均一断面棒に加わっている分布荷重が① $p(x) = p_0 = \text{const}$，② $p(x)$ が任意の関数の場合の伸び λ を求めよ.

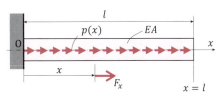

図 4.3e-4　分布荷重を受ける均一断面棒の変形

【解答】

① $p(x) = p_0 = \mathrm{const}$ の場合

第 3 章式 (3.4) より任意の点の軸力 F_x と分布荷重 $p(x)$ の間には

$$\frac{dF_x}{dx} = -p(x)$$

の関係があるので

$$F_x = -\int_0^x p(x)\,dx + F_{x0} \tag{4.3e-10}$$

となる．ここに F_{x0} は積分定数で左端 0 の軸力（固定端反力の逆方向）になる．$p(x) = p_0 = \mathrm{const}$ の場合，式 (4.3e-10) から右端の伸び λ を求めると

$$F_x = EA\,\frac{du}{dx} = -\int_0^x p_0\,dx + F_{x0} = -p_0 x + F_{x0} \tag{4.3e-11}$$

$$\lambda = u(l) = \frac{1}{EA}\int_0^l (-p_0 x + F_{x0})\,dx = \frac{1}{EA}\left(-\frac{p_0 l}{2} + F_{x0}\right) + u_0 \tag{4.3e-12}$$

となる．左端は固定 $(u_0 = 0)$ であり，かつ $F_{x0} = p_0 l$ であるので

$$\lambda = \frac{1}{EA}\left(-\frac{p_0 l}{2} + p_0 l\right) = \frac{p_0 l}{2EA} \tag{4.3e-13}$$

となる．式 (4.3e-13) から右辺を集中荷重 $P = p_0 l$ で引張ったときの λ は $\lambda = (1/2EA)P$ となり，等価な伸びバネ定数 k は

$$k = P/\lambda = (2EA)/l = EA \Big/ \left(\frac{l}{2}\right) \tag{4.3e-14}$$

と求めることができる．すなわち集中荷重が右辺に加ったときの伸びバネ定数の式において，2 倍の伸び剛性 $2EA$ あるいは本来の長さ $l/2$ の場合に相当する（図 4.3e-5）．

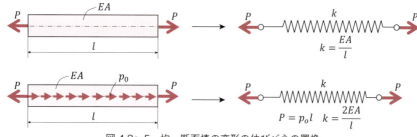

図 4.3e-5　均一断面棒の変形の伸びバネの置換

② $P(x)$ が任意の関数のとき

この場合は式 (4.3e-13)(4.3e-14) の積分の部分が異なる点に注意すれば

$$F_x = EA \frac{du}{dx} = -\int_0^x p(x)\,dx + F_{x0} = -\int_0^x p(x)\,dx + p_0 l \tag{4.3e-15}$$

$$\lambda = u_l = u(l) = \frac{1}{EA}\int_0^l \left[-\int_0^x p(x)\,dx + p_0 l \right] dx$$

となる.

<h2>4.4</h2>

<h2>棒状部材の変形とバネの変形</h2>

　図4.3e-5 にみられたように断面が均一の棒の変形は等価な伸びバネの変形に容易に置き換えて考えることができる．なお均一断面でなくても等価的な伸びバネ定数 k を積分計算などによって求めることでバネの変形問題に帰着できる．

　したがって棒の変形はバネの変形として考えることができるので，ここでは少しバネの変形について述べよう．

（1）伸びバネにおける左右の力と変位の関係

　図4.2 に示すようなバネ定数 k の左端 0 と右端 1 における力，変位をそれぞれ F_0, u_0, F_1, u_1 とする．バネの左右端における力ベクトル $\boldsymbol{F}$ と変位ベクトル $\boldsymbol{u}$ の関係は剛性マトリクスと呼ばれるマトリクス $\boldsymbol{K}$ を介して次のように関係付けられる[注1].

$$\boldsymbol{F} = \boldsymbol{K}\boldsymbol{u} \tag{4.6}$$

$$\begin{Bmatrix} F_0 \\ F_1 \end{Bmatrix} = \begin{bmatrix} k & -k \\ -k & k \end{bmatrix} \begin{Bmatrix} u_0 \\ u_1 \end{Bmatrix} \tag{4.7}$$

ここで $\det \boldsymbol{K} = 0$ となり，$\boldsymbol{K}$ は特異マトリクス（singular matrix）となり逆マトリクス $\boldsymbol{K}^{-1}$ は

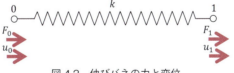

図4.2　伸びバネの力と変位

（注1）式（4.7）の F_l と u_l の関係は，例えば左端 0 を固定（$u_0 = 0$）とすると容易に $F_1 = k \cdot u_1$ となることがわかる．さらに左右の力の平衡条件から $F_0 + F_1 = 0$ より $F_0 = -F = -k \cdot u_1$ となることがわかり，式（4.7）の剛性マトリクスの 2 列目から求められる．同様に右辺 1 を固定することで剛性マトリクスの 1 列目が求められる．この方法は線形系の重ね合せの原理に基づいている．

図4.4　バネの変形

存在しない．すなわち図4.2において支持条件を端点に付さなければバネの変形は求められないことに注意されたい．また伸びをλとすれば$\lambda = u_l - u_0$となり$F_l = k(u_l - u_0) = k\lambda$となる．

　次にバネが直列に結合された系と並列に接続された系の力と変位の関係を調べてみよう．

（2）直列接続の伸びバネと並列接続の伸びバネの力と変位の関係

　図4.3に示すような(a)直列接続された二つのバネ，(b)並列接続した二つのバネの力と変位の関係と求めてみよう．

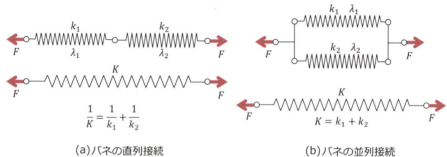

(a)バネの直列接続　　　　　　　　(b)バネの並列接続
図4.3　伸びバネの直列接続と並列接続

① 直列接続の合成伸びバネ定数

　バネk_1，k_2の左右に作用する力は，いずれも等しくFとなる．したがってバネのそれぞれの伸びλ_1，λ_2は$F_1 = k_1\lambda_1$，$F_2 = k_2\lambda_2$となり，全体の伸び$\lambda = \lambda_1 + \lambda_2$となるので

$$\lambda = \lambda_1 + \lambda_2 = \left(\frac{1}{k_1} + \frac{1}{k_2}\right)F \qquad F = \frac{1}{\frac{1}{k_1} + \frac{1}{k_2}}\lambda \tag{4.8}$$

となり，バネの合成伸びバネ定数をKとすれば

$$\frac{1}{K} = \frac{1}{k_1} + \frac{1}{k_2} \tag{4.9}$$

となる．

　一般に伸びバネ定数k_1，k_2，$k_3\cdots$，k_nを直列接続した場合の合成伸びバネ定数Kの逆数は

$$\frac{1}{K} = \frac{1}{k_1} + \frac{1}{k_2} + \frac{1}{k_3}\cdots + \frac{1}{k_n} = \sum_{i=1}^{n}\frac{1}{k_i} \tag{4.10}$$

となる．

② 並列接続の合成伸びバネ定数

　伸びバネk_1，k_2の左右の伸びλ_1，λ_2は等しいので全体の伸びをλとすると$\lambda_1 = \lambda_2 = \lambda$となる．一方それぞれの伸びバネの両端に作用する力$F_1$，$F_2$の合力$F = F_1 + F_2$がバネ全体に作用する力となるので

$$F = F_1 + F_2 = k_1\lambda + k_2\lambda = (k_1 + k_2)\lambda \tag{4.11}$$

となり，合成伸びバネ定数 K は上式より

$$K = k_1 + k_2$$

となる.

一般に伸びバネ定数 k_1, k_2, $k_3\cdots$, k_n のバネを並列接続した場合の合成伸びバネ定数 K は

$$K = k_1 + k_2 + k_3 + \cdots + k_n = \sum_{i=1}^{n} k_i \tag{4.12}$$

となる．バネの接続系の合成伸びバネ定数 K とその伸び λ の関係は

$$F = K\lambda \tag{4.13}$$

の形になり，集中定数の電気系における電圧 V，電流 I，抵抗 R との関係

$$V = RI \tag{4.14}$$

と同一の形となる．すなわち表 4.1 に示すような二つの形の対応関係（類推あるいはアナロジー関係）が成立する．アナロジー B では，電気系の合成抵抗と機械系の合成バネ定数が直列および並列接続の形として同一になる[注2].

表 4.1　機械系と電気系間のアナロジー関係[注2]

型	機械系		電気系	
A	力	F	電圧	V
	伸びバネ定数	K	抵抗	R
	変位	X	電流	I
	関係式	$F=KX$	関係式	$V=RI$
B	力	F	電流	I
	伸びバネ定数	K	アドミッタンス	Y
	変位	X	電圧	V
	関係式	$F=KX$	関係式	$I=YV$

なおこれらのアナロジーを用いて，機械系は電気系に，電気系は機械系に変換されて応用がなされている．近年，メカトロニクスと呼ばれている分野で統一的な解析を試みる際には有効である[1][2].

（3）斜めの伸びバネの力と変位の関係

図 4.5 に示すような O-xy 座標系から θ 回転した O-$x'y'$ 座標の x' 軸の上にある伸びバネ定数 k のバネの左右に力 F が作用したときの伸びを λ とする．O-$x'y'$ 座標上では力と変位の関係は

$$F = k\lambda \tag{4.15}$$

（注2）$X = 1/K \cdot F = S \cdot F$（$S$：コンプライアンス）の関係を機械系で用いるとアナロジー A が直列，並列の対応が同一となる.

と書ける．いま O-xy 座標系における力と変位の関係を求めてみよう．座標 x' は，座標 x, y と

$$x' = x \cos\theta - y \sin\theta \tag{4.16}$$

の関係があるので伸び λ の (x, y) 成分（λ_x, λ_y）と λ の関係は

$$\lambda = \lambda_x \cos\theta - \lambda_y \sin\theta$$

となり，力 F の x, y 方向の成分，Fx, F_y は

$$F = k\lambda = k(\lambda_x \cos\theta - \lambda_y \sin\theta) \tag{4.17}$$

となるので

$$\begin{aligned}
F_x &= F \cos\theta = k(\lambda_x \cos^2\theta - \lambda_y \sin\theta \cos\theta) \\
F_y &= F \sin\theta = k(\lambda_x \sin\theta \cos\theta - \lambda_y \sin^2\theta)
\end{aligned} \tag{4.18}$$

となる．

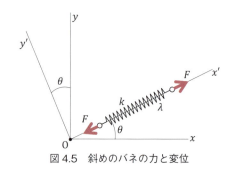

図 4.5　斜めのバネの力と変位

4.5
各種の組合せ棒状部材の変形

　ここでは直列接続や並列接続の棒状部材の変形，不静定棒状部材の変形，トラス部材の変形および熱膨張による棒状部材の変形などの展型的な棒状部材の変形を取扱うことにする．

4.5.1 ◆ 直列接続，並列接続の棒状部材の変形
　図 4.6 に示すような(a)直列接続，(b)並列接続および直列接続と並列接続が組合された棒状部材図 4.7 の変形を考えてみよう．

（1）直列接続の棒状部材の変形
　これは伸びバネの直列接続に相当し，合成した全体の伸びバネ係数 K の逆数は，式（4.10）から個々の棒の伸びバネ係数 k_i（$= E_i A_i / l_i$）の逆数の和となり

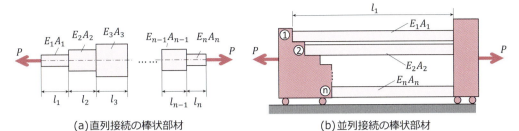

(a)直列接続の棒状部材　　　　　　　　(b)並列接続の棒状部材

図4.6　直列および並列接続の棒状部材

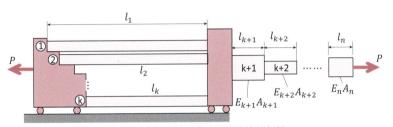

図4.7　並列直列組合せ接続の棒状部材

$$\frac{1}{K} = \sum_{i=1}^{n} \frac{1}{k_i} = \sum_{i=1}^{n} \frac{l_i}{E_i A_i} \tag{4.19}$$

となるので棒状部材全体の伸びは個々の部材の伸び λ_1，λ_2，$\cdots$，λ_n の和

$$\lambda = \frac{P}{K} = \sum_{i=1}^{n} \lambda_i = \sum_{i=1}^{n} \frac{P}{k_i} = P \sum_{i=1}^{n} \frac{l_i}{E_i A_i} \tag{4.20}$$

となる．

（2）並列接続の棒状部材の変形

　これはバネの並列接続に相当し，全体のバネ定数 K は，式（4.12）から個々の棒の伸びバネ定数 k_i（$=E_i A_i/l_i$）の和

$$K = \sum_{i=1}^{n} k_i = \sum_{i=1}^{n} \frac{E_i A_i}{l_i} \tag{4.21}$$

となる．したがって全体の伸び λ は

$$\lambda = \frac{P}{K} = \frac{P}{\sum_{i=1}^{n} \frac{E_i A_i}{l_i}} \tag{4.22}$$

となる．

（3）直列，並列組合せ棒状部材の変形

　並列部分の伸びバネ定数 K_P の逆数は式（4.21）から次式となる．

$$\frac{1}{K_P} = \frac{1}{\displaystyle\sum_{i=1}^{n} \frac{E_i A_i}{l_i}} \tag{4.23}$$

また直列部分の伸びバネ係数 K_C の逆数は式 (4.19) から次式となる.

$$\frac{1}{K_C} = \sum_{k+1}^{n} \frac{l_i}{E_i A_i} \tag{4.24}$$

さらにこの系は並列部分と直列部分が直列に接続していると考えられるので系全体の伸びバネ定数 K の逆数は, K_p と K_c のそれぞれの逆数の和

$$\frac{1}{K} = \frac{1}{K_P} + \frac{1}{K_C} = \frac{1}{\displaystyle\sum_{i=1}^{n} \frac{E_i A_i}{l_i}} + \sum_{k+1}^{n} \frac{l_i}{E_i A_i} \tag{4.25}$$

となるので全体の伸び λ は

$$\lambda = \frac{P}{K} = P \left(\frac{1}{\displaystyle\sum_{i=1}^{n} \frac{A_i l_i}{l_i}} + \sum_{k+1}^{n} \frac{l_i}{E_i A_i} \right) \tag{4.26}$$

と求められる.

4.5.2 ◆ 不静定な棒状部材の変形

　ここでは代表的な例として図 4.8 に示す両端固定の棒と図 4.9 に示す斜めの組合せ棒の変位を求める.

（1）両端固定の棒

　図 4.8 に示すような両端が固定された棒の接続点 C に集中荷重 P を加えたときの荷重点の変位 u_C を求めることを考える.

　この系は左端 A の反力 R_A, 右端 B の反力 R_B が未知であり, 力の平衡方程式は長手方向（x 方向）の平衡式の一つである.

　したがって一つの平衡条件式から未知の支点反力 R_A, R_B を決定することができない, いわゆる不静定問題となる. 不静定問題は拘束条件を緩和して静定系を仮想的に考えて解く方程が典型

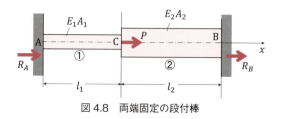

図 4.8　両端固定の段付棒

的な手法《解法 1》であるが，この場合中点 C は両側から伸びバネ定数 k_1，k_2 で拘束されている
と考える他の解法《解法 2》《解法 3》でも考えられる．

《解法 1》
　右端 B の拘束を除き，仮想的な静定系を考え，B 点の反力 R_B を荷重と考える．部材①，②の
軸力は

$$F_{x1} = P + R_B$$
$$F_{x2} = R_B$$

(4.27)

となる．したがって部材①，②伸びバネ定数は $k_1 = E_1 A_1 / l_1$，$k_2 = E_2 A_2 / l_2$ となるので右端 B の伸
び λ_B は

$$\lambda_B = \frac{F_{x1}}{k_1} + \frac{F_{x2}}{k_2} = \frac{P + R_B}{k_1} + \frac{P}{k_2} = P\left(\frac{1}{k_1} + \frac{1}{k_2}\right) + \frac{R_B}{k_1} + \frac{R_B}{k_2}$$

となる．しかし実際には右辺の伸びは固定端で $\lambda_B = 0$ であるので

$$R_B\left(\frac{1}{k_1} + \frac{1}{k_2}\right) + \frac{P}{k_1} = 0$$

となる．この式から未知の支点反力 R_B は

$$R_B = -\frac{k_2}{k_1 + k_2} P$$

(4.28)

と求めることができる．したがって C 点の変位 λ_C は

$$\lambda_C = \lambda_1 = -\lambda_2 = \frac{P}{k_1 + k_2}$$

(4.29)

となる．
《解法 2》
　荷重点 C の変位を u_C とすると部材①，②の生ずる軸力は

$$F_{x1} = k_1 u_C, \ F_{x2} = -k_2 u_C$$

と書ける．C 点における力の平衡条件

$$-F_{x1} + F_{x2} + P = 0^{(注3)}$$

(4.30)

を考えると

（注 3）C 点の左右に微小の部材を考える．
　　　　右図のようになり式 (4.30) が導かれる．

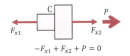

$$-k_1 u_C + k_2 u_C + P = 0 \tag{4.31}$$

となり，この式から u_C は

$$u_C = \frac{P}{k_1 + k_2} \tag{4.32}$$

《解法 3》

　棒①，棒②が C 点で結合されていると考えると，C 点における変位は等しいので棒①の伸びバネ定数 k_1 と棒②の伸びバネ定数 k_2 が並列結合していると考えられる．したがって合成伸びバネ定数 K は $K = k_1 + k_2$ となる．求める C 点の変位 u_C は

$$u_C = \frac{P}{K} = \frac{P}{k_1 + k_2} \tag{4.33}$$

と容易に求められる．この場合，この解法がもっとも簡単である．

（2）斜めの組合せ棒

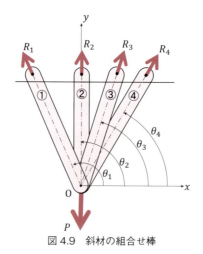

図 4.9　斜材の組合せ棒

　図 4.9 に示すような斜めの棒が組合された棒を考えてみる．各棒の諸量を以下のように記す．

長さ：	l_i
伸び剛性：	$E_i A_i$
バネ定数（伸びこわさ）：	$k_i = E_i A_i / l_i$
軸線の x 軸となす角：	α_i
軸力：	F_i（その x，y 成分は F_{ix}，F_{iy}）
伸び：	λ_i；$(i = 1, 2, \cdots, 4)$

　全体の座標の原点は O 点に取る．この系には各棒の軸線方向に 4 つの未知の支点反力 R_1，R_2，R_3，R_4 がある．平面内の平衡条件式の数は 3 つ（例えば x，y 方向の力の平衡，モーメントの平衡）であるので，平衡条件式のみでは支点反力が求められない不静定問題である．

　各棒の伸びバネ定数 k_i（$= E_i A_i / l_i$）の x，y 成分は 4.4 節の（3）に示す斜めのバネの x，y 成分

と同一となる．

$$\begin{cases} \displaystyle\sum_{i=1}^{4} F_{ix} = P \\[2ex] \displaystyle\sum_{i=1}^{4} F_{iy} = 0 \end{cases}$$

(4.34)

が成立する．式 (4.18) から i 番目の部材の軸力の x, y 成分は

$$\begin{cases} F_{xi} = F_i \cos\theta_i = k_i(\lambda_{ix}\cos^2\theta_i - \lambda_{iy}\sin\theta_i\cos\theta_i) \\[1ex] F_{yi} = F_i \sin\theta_i = k_i(\lambda_{ix}\sin\theta_i\cos\theta_i - \lambda_{iy}\sin^2\theta_i) \end{cases}$$

(4.35)

と書ける．表現を簡単にするために

$$\begin{cases} \displaystyle\sum_{i=1}^{4} k_i \cos^2\theta_i = k_{xx} \\[2ex] \displaystyle\sum_{i=1}^{4} k_i \sin^2\theta_i = k_{yy} \\[2ex] \displaystyle\sum_{i=1}^{4} k_i \sin\theta\cos\theta = k_{xy} \end{cases}$$

(4.36)

と書けば，式 (4.34) は

$$\begin{cases} k_{xx}\lambda_x + k_{xy}\lambda_y = P \\[1ex] k_{xy}\lambda_x + k_{yy}\lambda_y = 0 \end{cases}$$

(4.37)

となり，この式から λ_x, λ_y を求めると次式のようになる．

$$\begin{cases} \lambda_x = \dfrac{k_{yy}}{k_{xx}k_{yy} - k_{xy}^{\ 2}} P \\[3ex] \lambda_y = -\dfrac{k_{xy}}{k_{xx}k_{yy} - k_{xy}^{\ 2}} P \end{cases}$$

(4.38)

部材の数が n 本の場合には Σ の上限 4 を n に置き換えればよい．

4.5.3 ◆ 元応力を有する組合せ棒

　図 4.10 に示すような長さがふぞろい (l_1, l_2, l_3) の棒を無理やり右端の剛体に接続させたとき，その長さが $\bar{l}$ となったとする．このとき各棒には，無理に伸ばされたり，縮められたりするので元応力（initial stress）あるいは残留応力（residual stress）と呼ばれる応力が初期に発生している．各棒の初期の長さを l_1, l_2, l_3 として，いずれの棒も $\bar{l}$ の長さになったものとする．

　各棒の伸び λ_i は

$$\lambda_i = \bar{l} - l_i \qquad (i=1,\ 2,\ 3)$$

(4.39)

となり，発生する軸力 F_i は各棒の伸びバネ定数（伸びこわさ）を $k_i\,(=E_iA_i/l_i)$ とすると

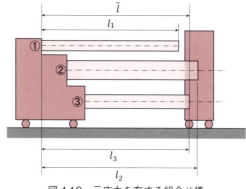

図 4.10 元応力を有する組合せ棒

$$F_i = k_i (\overline{l} - l_i) \tag{4.40}$$

となる. この組み合せ棒には外力が作用していないので力の平衡条件として

$$\sum_{i=1}^{3} F_i = \sum_{i=1}^{3} k_i (\overline{l} - l_i) = \sum_{i=1}^{3} k_i \overline{l} - \sum_{i=1}^{3} k_i l_i = 0 \tag{4.41}$$

となり, この式から $\overline{l}$ は

$$\overline{l} = \frac{\displaystyle\sum_{i=1}^{3} k_i l_i}{\displaystyle\sum_{i=1}^{3} k_i} \tag{4.42}$$

と求めることができる. 各棒に発生する軸力 F_i と応力 σ_i は以下のようになる.

$$F_i = k_i \left(\frac{\displaystyle\sum_{i=1}^{3} k_i l_i}{\displaystyle\sum_{i=1}^{3} k_i} - l_i \right) \qquad (i = 1,\ 2,\ 3) \tag{4.43}$$

$$\sigma_i = F_i / A_i = \frac{k_i}{A_i} \left(\frac{\displaystyle\sum_{i=1}^{3} k_i l_i}{\displaystyle\sum_{i=1}^{3} k_i} - l_i \right) \qquad (i = 1,\ 2,\ 3) \tag{4.44}$$

以上は棒の数が3の場合で棒の本数が n の場合には Σ の上限を n に置き換えればよい.

4.5.4 ◆ 熱応力を受ける組合せ棒

図 4.11(a) に示すような左端を固定した長さ l の棒を考え, 温度が T_1 から T_2 まで上昇したとすると, 棒は温度変化 $\Delta T = T_2 - T_1$ に比例して $\Delta l = \alpha \Delta T \cdot l$ だけ伸びる.

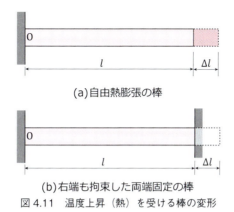

(a)自由熱膨張の棒

(b)右端も拘束した両端固定の棒

図 4.11　温度上昇（熱）を受ける棒の変形

　ここに α は線膨張係数（coefficient of linear expansion）と呼ばれる量である（2.10 参照）[3]．図 4.11 の(a)の状態では温度によって棒は自由に膨張（自由膨張）するために応力は生じない．しかしながら同図(b)のように右端を拘束すると，本来 Δl 伸びる棒を無理やり l の長さに拘束するために応力，すなわち熱応力（thermal stress）を生じる．その際に生ずるひずみ ε_T は長さ $l+\Delta l$ の棒が l に縮んだことにより

$$\varepsilon_T = \frac{l-(l+\Delta l)}{l+\Delta l} = -\frac{\Delta l}{l+\Delta l} = -\frac{\alpha \Delta}{1+\alpha \Delta T} \tag{4.45}$$

となる．ここに式（4.45）で $\alpha \Delta T \ll 1$ として

$$\varepsilon_T \fallingdotseq -\alpha \Delta T \tag{4.46}$$

と近似できる．したがって熱によって発生する熱応力 σ_T は

$$\sigma_T = -E\alpha \Delta T \tag{4.47}$$

と表される．

　図 4.12 に示すような n 本の組合せ棒（図では 3 本のみを表示）が元応力 0 で組立てられていて温度上昇 ΔT を受けたとする．

　各部材の長さを l_i，縦弾性率を E_i，断面積を A_i，線膨張係数を α_i として ΔT の温度上昇を受けたときの伸びを λ_{iT} とする．並列に組み合されているので全体の伸びを $\overline{\lambda}$ とする．各部材は，本来温度上昇 ΔT によって λ_{iT} の伸びを生じるはずであるが，並列に組合されているために全体の伸び $\overline{\lambda}$ に拘束されてしまう．したがって各部材の伸びは

$$\lambda_i = \overline{\lambda} - \lambda_{iT} = \overline{\lambda} - l_i \alpha_i \Delta T \qquad (i=1,\ 2,\ \cdots,\ n) \tag{4.48}$$

となる．したがって各部材に生じる軸力 F_i は，伸びバネ定数 $k_i = E_i A_i / l_i$ とすれば

$$F_i = k_i \lambda_i = k_i(\overline{\lambda} - l_i \alpha_i \Delta T) \qquad (i=1,\ 2,\ \cdots,\ n) \tag{4.49}$$

となり，長手方向の力の平衡条件

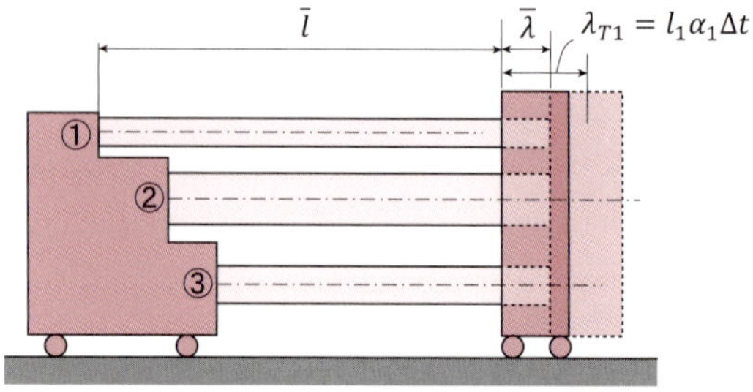

図 4.12   並列組合せ棒の熱応力

$$\sum_{i=1}^{n} F_i = \sum_{i=1}^{n} k_i(\bar{\lambda} - l_i\alpha_i \Delta T) = \left(\sum_{i=1}^{n} k_i\right)\bar{\lambda} - \sum_{i=1}^{n} k_i l_i \alpha_i \Delta_T = 0 \tag{4.50}$$

から全体の伸び $\bar{\lambda}$ は次式となる.

$$\bar{\lambda} = \left(\frac{\sum_{i=1}^{n} k_i l_i \alpha_i}{\sum k_i}\right)\Delta T \tag{4.51}$$

式 (4.51) を式 (4.49) に代入して軸力を求め, 各棒に生じる熱応力 σ_i を計算すると

$$\sigma_i = \frac{F_i}{A_i} = \frac{k_i}{A_i}\left[\frac{\sum_{i=1}^{n} k_i l_i \alpha_i}{\sum_{i=1}^{n} k_i} - l_i\alpha_i\right]\Delta T \tag{4.52}$$

となる.

　なお均一な弾性体の場合, 熱膨張はどの方向にも一様であるので垂直ひずみ成分と垂直応力成分しか生じず, せん断ひずみ成分とせん断応力成分は生じないことを付言しておく[注4].

（注4）均質の二次元弾性体の場合の例をとる. 弾性体内の温度分布が一様でなかったり, 拘束が加ったりすると, 各部分が自由に膨張できないので弾性体内にひずみや応力を生じることになる. これらは外力によるひずみとは無関係であるので, 外力によるひずみと熱によるひずみを重ね合すことができる. 線膨張係数を α, 温度上昇を ΔT と書くと, x, y 方向のひずみは

$$\begin{cases} \varepsilon_x = \dfrac{\sigma_x - \nu\sigma_y}{E} + \alpha\Delta T \\ \varepsilon_y = \dfrac{\sigma_y - \nu\sigma_x}{E} + \alpha\Delta T \end{cases}$$

と書ける. ここで熱による x 方向, y 方向のひずみ成分を ε_{xT}, ε_{yT} と書くと $\varepsilon_{xT} = \varepsilon_{yT} = \alpha\Delta T$ となる. 均質の場合この関係は, x 軸, y 軸をどの方向にとっても成立するので, 二次元のひずみのモール円は点となり, それに対応する応力円も点となる. したがってせん断ひずみが存在しない.

第 4 章　演習問題

[1] 図のように長さ l，長さの半分の部分に均一な分布軸荷重 q の作用している左端固定，右端自由の
棒がある．伸び剛性を EA として下記に答えよ．
① 　軸力 F_x の長手方向の分布
② 　棒の右端の伸び

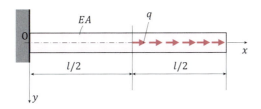

[2] 図のように，比重量 γ，縦弾性係数 E，長さ l の直円錐台の棒が鉛直に垂れ下る
ように上部が固定されている．上下面の直径を d_1，d_2 とするとき，棒に生じる
全体の伸び $\lambda_{\max}$ と最大引張り応力 $\sigma_{\max}$ を求めよ．

[3] 図のように左端固定，右端自由の長さ l，伸び剛性 EA の棒の C 点，B 点に集中荷重 P，Q が作用
しているとき，次の質問に答えよ．
① 　軸力 F_x の分布
② 　B 点の伸び

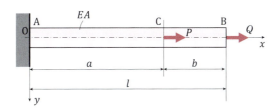

[4] 図のように長さ l，両端固定の棒の C 点，D 点に集中軸荷重 P_1，P_2 を作用させたとき，固定端 A，
B の反力 R_A，R_B を求めよ．また棒の点 C，点 D における伸びを求めよ．伸び剛性は EA である．

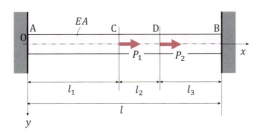

［5］図のように上端が固定されて下端が自由の丸棒が鉛直に設置され
ていて，下部に荷重 P を受けている．棒の長さを l，棒の比重量
を γ，縦弾性係数を E とする．また上面と下面の棒の直径を d_l,
d_0 とする．このとき断面積の長手方向の関数 $A(x)$ をどのような
形にすると棒の長手方向の垂直応力 σ_x が一定となる，すなわち "平
等強さ" の棒が得られるかを考えよ．

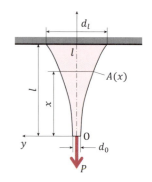

［6］図のように断面積 A，長さ l が等しい 3 本の鋼線 AB，CD，EF
にて剛性板を吊して水平に保っている．この剛性板の鋼線 CD の
真下に荷重 P をかける．このとき各鋼線に新たに生じる応力 σ_1,
σ_2，σ_3 を求めよ．ここで AC＝a，CE＝b，鋼線 AB，EF の縦弾
性係数は等しく E_1 で，CD の縦弾性係数 E_2 とする．

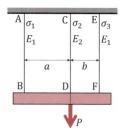

［7］図に示すように左端半径 r，右端半径 $2r$ のテーパ形の長さ l の円
形断面棒 AB の両端を剛壁に固定する．温度を 20°C 上昇させた
ときに棒に生ずる最大圧縮応力を求めよ．ただし棒の縦弾性係数
を $E＝210$［GPa］，線膨張係数を $\alpha＝1.12\times10^{-5}$ とする．

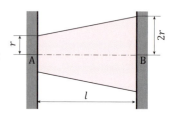

［8］図のように長さ，断面積が異なる二つの部材①，②で構成されている棒状部材の両端を剛体壁に固
定して温度を ΔT°C だけ上昇させた．部材①，②の縦弾性係数，線膨張係数は共通で E，α である
とき，部材①，②に生じる熱応力 σ_1，σ_2 を求めよ．

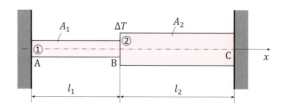

［9］図のように部材①，②の一端 A，C が上の壁にピンで固定され
他端 B はピンでお互いに結合されている構造を考える．
　①，②部材の長さ，断面積，縦弾性係数をそれぞれ l_1，A_1,
E_1 および l_2，A_2，E_2 とする．また部材①，部材②が鉛直線とな
す角を θ_1，θ_2 とする．B に鉛直下方に荷重 P を加えるとき，B
点の水平方向変位 δ_h，鉛直方向変位 δ_v を求めよ．

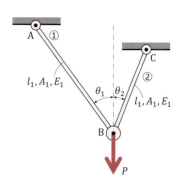

[10] 中空の円筒 B にボルト A を通してナットで締める．ナットが B に達してからさらに $1/2$ 回転だけ
締め付けたときに円筒とボルトの生じる応力を求めよ．ここにねじのピッチを p とする．

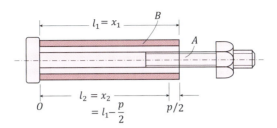

第5章

ねじりを受ける円形棒状部材（軸）の応力，ひずみ，変形

5.1　ねじりモーメント荷重を受ける棒状部材の断面平面保持
5.2　ねじりを受ける円形断面棒の応力，ひずみ
5.3　ねじりを受ける円形断面棒の変形
5.4　ねじりを受ける棒の各種の例題

OVERVIEW

　回転を伴う機械の回転伝達部品として軸（shaft）が多用されている．軸の他にねじりモーメントを受ける機械部品も多い．そこで本章ではねじりモーメントが加わった棒状部材の応力，ひずみ，変形について取り扱う．その中で材料力学的な簡単な手法で扱うことができるのは，断面の平面保持が成立する円形中実断面や円形中空断面のみであることを示し，それらの断面における応力，ひずみ，変形について説明する．

サン・ブナン（A. J. Saint-Venant）
1797 年～1886 年，フランス

・数学者，機械工学者
・サンブナンの方程式
・サンブナンの原理
・サンブナンのねじり問題

　本章では，ねじりモーメント荷重を受ける棒状部材に生じる応力，ひずみ，変形について述べる．はじめにねじりモーメント荷重を受けたときに，受ける前の断面の平面が保持されるかの問題，いわゆる断面の平面保持について説明する．その中で断面の平面保持が成立するのは，断面が円形（中空のパイプのような円形断面部材も含む）部材のみの場合であることを示す．次に断面が平面保持する円形の部材に生じる応力，ひずみの解析方法と変形の解析方法について説明をする．円形断面の一次元棒状部材は，軸（shaft）と一般に呼称されており，機械の主要な要素である．

蒸気タービン
出典：http://www.snm.co.jp/j/products/turbines/

5.1
ねじりモーメント荷重を受ける棒状部材の断面平面保持

　ここではまず，ねじりモーメント荷重を受ける棒状部材である円形断面棒の荷重後に断面平面保持成立することについて述べ，次に一般的な断面である長方形断面棒を例にとり，断面平面保持が成立しないことを示す．

5.1.1 ◆ 円形断面棒のねじり
　図 5.1 に示すような両端にねじりモーメント荷重 T_x を受ける均一な円形断面棒のねじりを考える．

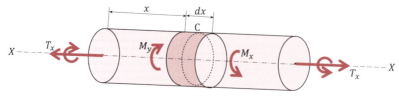

図 5.1　均一円形断面の棒のねじり

　棒の x の距離にある微小要素 dx の部分の左右に生じる断面力は dx が微小とすればねじりモーメント荷重によって生じる断面力 $M_x = T_x$ となる．これは左右の断面で対称となり，円形断面は無限次の回転対称性を有するので，その変形も対称性を示さなければならない．したがって微小要素の中点 C の変形前の平面はねじりモーメント荷重を受けた後も平面を維持することが必要となる．したがって "ねじりモーメント荷重を受ける均一な円形断面の棒の変形において棒のす

べての断面は平面保持をして，単に図心軸を中心に互いに相対的な回転変位を生じる" ことがわかる．ここで言う円形断面の中に，同様の考察によってパイプのような中空な円形断面も含めることができる．

5.1.2 ◆ 円形断面以外の均一な断面を持つ棒のねじり

次に図 5.2 に示すような均一断面の長方形断面棒にねじりモーメント荷重が作用した場合を考えてみる．

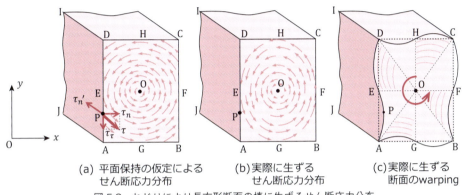

(a) 平面保持の仮定による　　(b) 実際に生ずる　　(c) 実際に生ずる
　　せん断応力分布　　　　　　せん断応力分布　　　　断面のwarping
図 5.2　ねじりにより長方形断面の棒に生ずるせん断応力分布

棒に作用するねじりモーメント荷重によって生じる応力分布において断面の平面保持が仮定できるとすると辺 AD 上の任意の点 P においては円の方向にせん断応力 τ が生じると考えられ，その x，y 成分を τ_n，τ_t とすれば，ABCD 面を直交する ADIJ 平面上には，共役せん断応力 τ_n' が存在するはずである．しかし実際には ADIJ 平面は同図(b)に示すように自由平面であるので τ_n' は 0 となるべきで，存在しない．τ_n' が存在しないとすれば，τ_n 取り除くと平面保持の断面の拘束が除かれ，P 点は同図(c)に示すように軸方向に移動する．

同様な考察を ED，DH，HC，CF，FB，BG，GA 部分に対してせん断力の分布の方向を考えて行うとねじりモーメント荷重の負荷前の平面は図 5.2 の(c)に示すように平面の各点は軸方向の前後に変位する．その結果，平面保持はできず，ゆがみ面（warping surface）を形成する．このような現象は，例にとった長方形断面だけではなく，円形以外の他の断面においても生じる．つまり，"ねじりモーメント荷重を受けた際に断面平面保持が成立するのは円形断面の場合のみである" と言える．ここで注意すべきは，ゆがみ面は生じるが，軸方向から見ると断面形状は長方形となっている点である．

5.2
ねじりを受ける円形断面棒の応力，ひずみ

5.2.1 ◆ ねじりを受ける円形断面棒の応力とひずみ

ここでは，ねじりモーメント荷重の負荷後も平面保持が成立する円形断面棒に生じる応力，ひずみの関係を示す．円形断面以外の断面の棒では，平面保持が成立せず，いわゆるゆがみ面が形

成されるために，解析は複雑となり，材料力学の解析の範囲を超えるので，本書では第 8 章にその近似解析である薄膜理論について説明することに留める．なお，ねじりを受ける円形断面棒は**軸**（shaft）として回転を伝達する重要な機械要素の一つである．

　図 5.3 に示すように半径 r の均一の円形断面棒の長さ dx の微小要素がねじりモーメント荷重を受けて P 点から P′点に回転変位したとし，その回転角を $d\phi_x$ とする中心から半径 ρ の点 Q も変形後は Q′に移動したとする．Q 点のせん断ひずみ γ は定義から

$$\gamma = \frac{\rho d\phi_x}{dx} = \frac{\rho d\phi_x}{dx} = \rho C_x \tag{5.1}$$

となる．ここに $C_x = d\phi_x/dx$ で**ねじれ率**（torsional rate）と呼ばれる．円周方向のせん断応力では

$$\tau = G\gamma = G\rho C_x \tag{5.2}$$

となる．ここに G は横弾性係数である．式（3.1）に示す断面モーメント M_x とせん断応力の関係を用いると次式が導かれる．

$$M_x = \int (y\tau_{xz} - z\tau_{xy})dA = \int \rho\tau dA = G\left(\int \rho^2 dA\right)C_x = GI_x C_x \tag{5.3}$$

ここで

$$I_x = \int \rho^2 dA = \int y^2 dA + \int z^2 dA = I_z + I_y \tag{5.4}$$

で，断面二次極モーメント（2.5 節参照）であり，断面二次モーメント I_z と I_y の和である．また GI_x は，**ねじれ剛性**（torsional rigidity）と呼ばれる量である．

　式（5.2）と式（5.4）から

$$\tau = \frac{M_x}{I_x}\rho \tag{5.5}$$

を導くことができる．式（5.5）で最大のせん断応力は中心からの距離（半径）ρ が最大の $\rho = \rho_{max}$ となるとき，すなわち円の外周部で

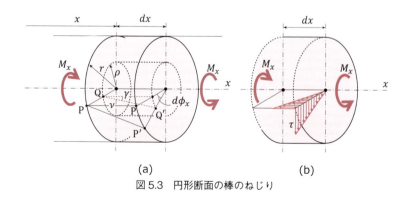

(a)   (b)

図 5.3　円形断面の棒のねじり

$$\tau_{\max} = \frac{M_x}{I_x}\, \rho_{\max} = \frac{M_x}{I_x/\rho_{\max}} = \frac{M_x}{Z_T} \tag{5.6}$$

と書くことができる．ここに Z_T は，ねじりの**断面係数**（torsional modulus of section）と呼ばれ，軸等の設計の際には最大せん断応力を計算する必要があり，よく用いられる量である．$\rho_{\max} = d/2$ であるので Z_T を具体的に計算すれば，以下のようになる．

$$中実円形断面 : Z_T = \frac{\pi d^3}{16} \quad （直径\ d） \tag{5.7}$$

$$中空円形断面 : Z_T = \frac{\pi(d_2{}^4 - d_1{}^4)}{16\pi d_2} \quad （外形\ d_2\quad 内径\ d_1） \tag{5.8}$$

したがってせん断応力 τ の分布は図 5.3(b) に示すように半径 ρ に比例して周辺が最大となる中心から直線的な分布になる．

ここで最大せん断応力 τ を生ずる丸棒の表面の応力状態を調べてみよう．図 5.4(a) に示すように表面の軸に直交する方向と平行する方向の微小要素部には，軸に直交する面上にせん断応力 τ が存在するとともに，それに直交する，すなわち軸方向に平衡する面には共役せん断応力 τ が存在し，垂直応力成分はいずれの面上にも存在しない．表面の xy 平面に対するモールの応力円を描くと同図(c) のようになり，軸に垂直な平面（モールの円上の A 点）から 45° 回転した面上（モールの円では 90° 回転した点 B）の応力状態は垂直応力 σ のみが存在し，せん断応力は存在しない．すなわちこの垂直応力 σ は，主応力である．したがってこの 45° の面と直交する面上にも垂直応力 σ のみが存在する主応力面となり図 5.4(b) のようになる．これらの二つ主応力の方向を連ねると植物のつる巻線状になり，これら二つの曲線部を**主応力線**（principal stress trajectory）と呼ぶ．

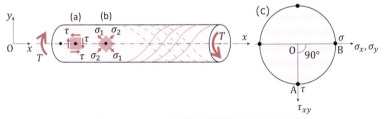

図 5.4　ねじりを受ける丸棒表面の主応力線

この最大せん断応力の生じる面，主応力面は，丸棒が破壊する方向と密切な関係がある．鋳鉄のような，せん断強さより引張り強さが小さい材料では図 5.5(a) に示すように主応力線に沿った**引張り破壊**（tensile rupture）を生じ，軟鋼のようなせん断強さが小さい材料では，最大せん断方向に同図(b) のような**せん断破壊**（shearing rupture）が生じる．また木材のように繊維に沿った縦方向のせん断に弱い異方性材料では同図(c) のような破壊が生じる．

一方，式 (5.3) から

$$\frac{d\phi_x}{dx} = \frac{M_x}{GI_x} \tag{5.9}$$

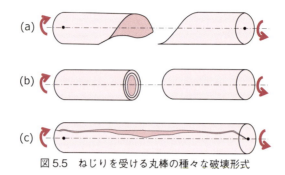

(a)

(b)

(c)

図 5.5　ねじりを受ける丸棒の種々な破壊形式

となり，ねじれ角 ϕ_x の変形を求める基礎式となる．引張り圧縮を受ける棒の基礎式（4.4）と同一形式の微分方程式の形となり，いわゆるアナロジーが成立する．$u \longleftrightarrow \phi_x$, $M_x \longleftrightarrow F_x$, $EA \longleftrightarrow GI_x$ の対応関係に注意すれば後述のように，引張り，圧縮を受ける棒の解析形態と全く同一になり，どちらか一方を解析すれば，他の解析を行わなくても済むことがわかる．このアナロジーに関しては，変形の問題を含めて 5.4 で少し詳しく述べる．

5.2.2 ◆ 伝導軸の応力と設計

　各種の機械の回転部分には回転を伝達する丸棒の軸（shaft）と呼ばれる部品が使われており，重要な機械要素の一つである．軸は各種のねじりモーメントを受けるために，その設計はねじりモーメントによる最大せん断応力 $\tau_{\max}$ を考慮して設計が行われている．実際の軸の設計には最大せん断応力の他に曲げモーメントによる応力やたわみおよび動的な危険速度などを考慮して行われる．

　以下に最大せん断応力を考慮した軸の強度設計について述べる．

　ねじりモーメント T を受ける軸にはせん断応力が発生し，最大せん断応力 $\tau_{\max}$ はすでに説明したように中実軸，中空軸のいずれも軸の外周で生じる．すなわち，

$$\tau_{\max} = \frac{16T}{\pi d_2{}^3 (1 - \lambda^4)} \tag{5.10}$$

$$d_2 = \sqrt[3]{\frac{16T}{\pi \tau_{\max} (1 - \lambda^4)}} \tag{5.11}$$

ここに $\lambda = d_1/d_2$（内径/外径）の比である（図 5.6）．

　ねじりモーメント T と伝達動力 L および軸の回転数 n との関係は，

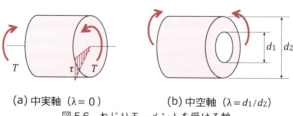

(a) 中実軸 $(\lambda = 0)$　　　　(b) 中空軸 $(\lambda = d_1/d_2)$
図 5.6　ねじりモーメントを受ける軸

$$L\,[\mathrm{PS}] = \frac{n\,[\mathrm{rpm}]\;T\,[\mathrm{kgf\cdot mm}]}{7162000} \quad \text{または} \quad L\,[\mathrm{kW}] = \frac{n\,[\mathrm{rpm}]\;T\,[\mathrm{N\cdot mm}]}{954900}$$

であり，$1\,[\mathrm{PS}] = 735.5\,[\mathrm{W}]$ であることから，式 (5.11) を書き改めると

$$
\begin{aligned}
d_2 &= 154 \sqrt[3]{\frac{L\,[\mathrm{PS}]}{(1-\lambda^4)\,n\,[\mathrm{rpm}]\,\tau_{\max}\,[\mathrm{kgf/mm^2}]}}\\[2mm]
&= 171 \sqrt[3]{\frac{L\,[\mathrm{kW}]}{(1-\lambda^4)\,n\,[\mathrm{rpm}]\,\tau_{\max}\,[\mathrm{kgf/mm^2}]}}\\[2mm]
&= 365 \sqrt[3]{\frac{L\,[\mathrm{kW}]}{(1-\lambda^4)\,n\,[\mathrm{rpm}]\,\tau_{\max}\,[\mathrm{N/mm^2}]}}
\end{aligned}
\tag{5.12}
$$

となる．上式 (5.12) は，力をよく用いられている重力単位系 [kgf] で表している．力を SI 単位系で表すときは，その換算が必要となる．

　したがって，式から式において，最大せん断応力 $\tau_{\max}$ を許容せん断応力 τ_A に等しく置くことによって，軸径を求めることができる．

　強さの等しい中実軸と中空軸が同じ動力を伝達する場合を比較すると，中空軸では外径が若干太くなるが軸の重量を軽減することができる．しかし軸が長くなると穴あけ加工はむずかしくなるなどの問題がある．

5.3 ねじりを受ける円形断面棒の変形

　図 5.7 に示すようなねじりモーメント荷重 T_x を両端に受ける長さ l，横弾性係数 G，断面二次極モーメント I_x の均一の円形断面棒の変形を考える．断面の直径を d とすれば断面二次極モーメントは式 (2.49) から

$$I_x = I_z + I_y = \frac{\pi d^4}{64} + \frac{\pi d^4}{64} = \frac{\pi d^4}{32} \tag{5.13}$$

と計算できる．式 (2.49) は円形中実断面でなくても，外径が d_2，内径が d_1 の中空の円形断面でも成立し，その場合の I_x は $I_x = \pi(d_2^4 - d_1^4)/32$ となる．

　基礎式 (5.9) から x 座標におけるねじれ角 ϕ_x を求めると

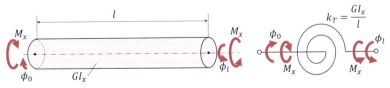

(a)均一断面丸棒のねじり　　　　(b)等価なねじりバネ

図 5.7　均一断面丸棒のねじりと等価なねじりバネ

$$\phi_x = \int_0^x \frac{M_x}{GI_x}\,dx + \phi_0 = \frac{M_x}{GI_x}\cdot x + \phi_0 \tag{5.14}$$

となり，ねじり角の増加分 $\Phi_x = \phi_x - \phi_0$ は

$$\Phi_x = \phi_x - \phi_0 = \frac{M_x}{GI_x}\cdot x \tag{5.15}$$

となる．したがって図5.7(a)に示すような長さ l の棒の左右のねじれ角の増加分 Φ は

$$\Phi = \phi_l - \phi_0 = \left(\frac{l}{GI_x}\right) M_x \tag{5.16}$$

と書くことができ

$$M_x = \left(\frac{GI_x}{l}\right)\Phi_l = k_T\cdot\Phi \tag{5.17}$$

となる．これは $k_T = GI_x/l$ でねじりモーメント M_x とねじり角の左右の増加分 Φ を関係づけるねじりバネ定数と考えられ，同図(b)のようにねじり方向に関するねじりバネで置き換えることができる．

　断面が長手方向に変化する，すなわち $I_x(x)$ となる場合においても式 (5.14) の積分に注意すれ

表5.1　引張圧縮を受ける棒の変形問題とねじりを受ける丸棒の変形問題の間のアナロジー

	引張，圧縮を受ける棒	ねじりを受ける棒
基礎微分方程式	$\dfrac{du}{dx} = \dfrac{F_x}{EA}$ 式 (4.4)	$\dfrac{d\phi_x}{dx} = \dfrac{M_x}{GI_x}$ 式 (5.9)
力，モーメント	F_x：軸力	M_x：ねじりモーメント
変位	u：長手方向変位	Φ_x：ねじり角
剛性	EA：伸び剛性	GI_x：ねじり剛性
バネ定数	$F_x = k\lambda$ （4.3e-4） k：伸びバネ定数（伸び剛さ） 均一断面 $k = \dfrac{EA}{l}$ 断面変化 $k = \dfrac{E}{\displaystyle\int_0^l \frac{1}{A(x)}\,dx}$ （4.3e-6）	$M_x = k_T\Phi$ （5.17） k_T：ねじりバネ定数（ねじり剛さ） 均一断面 $k_T = \dfrac{GI_x}{l}$ （5.17） 断面変化 $k_T = \dfrac{G}{\displaystyle\int_0^l \frac{1}{I(x)}\,dx}$ （5.20）
組合せ棒の全体のバネ定数　K	(a) 直列接続 $\dfrac{1}{K} = \dfrac{1}{k_1} + \dfrac{1}{k_2} + \cdots + \dfrac{1}{k_n}$ (b) 並列接続 $K = k_1 + k_2 + \cdots + k_n$	(a) 直列接続 $\dfrac{1}{K_T} = \dfrac{1}{k_1 T} + \dfrac{1}{k_2 T} + \cdots + \dfrac{1}{k_n T}$ (b) 並列接続 $K_T = k_1 T + k_2 T + \cdots + k_n T$

ば式 (5.16) は

$$\Phi_x = \frac{M_x}{G} \int_0^l \frac{1}{I_x(x)}\, dx \tag{5.18}$$

$$M_l = G\left(\int_0^l \frac{1}{I_x(x)}\, dx\right)\Phi_l = k_T \Phi_l \tag{5.19}$$

となり，回転バネ係数 k_T は

$$k_T = \frac{G}{\displaystyle\int_0^l \frac{1}{I(x)}\, dx} \tag{5.20}$$

と求めることができる.

　上記から容易に理解されるように第 4 章の引張り，圧縮を受ける棒状部材の変形問題とねじりを受ける円形断面棒の変形問題の間には，支配する微分方程式の形が同一であるので，いわゆるアナロジー（類推）関係が成立する．すなわち一方の問題の解法と結果は，対応関係を考えるだけで他方の解法と結果を導くことができる．表 5.1 にこのアナロジー関係をまとめて示す．

5.4 ねじりを受ける棒の各種の例題

例題 5.4e-1　テーパした中実丸棒のねじり

　図 4.3e-3 に示したようなテーパした中実丸棒の両端にねじりモーメント荷重 T をかけた際の全体のねじれ角 Φ を計算せよ.

【解答】　この場合，断面二次極モーメント I_x は

$$I_x = \frac{\pi}{32}\left\{d_1 + (d_2 - d_1)/l \cdot x\right\}^4 \tag{5e-1}$$

で表される．式 (5.20) を用いて棒のねじりバネ定数（ねじり剛さ）k_T を計算すると

$$k_T = \frac{\pi G}{32}\Bigg/ \int_0^l \left\{d_1 + (d_2 - d_1)/l \cdot x\right\}^{-4} dx = \frac{3\pi G d_1^{\,3} d_2^{\,3}}{32(d_1^{\,2} + d_1 d_2 + d_2^{\,2})\,l} \tag{5e-2}$$

となり，全体のねじれ角 Φ は

$$\Phi = \frac{T}{k_T} = \frac{32(d_1^{\,2} + d_1 d_2 + d_2^{\,2})\,l}{3\pi G d_1^{\,3} d_2^{\,3}} \cdot T \tag{5e-3}$$

となる.

例題 5.4e-2　組合せ棒状部材のねじり

　図 5.4e-1 に示すような①直列接続の棒状部材，②並列接続の棒状部材の両端にねじりモーメント荷重 T を加えたときの全体のねじり角 $\varPhi$ と各部材に生じる最大せん断応力を計算せよ．ただし各棒の横弾性係数，断面二次極モーメント，ねじりの断面係数，長さを G_i，I_{xi}，Z_{Ti}，l_i とする．

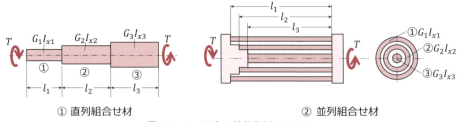

① 直列組合せ材　　　　　　　　　② 並列組合せ材

図 5.4e-1　組合せ棒状部材のねじり

【解答】　各部材のねじれバネ定数を k_{Ti} とすれば以下の式で求められる．

$$k_{Ti} = G_i I_{xi}/l_i \tag{5e-4}$$

　引張り，圧縮を受ける棒状部材の直列接続，並列接続の場合と考え方は全く同じであるので以下のように全体のねじれ角や角部材に生じる最大せん断力を計算することができる．

① 直列接続の場合

　全体の回転バネ係数 K_T の逆数は，式 (4.10) と同様に

$$\frac{1}{K_T} = \frac{1}{k_{T1}} + \frac{1}{k_{T2}} + \frac{1}{k_{Tn}} = \sum_{i=1}^{n} \frac{1}{k_{Ti}} \tag{5e-5}$$

となるので全体のねじり角 $\varPhi$ は

$$\varPhi = \frac{T}{K_T} = T\left(\sum_{i=1}^{n} \frac{1}{k_{Ti}}\right) = T \sum_{i=1}^{n} \frac{l_i}{G_i I_{xi}} \tag{5e-6}$$

となり，各部材の最大せん断力 $\tau_{i,\max} = M_{xi}/Z_{Ti} = T/Z_{Ti}$ は次式となる．

$$\tau_{i,\max} = M_{xi}/Z_{Ti} = T/Z_{Ti} \tag{5e-7}$$

② 並列接続の場合

　全体の回転バネ係数は式 (4.12) と同様に

$$K_T = k_{T1} + k_{T2} + \cdots + k_{Tn} = \sum_{i=1}^{n} k_{Ti} \tag{5e-8}$$

となる．したがって全体のねじれ角は

$$\Phi = T/K_T = T \Big/ \sum_{i=1}^{n} k_{Ti} = T \Big/ \sum (G_i I_{xi}/l_i) \tag{5e-9}$$

と求められる．また各部材に生ずる最大せん断応力は

$$\tau_{i,\,\mathrm{max}} = \frac{M_{xi}}{Z_{Ti}} = \frac{k_{Ti} \cdot \Phi}{Z_{Ti}} = \frac{k_{Ti}}{\displaystyle\sum_{i=1}^{n} k_{Ti}}\,\frac{T}{Z_{Ti}} = \frac{G_i I_{xi}/l_i}{\displaystyle\sum_{i=1}^{n}(G_i I_{xi}/l_i)}\,\frac{T}{Z_{Ti}} = \frac{G_i d_i}{2l_i}\,\frac{T}{\displaystyle\sum_{i=1}^{n}(G_i I_{xi}/l_i)}$$

ここに　$I_{xi} = \dfrac{\pi d_i^4}{32}$,　$Z_{Ti} = \dfrac{\pi d_i^3}{16}$,　$I_{xi}/Z_{Ti} = \dfrac{d_i}{2}$ $\tag{5e-10}$

となる．

例題 5.4e-3　並列接続と直列接続の組合せ棒状部材のねじり

　図 5.4e-2 のような①部材と②部材が並列に接続され，それに③部材が直列に接続されている棒状部材の右端に T のねじりモーメント荷重をかけたときの全体のねじれ角 Φ と各部材に生じる最大せん断応力を求めよ．

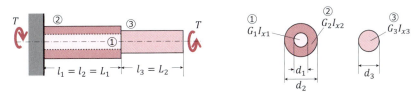

図 5.4e-2　並列接続と直列接続の組合せ棒状部材

【解答】　各棒のねじれバネ係数と断面係数を算出すると

$$\begin{cases} k_{T1} = \dfrac{G_1 I_{x1}}{l_1} = \dfrac{\pi G_1 d_1^4}{32 L_1} \\[2ex] k_{T2} = \dfrac{G_2 I_{x2}}{l_2} = \dfrac{\pi G_2 (d_2^4 - d_1^4)}{32 L_1} \\[2ex] k_{T3} = \dfrac{G_3 I_{x3}}{l_3} = \dfrac{\pi G_3 d_3^4}{32 L_2} \end{cases} \tag{5e-11}$$

$$\begin{cases} Z_{T1} = \dfrac{\pi d_1^3}{16} \\[2ex] Z_{T2} = \dfrac{\pi (d_2^4 - d_1^4)}{16 d_2} \\[2ex] Z_{T3} = \dfrac{\pi d_3^3}{16} \end{cases} \tag{5e-12}$$

①部材と②部材は並列に接続され，③部材はそれらに直列に接続されているので前例題5.4e-2の結果を使えば部材①，②の合成のねじれバネ定数 k_{T12} は

$$k_{T12} = k_{T1} + k_{T2}$$

となる．部材③の回転バネ定数 k_{T3} と直列接続されているので全体のねじれバネ定数 K_T の逆数は

$$\frac{1}{K_T} = \frac{1}{k_{T12}} + \frac{1}{k_{T3}} = \frac{1}{k_{T1} + k_{T2}} + \frac{1}{k_{T3}} = \frac{k_{T1} + k_{T2} + k_{T3}}{(k_{T1} + k_{T2})k_{T3}} \tag{5e-13}$$

となり全体のねじれ角 Φ は

$$\Phi = \frac{T}{K_T} = \frac{k_{T1} + k_{T2} + k_{T3}}{(k_{T1} + k_{T2})k_{T3}} \cdot T \tag{5e-14}$$

となる．一方各部材に生ずる最大せん断応力は以下となる．

$$\begin{cases} \tau_{1,\text{max}} = \dfrac{k_{T1}}{k_{T1} + k_{T2}} \dfrac{T}{Z_{T1}} \\[2mm] \tau_{2,\text{max}} = \dfrac{k_{T3}}{k_{T1} + k_{T2}} \dfrac{T}{Z_{T2}} \\[2mm] \tau_{3,\text{max}} = \dfrac{T}{Z_{T3}} \end{cases} \tag{5e-15}$$

例題 5.4e-4　両端固定の並列接続と直列接続を組み合せた棒状部材のねじり

　前の例題5.4e-3の図5.4e-2の棒の右端Bを固定してC点にねじりモーメント荷重 T を加えたときに生ずるねじれ角 Φ を求めよ．

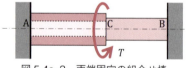

図5.4e-3　両端固定の組合せ棒

【解答】　この系は不静定系であるので左右の支点の反力モーメント M_A, M_B は，モーメントの平衡式が一つしか存在しないので求められない．

　しかしながら第4章の4.5.2(1)の両端固定棒の引張の場合と同じようにC点のねじれ角 Φ は簡単に計算できる．その中で最も簡単と思われる手法は，C点で3つの部材①，②，③が接続されていて，しかもねじれ角 Φ が共通であるので部材①，②，③の並列接続問題と考える手法である．

　C点における合成ねじりバネ定数 K_T は

$$K_T = k_{T1} + k_{T2} + k_{T3} \tag{5e-16}$$

となる．したがって全体のねじれ角Φは

$$\Phi = \frac{T}{K_T} = \frac{1}{k_{T1} + k_{T2} + k_{T3}} \tag{5e-17}$$

となる．ちなみに各部材に生ずる最大せん断応力は次のようになる．

$$
\begin{cases}
\tau_{1,\,\text{max}} = \dfrac{k_{T1}}{k_{T1} + k_{T2} + k_{T3}} \dfrac{T}{Z_{T1}} \\[2mm]
\tau_{2,\,\text{max}} = \dfrac{k_{T2}}{k_{T1} + k_{T2} + k_{T3}} \dfrac{T}{Z_{T2}} \\[2mm]
\tau_{3,\,\text{max}} = \dfrac{k_{T3}}{k_{T1} + k_{T2} + k_{T3}} \dfrac{T}{Z_{T3}}
\end{cases}
\tag{5e-18}
$$

第5章　演習問題

[1] 同一材料からなる長さ l，直径が d である軸 A と，長さが $n \cdot l$，直径が $m \cdot d$ の軸 B がある．同一の
ねじり角を与えるトルク T_A，T_B を比較せよ．

[2] 銅製の中実丸棒の伝導軸に 147 [kN・cm] のトルクが作用しているねじれ角を 0.25°以内に収めるた
めに，軸の直径が取り得る最小値を求めよ．ただし軸の横弾性係数を $G = 79.4$ [GPa] とする．

[3] 直径 100 [mm] の中実丸棒が 1,200 [rpm] で回転している．回転軸の伝導馬力を 1,000 [PS] として
回転軸に生じる最大せん断応力 τ_{max} を求めよ．

[4] 回転数 1,200 [rpm]，1,500 [kW] の交流発電機で使用される中実軸の直径 d_2（外径）を求めよ．ま
た中空軸の内外径の比を $\lambda = d_1/d_2$（外径 d_2，内径 d_1）とし，$\lambda = 0.5$ の場合，どの程度重力が軽減さ
れるかを求めよ．許容せん断応力 $\tau_A = 4$ [kgf/mm²]（39.2 [N/mm²]）とする．

[5] 図に示すような長さ l_1，直径 d_1 と長さ l_2 直径 d_2 の丸棒が直列に接続されており，その左端は固定さ
れている．他端の自由端に T のねじりモーメントをかけたときの自由端のねじり角 θ を求めよ．

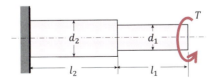

[6] 図のような直径 $d = 2$ [cm]，長さ $l = 80$ [cm] の棒の両端を固定し，$l_1 = 25$ [cm] のところに $T = 98{,}000$ [kN・cm] のねじりモーメントを作用させたときの外側に生じるせん断応力 τ_1，τ_2 とねじり
モーメントが作用する断面のねじり角を求めよ．

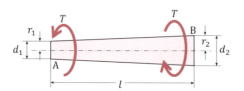

［7］図に示すような両端の直径が d_1, d_2 の中実の長さが l の丸棒のテーパ軸にねじりモーメント T が作用したときのねじり角 θ を求めよ.

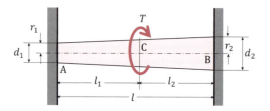

［8］問題［7］のテーパ軸の両端を固定し，左端 A から l_1 のところにねじりモーメント T をかけたときに両端に生じるねじりモーメント T_A, T_B を求めよ.

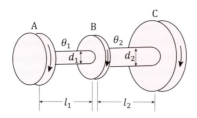

［9］図に示す伝導軸で，ベルト車 C に 500 馬力が与えられ，ベルト車 B に 200 馬力，ベルト車 A に 300 馬力が伝達されるとき，AB 間，BC 間に生ずる最大ねじり応力が等しくなるように d_2/d_1 を定めよ.また $l_1 = 40$［cm］，$l_2 = 60$［cm］とするときねじれ角の比 θ_2/θ_1 を求めよ.

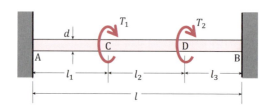

［10］図に示すように両端 A，B を固定した長さ l，直径 d の丸棒の断面 C，D にねじりモーメント T_1,T_2 が作用するとき，断面 C，D に生じるねじり角 θ_C, θ_D および AC，CD，DB 間に生じる最大せん断力 $\tau_{\max}$ を求めよ.

第6章

曲げを受ける棒状部材（はり）の応力，ひずみ，変形

6.1　曲げモーメント荷重が作用するはりの変形状態の考察
6.2　曲げを受けるはりの単純曲げと応力分布
6.3　断面係数と中立軸
6.4　曲げを受けるはりの変形形態
6.5　曲げを受けるはりのたわみの計算
6.6　曲げを受けるはりのたわみの計算に関する補足
6.7　平等強さのはり，組合わせはり

OVERVIEW

　本章では曲げを受ける棒状部材であるはり
（beam）と呼ばれている部材の応力，ひずみ，変形
などを取り扱う．曲げを受ける棒状部材の変形はた
わみ（deflection）と呼ばれる並進変位とたわみ角
（slope）と呼ばれる回転変位を伴う．建築物では横
方に配置されて曲げを受け持つ部材として使われて
いる．骨組み構造でラーメン構造（rahmen structure）
（ドイツ語で枠の意）と呼ばれるものは，曲げも受け
持つはりの集合体であり，本章はその解析の基礎を
与えるものである．

ダニエル・ベルヌーイ
（Daniel Bernoulli）
1700年～1782年，スイス

・数学者，物理学者
・ベルヌーイの定理
・「Hydrodynamics（流体力学）」1738
　年出版
・熱力学
・弦の振動
・父ヨハン・ベルヌーイとの確執

本章では曲げモーメント荷重を受ける棒状部材（はり）に生じる応力，ひずみとその変形である，たわみとたわみ角について説明する．曲げを受けるはり部材は，建物をはじめとしていろいろな構造に用いられており，重要な構造部材の一つである．またその応力，ひずみ，変形は初等の材料力学における一つの主要な対象である．

彦根城のはり
出典：https://commons.wikimedia.org//wiki/File.Casle_beam01.jpg

6.1
曲げモーメント荷重が作用するはりの変形状態の考察

図 6.1 に示すように平面（A）に置かれている任意の断面形状のはりの両端に曲げモーメント荷重 M_B が作用している状態を考えよう．ここでは y, z 軸を断面の任意の方向にとっている．曲げモーメントを受けたはりは湾曲し，一般には同図に示すように別の面（B）の上に存在するものと考えられる．O 点に加わる曲げモーメントベクトル M は y 軸の方向に向き，その大きさは M_B となる．また曲がったはりの曲率の中心を Q，曲率半径を ρ，曲率を C（$=1/\rho$）とすると，

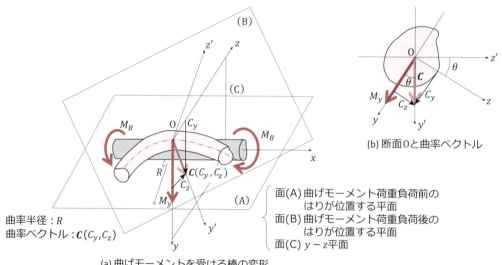

(b) 断面0と曲率ベクトル

曲率半径：R
曲率ベクトル：$\boldsymbol{C}(C_y, C_z)$

面(A) 曲げモーメント荷重負荷前のはりが位置する平面
面(B) 曲げモーメント荷重負荷後のはりが位置する平面
面(C) $y-z$ 平面

(a) 曲げモーメントを受ける棒の変形
図 6.1　曲げを受けるはりの変形形態

大きさ C を持ち，面（B）に垂直で曲りの回転を右ネジに対応した向きを有する曲率ベクトル（curvature vector）C を考えると C は $(C_y,\ C_z)$ の成分を持つ．一般にこの図に示すようにモーメントベクトル M_y と曲率ベクトル C の方向は一致しない．すなわち曲がったはりは元の面（A）には位置せず，別の面（B）の上に位置する（実際には，微小な曲げを想定しているが，理解しやすいために図 6.1 は少し誇張して描いてある）．

さてここで図 6.2 に示すように面（B）の上で図心軸上の O から微小長さ dx 離れた O′が曲げ変形後に O″に移ったとしよう．平面保持と図心軸の直交性を考えると OO″は Q を中心とした曲率半径 ρ の円弧となる．ρ の逆数 $C=1/\rho$ は曲率（curvature）と呼ばれる．図心軸から y' の距離にある P 点を考えると P″に移動して PP″も Q を中心とした曲率半径 ρ の円弧となる．ここで OO′が伸びて垂直ひずみ ε_0 を生じたとすると x 方向の応力は $\sigma_0=E\varepsilon_0$ となり，x 方向の軸力は

$$F_x = \int \sigma_0 dA = EA\varepsilon_0 \tag{6.1}$$

となり，x 方向には軸力を生じない曲げのみの変形では $F_x=0$ となり，$\varepsilon_0=0$ となる．すなわち図心軸は変形も生じず，垂直ひずみも 0 となり，OO′$=dx$ となる．また y' の位置にある PP′は曲げによって

$$PP'' - PP' = (\rho - y')d\phi - \rho d\phi \tag{6.2}$$

の変形を生じる．さらに図心から y' 離れている点の垂直ひずみ ε_x は

$$\varepsilon_x = \frac{(\rho - y')d\phi - \rho d\phi}{dx} = -y'\frac{d\phi}{dx} = -y'\,C = -\frac{y'}{\rho} \tag{6.3}$$

となる．図 6.1(b) において，y' を平面（A）の座標，$y,\ z$ で表すと

$$y' = y\cos\theta + z\sin\theta \tag{6.4}$$

となるので垂直ひずみ ε_x は

$$\varepsilon_x = -(C\cos\theta)y - (C\sin\theta)z = -C_y y - C_z z \tag{6.5}$$

となる．したがって垂直応力 σ_x は

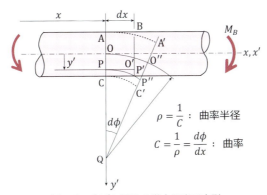

$$\rho = \frac{1}{C}\ :\ 曲率半径$$

$$C = \frac{1}{\rho} = \frac{d\phi}{dx}\ :\ 曲率$$

図 6.2　曲げと受ける微小要素の変形

$$\sigma_x = E\varepsilon_x = -E(C_y y + C_z z) \tag{6.6}$$

と表すことができる．曲げモーメント M_y, M_z と垂直応力の関係式 (3.1) を用いると

$$M_y = E\left\{ C_z \int yz\,dA + C_y \int z^2\,dA \right\}$$

$$M_z = E\left\{ C_z \int y^2\,dA + C_y \int yz\,dA \right\} \tag{6.7}$$

となる．断面二次モーメント，断面相乗モーメントの定義式から

$$\begin{cases} M_y = E(I_{yz}C_z + I_y C_y) \tag{6.8}\\ M_z = E(I_z C_z + I_{yz} C_y) \tag{6.9} \end{cases}$$

が得られる．式 (6.8) で $I_{yz}=0$ とすると

$$\begin{cases} M_y = EI_y C_y \tag{6.10}\\ M_z = EI_z C_z \tag{6.11} \end{cases}$$

となる．$I_{yz}=0$ となる場合として次の二つの場合が考えられる[注1]：

① y が断面の主軸に一致する場合（$I_{yz}=0$）
② 断面が正多角形や円の場合（$I_z=I_y$, $I_{yz}=0$）

式 (6.11) が z 方向の曲げモーメント M_z を与えているので①の場合は $M_z=0$ となり，$C_z=0$ となるので式 (6.10) から M_y と C_y の方向が一致する．また②の場合も式 (6.10) から M_y と C_y の方向が一致する．

6.2 曲げを受けるはりの単純曲げと応力分布

　ここでは 6.1 節で考察した曲げモーメントの方向と曲率ベクトルの方向が一致する，すなわち曲げ変形後も変形前の平面上にはりが位置する場合を対象としよう．この場合のはりの変形は単純曲げ（simple bending）と呼ばれる．

　前節 6.1 で示したようにこの単純曲げになる場合は以下の二つの場合に相当する．

① 曲げモーメントの方向が断面のいずれかの主軸 y, z に一致する場合
② 断面形状が正多角形，円となる場合

　これらの場合は断面相乗モーメントが $I_{yz}=0$ となる．はりの単純曲げは，先の (B) 面上の変形と A 面上で同様となるが，改めて以下の説明を行う．図 6.3 にはりの単純曲げの場合の変形の様子を示す．長方方向座標 x から dx 離れた微小長系の変形は円率中心 Q を中心とした円弧状に変形する．断面の二つの主軸方に y, z 軸を取る．曲げ変形を受けて図心軸上の線分 OO′ は OO″のように，図心軸から y 離れた線分 PP′は PP″のように曲がる．図心軸のひずみを ε_0 とする

（注1）モールの円は点となる．

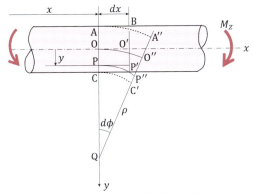

図 6.3　はりの単純曲げ時の変形

と軸方向の力は負荷していないので

$$F_x = \int \sigma_0 dA = \int E\varepsilon_0 dA = EA\varepsilon_0 = 0 \tag{6.12}$$

となり，図心軸は伸びず $\varepsilon_0 = 0$ となる.

　図心軸から y の距離にある線分 PP′ は変形後 PP″ になるのでその x 方向伸びは

$$\mathrm{PP}'' - \mathrm{PP}' = (\rho - y)d\phi - \rho d\phi = -y d\phi \tag{6.13}$$

となり，x 方向のひずみは

$$\varepsilon_x = \frac{\mathrm{PP}'' - \mathrm{PP}'}{\mathrm{PP}'} = -y\frac{d\phi}{dx} = -\frac{y}{\rho} = -Cy \tag{6.14}$$

ここに $C = 1/\rho$ で曲率半径の逆数で前述のように曲率と呼ばれる量である．したがって垂直方向の応力 σ_x は

$$\sigma_x = -ECy \tag{6.15}$$

となり，式 (3.1) の垂直応力 σ_x と曲げモーメント M_z の関係式に代入すると

$$M_z = -\int \sigma_x y dA = EC\int y^2 dA = EI_z C \tag{6.16}$$

となる．ここに $I_z = \int y^2 dA$；断面二次モーメントである．また EI_z は **曲げ剛性**（bending rigidity）と呼ばれる量である．式 (6.16) の C を式 (6.15) に代入して σ_x を M_z で表せば

$$\sigma_x = -\frac{M_z}{I_z} y \tag{6.17}$$

となる．すなわち垂直応力 σ_x は，曲げモーメント M_y および図心軸からの距離 y に比例し，断面二次モーメント I_z に反比例する．なお式 (6.17) の負の符号は図 6.3 で M_y の正の方向に曲げモーメントを加えると図心軸から下方は縮み，上方は伸びるので図心軸から下方の σ_x は圧縮となり $\sigma_x < 0$ となることに対応している（y 軸は下方に取っていることに注意）.

　ここで注意すべきは図 6.4(a) に示すように曲げモーメントによって軸方向 X'-X' 方向に曲率 C

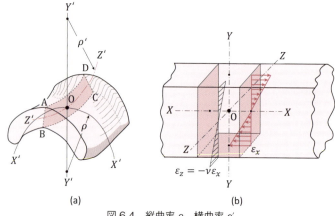

図 6.4　縦曲率 ρ,　横曲率 ρ'

$=1/R$ を持って曲がるとともにポアソン比によってそれと直交する方向 Z'–Z' 方向に図のような $\rho' = 1/R'$ の曲率半径を持って曲がる.

この曲率半径の比は

$$\frac{C}{C'} = \frac{\rho'}{\rho} = \nu \tag{6.18}$$

となり Z–Z の曲がりは少なくなる.　すなわち断面は平面保持はするが,　図(a)の ABCD のように長方形ではなく扇形に変形する.　また応力分布は同図(b)に示すように上表面では引張り ($\sigma_x > 0$) の最大値を示し,　下表面では圧縮 ($\sigma_x < 0$) の最大値を示し,　応力の値は図心軸 X–X から厚さ方向 (y) に比例している.

例題 6.1e-1　先端に集中荷重を受ける片持はり

　図 6.1e-1 に示すような幅 b,　厚さ h の長方形断面で長さ l,　縦弾性係数 E の均一の片持はりの先端に集中荷重 P を受けている.　このとき次の問に答えよ.

① はりの下表面と上表面に生じる曲げモーメント $M_z(x)$ の分布を x を横軸に縦軸に $M_z(x)$ を描いて示せ.

② 最大の圧縮応力および引張り応力を生じる箇所の x 座標とその大きさを求めよ.

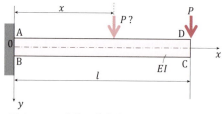

図 6.1e-1　先端に集中荷重を受ける片持はり

【解答】

① 図のように仮想的に x の X–X' 断面で切断すると断面には

$$F_y = P$$
$$M_z = P(l-x)$$

の断面力が作用する．したがって曲げモーメント M_z の分布は下図のようになる．

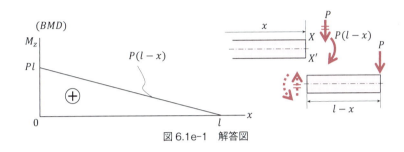

図 6.1e-1　解答図

② 曲げモーメントの最大値は固定端 $x=0$ で生じ，その上表面 A には最大引張り応力

$$\sigma_{\max} = \frac{Pl}{I_z}\frac{h}{2} = \frac{Pl}{2I_z} \quad (>0)$$

が生じ，下表面 B には最大圧縮応力が生じる．

$$\sigma_{\min} = -\frac{Pl}{I_z}\frac{h}{2} = -\frac{Pl}{2I_z} \quad (<0)$$

6.3
断面係数と中立軸

6.3.1 ◆ 断面係数

　はりの強度設計では生じる最大応力が問題となる．例題 6.1e-1 でも見られたように最大引張応力，最大圧縮応力が発生するのは，式（6.17）から明らかなように図心軸からの距離 y の最大値 $y_{\max}$ の位置で生じ，その大きさは次式となる．

$$|\sigma_{\max}| = \frac{M_z}{I_z}y_{\max} = \frac{M_z}{I_z/y_{\max}} = \frac{M_z}{Z_b} \tag{6.19}$$

ここに $Z_b = I/y_{\max}$ は（曲げの）断面係数と呼ばれ，ねじりの場合の断面係数と同様，あらかじめ計算しておけば曲げモーメント M_z を単にその値で除するだけで最大応力が求められ，設計上便利である．例えば代表的な断面では

　　・長方形断面（幅 b，高さ h）　$Z_b = \dfrac{bh^3}{12}\left(\dfrac{2}{h}\right) = \dfrac{bh^2}{6}$

・円形断面（直径 d） $\qquad Z_b = \dfrac{\pi d^4}{64}\left(\dfrac{2}{d}\right) = \dfrac{\pi d^3}{32}$

・三角形断面（底辺 b，高さ h） $\quad Z_b = \dfrac{bh^3}{36}\left(\dfrac{3}{2h}\right) = \dfrac{bh^2}{24}$

となる.

6.3.2 ◆ 中立軸

6.1，6.2 節で見たように，軸力が作用していないはりの図心軸のひずみ，応力は 0 となる. 応力が 0 になるような点を結んだ軸線は，中立軸（neutral axis）と呼ばれ，軸力が作用しない均一なはりでは図心軸が中立軸となる. 一方，長手方向に荷重（軸荷重）F_a と曲げモーメント荷重 M_b が同時に作用するはりの応力分布は，重ね合せの原理を応用して，例えば図 6.5 に示すように軸荷重のみによる応力分布（a）と曲げモーメント荷重による応力分布（b）と重ね合せた（c）となり，中立軸の位置は図心軸から上下にずれる.

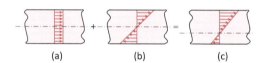

(a)   (b)   (c)

図6.5　軸荷重と曲げモーメント荷重を受けるはりの中立軸

6.4
曲げを受けるはりの変形形態

ここでも単純曲げを受けるはりを対象としてその変形を解析しよう. はじめに平面内で，はりのたわみ（diflection）と呼ばれる並進変位 v，たわみ角（slope）と呼ばれる回転変位 θ，既出の曲率 ρ との関係を調べてみよう. 図 6.6 は曲げを受けるはりの一部分の変位を示したものである.

はじめに図心軸上にあった P 点が曲げを受けてたわんで P' 点へ移動したとして PP' の x 方向成分を u_p，y 方向成分を v_p とすると $u_p \ll v_p$ であるので x 方向の伸び u とたわみ v は $u = u_p = 0$，v

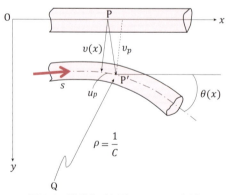

図6.6　単純曲げと受けるはりの変形

$= v_p = v(x)$　となる．$v(x)$ は図心軸のたわみ v を長手方向座標の関数とした弾性たわみ曲線 (elastic deformation curve) である．たわみ角 θ は

$$\theta = \tan^{-1} \frac{dv}{dx} \fallingdotseq \frac{dv}{dx} \tag{6.20}$$

となる．また曲率半径 ρ として曲率を C とすれば

$$C = \frac{1}{\rho} = \frac{d\theta}{ds} = \frac{d\left(\tan^{-1}\dfrac{dv}{dx}\right)}{\sqrt{(dx)^2 + (dy)^2}} = \frac{1}{\sqrt{1 + \left(\dfrac{dv}{dx}\right)^2}} \; \frac{d}{dx}\left(\tan^{-1}\frac{dv}{dx}\right) = \frac{\dfrac{d^2v}{dx^2}}{\left\{1 + \left(\dfrac{dv}{dx}\right)^2\right\}^{3/2}} \fallingdotseq \frac{d^2v}{dx^2} \tag{6.21}$$

のように近似される．

　ここで式（6.21）を式（6.16）に代入すると

$$M_z = EI_z \frac{d^2v}{dx^2} \tag{6.22}$$

が導かれ，この式は曲げモーメント M_z とたわみ v の関係を与える基礎微分方程式である．

　ここで曲げモーメント M_z とせん断力 F_y の関係式（式（3.3）参照）および分布荷重 p_y との関係式（式（3.4））を用いると

$$\begin{cases} F_y = -\dfrac{dM_z}{dx} = -\dfrac{d}{dx}\left(EI_z \dfrac{d^2v}{dx^2}\right) \\[3mm] p_y = -\dfrac{dF_y}{dx} = \dfrac{d^2}{dx^2}\left(EI_z \dfrac{d^2v}{dx^2}\right) \end{cases} \tag{6.23}$$

を導くことができる．EI_z が x の関数でなければ

$$\begin{cases} F_y = -EI_z \dfrac{d^3v}{dx^3} \\[3mm] p_y = EI_z \dfrac{d^4v}{dx^4} \end{cases} \tag{6.23$'$}$$

となる．したがって下記のような曲げモーメント M_z，せん断力 F_y，分布荷重 p_y とたわみ v を結び付ける表 6.1 の基礎微分方程式が得られる．

表 6.1　断面力とたわみの関係 [注2]

EI_z が x の関数の場合	EI_z が一定の場合
$M_z = EI_z \dfrac{d^2 v}{dx^2}$ （6.22）	左と同じ　（6.22）
$F_y = -\dfrac{d}{dx}\left(EI_z \dfrac{d^2 v}{dx^2}\right)$ （6.23）	$F_y = -EI_z \dfrac{d^3 v}{dx^3}$ （6.23）′
$p_y = \dfrac{d^2}{dx^2}\left(EI_z \dfrac{d^2 v}{dx^2}\right)$ （6.23）	$p_y = EI_z \dfrac{d^4 v}{dx^4}$ （6.23）′

6.4.1 ◆ せん断力図と曲げモーメント図，はりの境界条件と静定はり

（1）せん断力図と曲げモーメント

　はりのたわみ v を求めるためには式（6.21）～式（6.23）のいずれかの微分方程式を用いる．その際にははりに生じるせん断力 F_y の分布や曲げモーメント M_z の分布を把握することが必要になる．せん断力 F_y の x 方向の分布を図示したものはせん断力線図（Shearing Force Diagram）と呼ばれ SFD と略記される．一方，曲げモーメント M_z の分布を図示したものは，曲げモーメント線図（Bending Moment Diagram）と呼ばれ，BMD と略記される．SFD，BMD は荷重やモーメント荷重の加わり方や，はりの境界条件によって異なる．

（2）はりの端末条件と静定はり

　はりの代表的な端部の境界条件（端末条件）を表 6.2 に示す．なお以下の記述ではせん断力 F_y と曲げモーメント M_z は表記を簡単にするために添字を省略して単に F，M と記すことにする．

　通常のはりの問題では，軸方向（x 方向）の力のつりあいを考える必要がない場合が多い．この場合には平衡条件式は y 方向の力の平衡と z 方向の曲げモーメントの平衡の二つである．したがってはりの両端の未知の支点反力の数が二つの場合が平衡条件式によって未知の支点反力を求められる問題，いわゆる静定問題となり，表 6.3 に示すように静定はりは三つの境界条件の場合が相当する．

　静定はりの問題は，力とモーメントの平衡条件からせん断力 F と曲げモーメント M を計算することができ，SFD，BMD を簡単に描くことができる．一方，不静定はりの問題では，未知の支点反力の数が平衡条件式の数よりも多いために，はりの変形を考えなければ支点反力の大きさは求められず，SFD，BMD を簡単には描くことができない．ここでは表 6.4 に簡単な片持はりと両端支持ばりの静定はりの SFD，BMD を示し，より複雑な静定はりの問題を例題 6.4e-1 に示しておく．また不静定ばりの問題における SFD，BMD は 6.4.2 項で述べる．

（注2）曲げ剛性 EI_z が x の関数であっても曲げモーメントの基礎式は式（6.22）で EI_z が一定の場合と同一の式となることに注意されたい．

表6.2　はりの端末条件

端末条件	たわみ v，たわみ角 θ，せん断力 F，曲げモーメント M
（固定端） 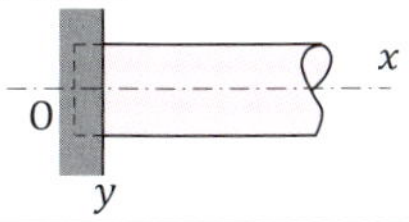	$v = 0, \quad \theta = 0$
（支持端） 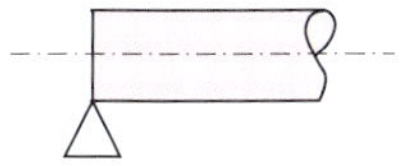	$v = 0, \quad M = 0$
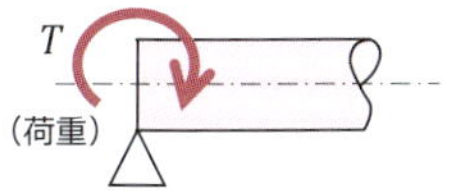 （荷重）T	$v = 0, \quad M = -T$
（垂直滑動端） 	$\theta = 0, \quad F = 0$
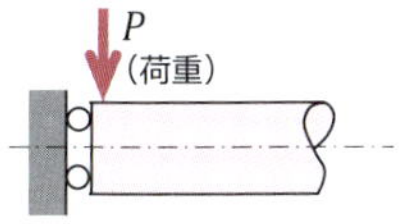 P（荷重）	$\theta = 0, \quad F = -P$
（自由端） 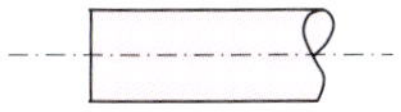	$M = 0, \quad F = 0$
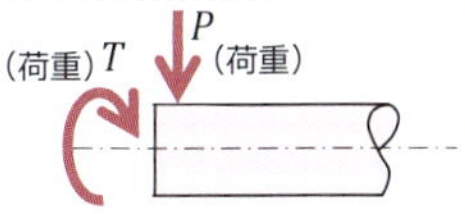 （荷重）T　P（荷重）	$M = -T, \quad F = -P$

表6.3　静定はり

はりの呼称	端末条件と支点反力
片持ちはり	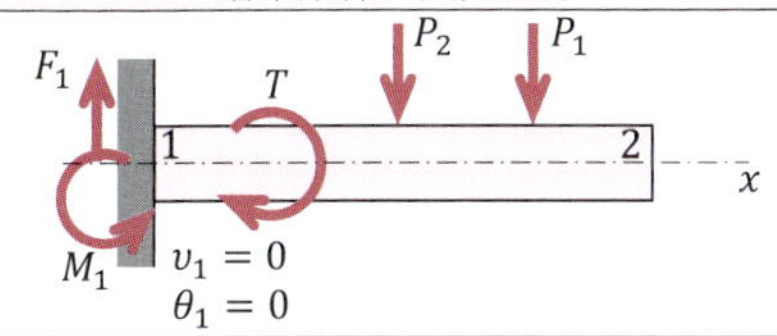 $v_1 = 0$, $\theta_1 = 0$
両端支持はり[注3]	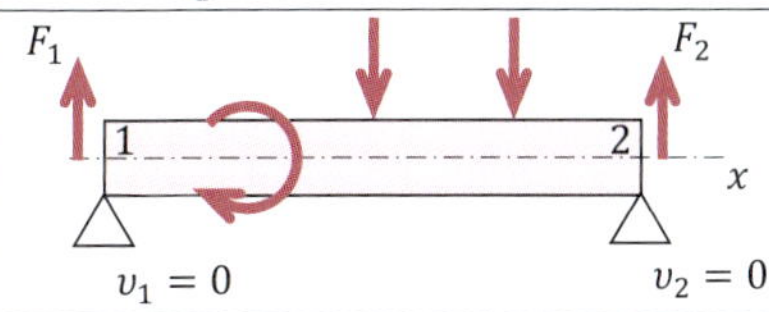 $v_1 = 0$, $v_2 = 0$
支持–滑動ばり	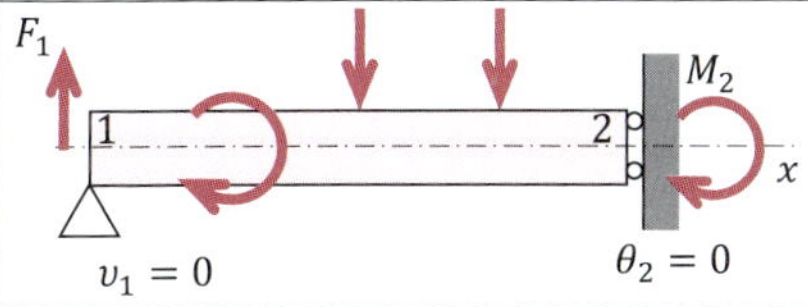 $v_1 = 0$, $\theta_2 = 0$

（注3）両端支持ばりの x 方向の変位も考慮すると，正確には両方の支持端が固定でなく，一端が軸方向（x 方向）へ変位できるローラー支持の場合が静定である．以後表記を簡単にするためにこの表のようにローラー支持は省略して記すが，この点は十分に理解されたい．

表 6.4　片持ちはりと両端支持ばりの SFD，BMD の例

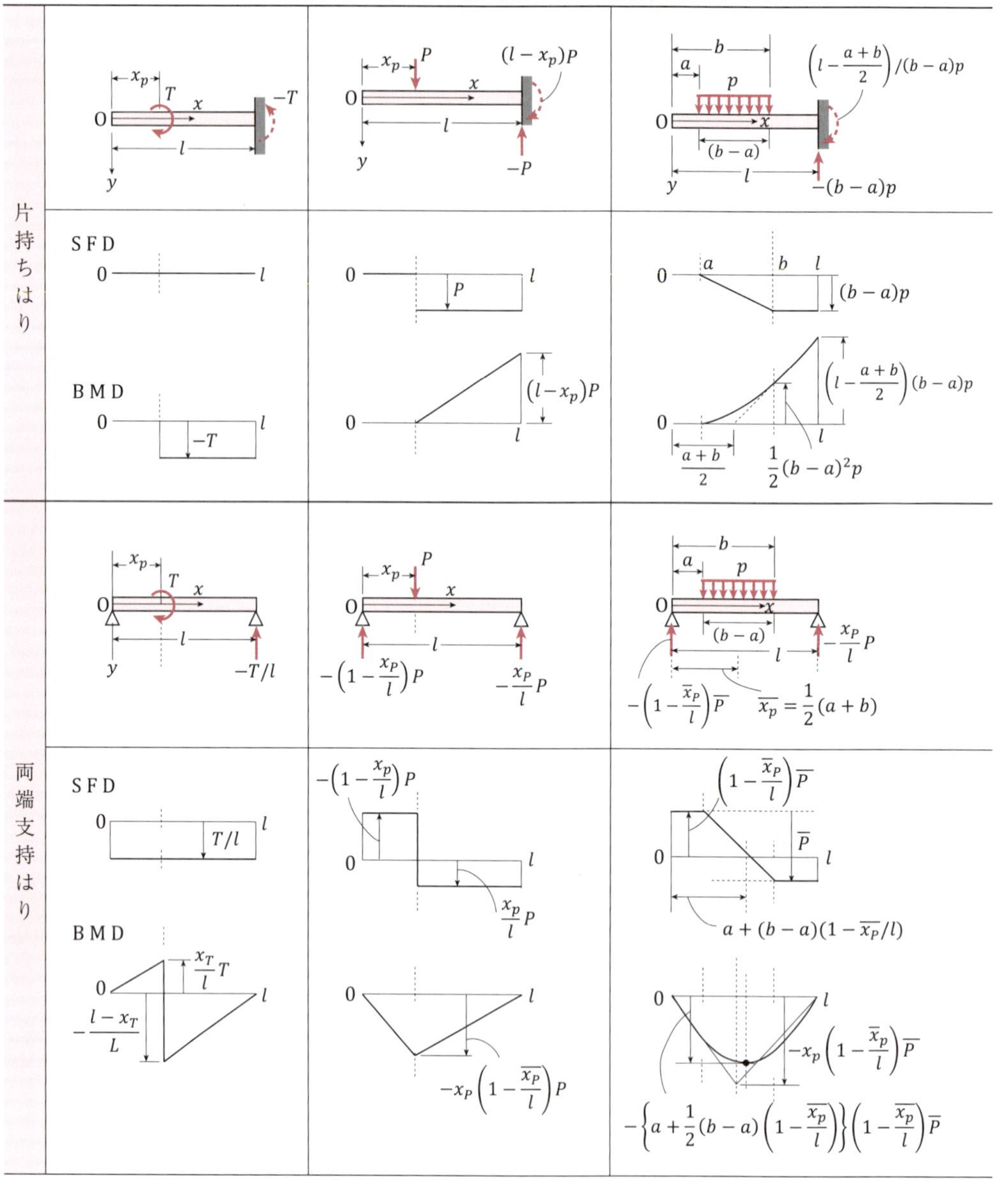

例題 6.4e-1　片持はりと両端支持ばりの SFD と BMD

　図 6.4e-1(a)，(b)に示すような集中荷重 P と分布荷重 p を受ける(a)片持はりと(b)両端支持ばりがある．それぞれの場合の SFD と BMD をかけ．

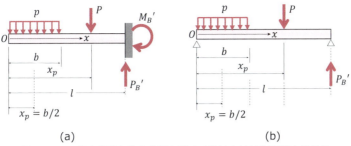

(a)　　　　　　　　　　　　(b)

図 6.4e-1　分布荷重と集中荷重を受ける片持ちはりと両端支持はり

【解答】

（a）（b）いずれの場合も表 6.4 の結果を重ね合せれば比較的容易に SFD と BMD が求められる．（下図 6.4e-2）．

以上の例でもわかるように SFD，BMD は式（6.22），（6.23）から明らかなように次のような性質を持つ．この性質を知ることで SFD，BMD の誤りが見出せる．

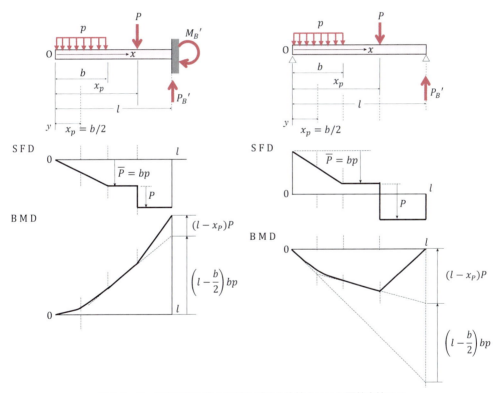

図 6.4e-2　分布荷重と集中荷重を受ける片持ちはりと両端支持はり

[SFD, BMD の性質]

上記の例でも理解されるように SFD, BMD は荷重やモーメントの加わり方で次の性質を持つ.

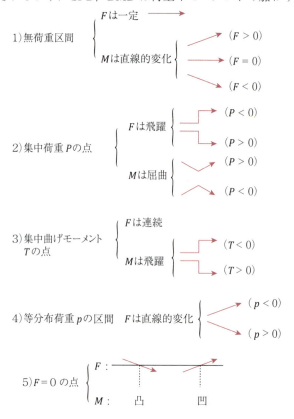

読者は下図の例で上記の性質を確認されたい.

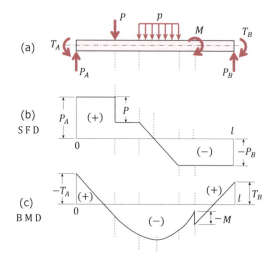

6.5
曲げを受けるはりのたわみの計算

　曲げを受けるはりのたわみを計算するには式（6.22），（6.23）を基礎微分方程式として用いて解析を行うが，その際に平衡条件式から直接に支点反力の大きさが求められる次項 6.4.1 の "静定はりの問題" と，平衡条件式に加えて変形も考慮しなければ支点反力が求められない次項 6.4.2 の "不静定ばりの問題" の二つの問題に分けて考える必要がある．

　また通常の問題では曲げに加えてせん断も加わることが多いが，はりの長さが長い場合には，せん断によるたわみは小さく無視できる．例えば高さ h，長さ l の長方形断面はりでは $h/l = 10$ の場合，せん断によるたわみ v_s と曲げによるたわみ v_b の比 $v_s/v_b \fallingdotseq 0.01$ となり，わずか 1% の誤差となる．

6.5.1 ◆ 曲げを受ける静定はりのたわみの計算

　曲げを受ける静定はりのたわみの計算は次の二段階の計算になる．

① 　支点反力の計算：平衡条件式（力，モーメントの平衡）から支点反力を求める[注4]．求めた支点反力を用いて曲げモーメントの分布を計算する．

② 　たわみと曲げモーメントの関係を示す，基礎微分方程式（6.22）に①で得られた曲げモーメントの分布を与え，端末条件を考えて，たわみを求める[注5]．

　式（6.22）より

$$\frac{d^2v}{dx^2} = \frac{M}{EI} \tag{6.24}$$

となるので，上式を x に関して 1 回積分と 2 回積分を施すとたわみ角 $\theta(x)$（$= dv/dx$），たわみ $v(x)$ は以下のように求められる．

$$(\text{たわみ角})\quad \theta(x) = \frac{dv}{dx} = \int_0^x \frac{M}{EI}\,dx + C \tag{6.25}$$

$$(\text{たわみ})\qquad v(x) = \int_0^x \int_0^x \frac{M}{EI}\,dxdx + C_1 x + C_2 \tag{6.26}$$

ここに C_1，C_2 は積分定数で $x = 0$ の θ と v の値，$C_1 = \theta(0)$，$C_2 = v(0)$ によって定められる．

　静定はりの問題では平衡条件式より，曲げモーメントの分布 $M(x)$ は決定できるので式（6.25），（6.26）を適用すれば，はりの任意の点のたわみ角やたわみを計算することができる．

（注4）片持はりの場合には支点反力をはじめに求めなくても曲げモーメントの分布を自由端から計算することで求められる．他の静定ばりの場合は支点反力を計算する必要がある．

（注5）分布荷重やせん断力の分布が容易に求められる場合にはせん断力あるいは分布荷重の基礎微分方程式（6.23），（6.23'）からたわみを求めてもよい（例題 6.5e-3 参照）．

例題 6.5e-1　集中荷重や集中曲げモーメント荷重を受ける片持はり

　自由端に集中荷重 P が作用する片持はり（図 6.5e-1(a)）と集中曲げモーメント荷重 T が作用する片持はり（図 6.5e-1(b)）の変形を求めよ．

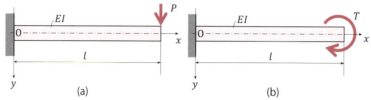

(a)　　　　　　　　　　　　　　　(b)

図 6.5e-1　先端に集中荷重や集中モーメントを受ける片持ちはり

【解答】

式（6.25），（6.26）から

$$\begin{cases} \theta = \dfrac{P}{EI}\left(lx - \dfrac{x^2}{2}\right) + C_1 \\ v = \dfrac{P}{EI}\left(\dfrac{lx^2}{2} - \dfrac{x^3}{6}\right) + C_1 x + C_2 \end{cases}$$

固定端における端末条件

　$x=0$ において $v(0)=0$，$\theta(0)=0$ より $C_1=0$，$C_2=0$

したがって

(a)　　　　　　　　　　　　　　　　　　(b)

$$\begin{cases} \text{たわみ角}\quad \theta = \dfrac{P}{EI}\left(lx - \dfrac{x^2}{2}\right) \\ \text{たわみ}\qquad v = \dfrac{P}{EI}\left(\dfrac{lx^2}{2} - \dfrac{x^3}{6}\right) \end{cases}$$

$$\begin{cases} \text{たわみ角}\quad \theta = \dfrac{T}{EI}x \\ \text{たわみ}\qquad v = \dfrac{T}{2EI}x^2 \end{cases}$$

右端（$x=l$）におけるたわみ角 θ_l，たわみ v_l は

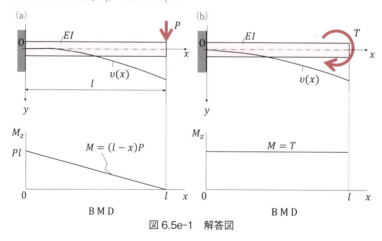

図 6.5e-1　解答図

(a)
$$\begin{cases} \theta_l = \dfrac{l^2}{2EI}\,P \\[2mm] v_l = \dfrac{l^3}{3EI}\,P \end{cases}$$

(b)
$$\begin{cases} \theta_l = \dfrac{l}{EI}\,T \\[2mm] v_l = \dfrac{l}{2EI}\,T \end{cases}$$

例題 6.5e-2　自由端に集中荷重と集中モーメント荷重を同時に受ける片持はりの変形

図 6.5e-2 に示すように自由端に集中荷重 P と集中モーメント荷重 T を同時に受ける片持はりの変形を求めよ.

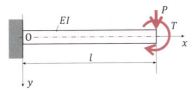

図 6.5e-2　自由端に集中荷重と集中モーメント荷重を同時に受ける片持ちはり

【解答】

BMD，たわみ角，たわみは，前の例題 6.5e-1 の(a)，(b)の結果を重ね合すことから求められる.

$$\begin{cases} \theta = \dfrac{l^2}{EI}\left\{\dfrac{x}{l} - \dfrac{1}{2}\left(\dfrac{x}{l}\right)^2\right\}P + \dfrac{l}{EI}\left(\dfrac{x}{l}\right)T \\[3mm] v = \dfrac{l^3}{2EI}\left\{\left(\dfrac{x}{l}\right)^2 - \dfrac{1}{3}\left(\dfrac{x}{l}\right)^3\right\}P + \dfrac{l^2}{2EI}\left(\dfrac{x}{l}\right)^2 T \end{cases}$$

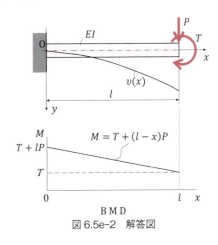

図 6.5e-2　解答図

先端に P と T が同時に作用した場合には重ね合せの原理から先端 $(x=l)$ のたわみ角とたわみは

$$\begin{cases} \theta_l = \dfrac{l^2}{2EI}\,P + \dfrac{l}{EI}\,T \\[3mm] v_l = \dfrac{l^3}{3EI}\,P + \dfrac{l^2}{EI}\,T \end{cases}$$

となる.

例題 6.5e-3　全長に等分布荷重を受ける片持はり

図 6.5e-3 に示すような全長にわたって等分布荷重 p を受ける片持はりの変形を求めよ.

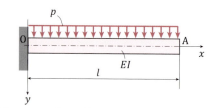

図6.5e-3　全長に等分布荷重を受ける片持ちはり

【解答】

$$\text{曲げモーメント}\qquad M = \frac{1}{2}(l-x)^2 p = \frac{1}{2}(l^2 - 2lx + x^2)$$

式 (6.25)，(6.26) からたわみ角，たわみは

$$\begin{cases} \theta = \dfrac{p}{2EI}\left(l^2 x - lx^2 + \dfrac{1}{3}x^3\right)p + C_1 \\[2mm] v = \dfrac{p}{2EI}\left(\dfrac{1}{2}l^2 x^2 - \dfrac{1}{3}lx^3 + \dfrac{1}{12}x^4\right)p + C_1 x + C_2 \end{cases}$$

固定端の端末条件から

$$\begin{cases} \theta_0 = C_1 = 0 \\ v_0 = C_2 = 0 \end{cases}$$

したがって

$$\begin{cases} \theta = \dfrac{l^3}{2EI}\left\{\left(\dfrac{x}{l}\right) - \left(\dfrac{x}{l}\right)^2 + \dfrac{1}{3}\left(\dfrac{x}{l}\right)^3\right\}p \\[3mm] v = \dfrac{l^4}{2EI}\left\{\dfrac{1}{2}\left(\dfrac{x}{l}\right)^2 - \dfrac{1}{3}\left(\dfrac{x}{l}\right)^3 + \dfrac{1}{12}\left(\dfrac{x}{l}\right)^4\right\}p \end{cases}$$

先端のたわみ角，たわみは次のようになる．

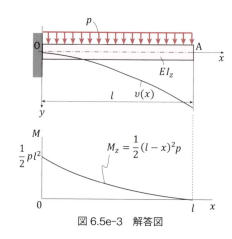

図6.5e-3　解答図

$$\theta_l = \frac{l^3}{6EI}P, \quad \upsilon_l = \frac{l^4}{8EI}P$$

$$(P = pl)$$

【別解】

式 (6.23)′ の分布荷重に関する基礎式を用いる．

$$\begin{cases} \dfrac{d^4\upsilon}{dx^4} = \dfrac{p}{EI} = \mathrm{const} \quad （式 (6.23)′ より） \\[2mm] \dfrac{d^3\upsilon}{dx^3} = \dfrac{p}{EI}\left(\displaystyle\int_0^x dx + C_1\right) = \dfrac{p}{EI}(x + C_1) \\[2mm] \dfrac{d^2\upsilon}{dx^2} = \dfrac{p}{EI}\left\{\displaystyle\int_0^x (x + C_1)\,dx + C_2\right\} = \dfrac{p}{EI}\left(\dfrac{x^2}{2} + C_1 x + C_2\right) \end{cases}$$

$$\begin{cases} \theta = \dfrac{d\upsilon}{dx} = \dfrac{p}{EI}\left\{\displaystyle\int_0^x \left(\dfrac{x^2}{2} + C_1 x + C_2\right)dx + C_3\right\} = \dfrac{p}{EI}\left(\dfrac{x^3}{6} + \dfrac{C_1 x^2}{2} + C_2 x + C_3\right) \\[2mm] \upsilon = \dfrac{p}{EI}\left(\dfrac{x^4}{24} + \dfrac{C_1 x^3}{6} + \dfrac{C_2 x^2}{2} + C_3 x + C_4\right) \end{cases}$$

左端固定端の端末条件

$$x = 0 \quad \begin{cases} \theta_0 = \dfrac{p}{EI}C_3 = 0 \qquad C_3 = 0 \\[2mm] \upsilon_0 = \dfrac{p}{EI}C_4 = 0 \qquad C_4 = 0 \end{cases}$$

右端自由端力学条件

$$x = l \quad \begin{cases} せん断力 \quad F = EI\dfrac{d^3\upsilon}{dx^3} = p(l + C_1) = 0 \\[2mm] \qquad\qquad C_1 = -l \\[2mm] モーメント \quad M = EI\dfrac{d^2\upsilon}{dx^2} = p\left(\dfrac{l^2}{2} - l^2 + C_2\right) = 0 \\[2mm] \qquad\qquad C_2 = \dfrac{l^2}{2} \end{cases}$$

したがってたわみ角，たわみは

$$\begin{cases} \theta = \dfrac{p}{EI}\left(\dfrac{x^3}{6} - \dfrac{lx^2}{2} + \dfrac{l^2 x}{2}\right) = \dfrac{p}{2EI}\left(l^2 x - lx^2 + \dfrac{1}{3}x^3\right) \\[2mm] \upsilon = \dfrac{p}{2EI}\left(\dfrac{1}{2}l^2 x^2 - \dfrac{1}{3}lx^3 + \dfrac{1}{12}x^4\right) \end{cases}$$

となり，前記の解と同一になる．

例題 6.5e-4　集中荷重を受ける単純支持はり

図 6.5e-4 に示すように任意の位置に集中荷重 P を受ける両端支持ばりの変形を求めよ.

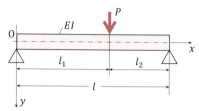

図 6.5e-4　任意の位置に集中荷重を受ける両端支持はり

【解答】

・曲げモーメント
$$\begin{cases} l_1 \text{ 区間} & M = -\dfrac{Pl_2}{l}x \\[3mm] l_2 \text{ 区間} & M = -\dfrac{Pl_1}{l}(l-x) \end{cases}$$

・たわみ角，たわみ

$$\begin{cases} \theta_1 = -\dfrac{Pl_2}{EIl}\left(\dfrac{1}{2}x^2 + C_1\right) \\[3mm] v_1 = -\dfrac{Pl_2}{EIl}\left(\dfrac{1}{6}x^3 + C_1 x + C_2\right) \end{cases} \qquad \begin{cases} \theta_2 = \dfrac{Pl_1}{EIl}\left\{\dfrac{1}{2}(x-l)^2 + C_1'\right\} \\[3mm] v_2 = \dfrac{Pl_1}{EIl}\left\{\dfrac{1}{6}(x-l)^3 + C_1'(x-l) + C_2'\right\} \end{cases}$$

・端末条件

$$\begin{cases} x=0 \text{ で } v_1 = 0 \\ x=l \text{ で } v_2 = 0 \end{cases} \quad \therefore \quad C_2 = 0, \ C_2' = 0$$

・荷重部の接続条件

$x=l_1$ で $\theta_1 = \theta_2,\ v_1 = v_2$

$C_1 = -\dfrac{1}{6}l_1(l_1 + 2l_2),\ C_1' = -\dfrac{1}{6}l_2(l_2 + 2l_1)$

$$\begin{cases} \theta_1 = \dfrac{Pl_2}{6EIl}\{l_1(l_1 + 2l_2) - 3x^2\} \\[3mm] v_1 = \dfrac{Pl_2}{6EIl}\{l_1(l_1 + 2l_2) - x^2\}x \end{cases}$$

$$\begin{cases} \theta_2 = -\dfrac{Pl_1}{6EIl}\{l_2(l_2 + 2l_1) - 3(l-x)^2\} \\[3mm] v_2 = \dfrac{Pl_1}{6EIl}\{l_2(l_2 + 2l_1) - (l-x)^2\}(l-x) \end{cases}$$

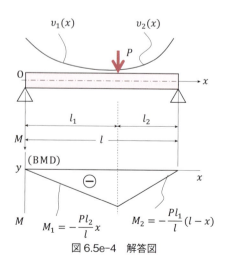

図 6.5e-4　解答図

　最大たわみは $l_1 > l_2$ では l_1 区間で生じ, その点 x_1 で最大値を取る条件から $\theta = dv/dx = 0$ となる. すなわち

$$l_1(l_1 + 2l_2) - 3x_1^2 = 0$$

となり

$$x_1 = \frac{1}{\sqrt{3}}\sqrt{l_1(l_1 + 2l_2)} = \frac{l}{\sqrt{3}}\sqrt{1 - \left(\frac{l_2}{l}\right)^2}$$

と求められる. したがって

$$v_{\max} = \frac{l_2(l^2 - l_2^2)^{\frac{3}{2}}}{9\sqrt{3}EIl}P$$

　一方はりの中央に生じるたわみ v_M は v_1 の式に $x = l/2$ を代入して

$$v_M = \frac{l_2(3l^2 - 4l_2^2)}{48EI}P$$

となる. $v_{\max}$ と v_M の比を取ると

$$\frac{v_{\max}}{v_M} = \frac{16}{3\sqrt{3}}\frac{(l^2 - l_2^2)^{\frac{3}{2}}}{l(3l^2 - 4l_2^2)} = 1 \sim 1.025$$

となり, はりの中央の変位 v_M で $v_{\max}$ を代用させても高々 2.5% の誤差にすぎない.

例題 6.5e-5　任意の位置に集中モーメント荷重を受ける両端支持はり

　図 6.5e-5 に示すような任意の位置に集中モーメント荷重を受ける両端支持はりの変形を求めよ.

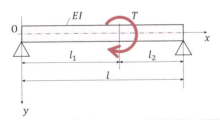

図 6.5e-5　任意の位置に集中モーメント荷重を受ける両端支持はり

【解答】

・曲げモーメント

$$
\begin{cases}
l_1\,\text{区間} & M = \dfrac{T}{l}\,x \\[2mm]
l_2\,\text{区間} & M = -\dfrac{T}{l}(l-x)
\end{cases}
$$

・たわみ角，たわみ

$$
l_1\,\text{区間}
\begin{cases}
\theta_1 = \dfrac{T}{EIl}\left(\dfrac{1}{2}x^2 + C_1\right) \\[3mm]
\upsilon_1 = \dfrac{T}{EIl}\left(\dfrac{1}{6}x^2 + C_1 x + C_2\right)
\end{cases}
\qquad
l_2\,\text{区間}
\begin{cases}
\theta_2 = \dfrac{T}{EIl}\left\{\dfrac{1}{2}(x-l)^2 + C_1{}'\right\} \\[3mm]
\upsilon_2 = \dfrac{T}{EIl}\left\{\dfrac{1}{6}(x-l)^2 + C_1{}'(x-l) + C_2{}'\right\}
\end{cases}
$$

・端末条件

$$
\begin{cases}
x=0 & \upsilon_1 = 0 \\
x=l & \upsilon_2 = 0
\end{cases}
$$

・荷重点の接続条件

$$
x = l_1, \qquad \theta_1{}' = \theta_2{}', \qquad \upsilon_1 = \upsilon_2
$$

から

$$
C_1 = \frac{1}{6}(3l_2{}^2 - l^2), \qquad C_1{}' = \frac{1}{6}(3l_1{}^2 - l^2)
$$

したがってたわみ角，たわみは

$$
l_1\,\text{区間}
\begin{cases}
\theta_1 = \dfrac{T}{6EIl}(3x^2 + 3l_2{}^2 - l^2) \\[3mm]
\upsilon_1 = \dfrac{T}{EIl}\,x(x^2 + 3l_2{}^2 - l^2)
\end{cases}
$$

$$
l_2\,\text{区間}
\begin{cases}
\theta_2 = \dfrac{T}{6EIl}\{3(x-1)^2 + 3l_1{}^2 - l^2\} \\[3mm]
\upsilon_2 = \dfrac{T}{EIl}(x-l)\{(x-l)^2 - 3l_1 - l^2\}
\end{cases}
$$

となる.

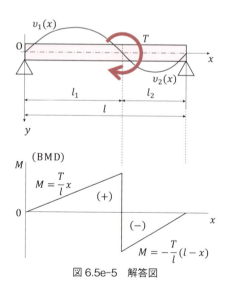

図 6.5e-5　解答図

例題 6.5e-6　全長に等分布荷重を受ける両端支持ばり

図 6.5e-6 に示すような全長に等分布荷重 p を受ける両端支持はりの変形を求めよ.

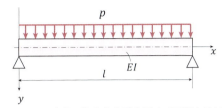

図 6.5e-6　全長に等分布荷重を受ける両端支持はり

【解答】

・曲げモーメント

$$M = \frac{p}{2}(x^2 - lx)$$

・たわみ角，たわみ

$$\begin{cases} \theta = \dfrac{p}{2EI}\left(\dfrac{1}{3}x^3 - \dfrac{1}{2}lx^2\right) + C_1 \\ v = \dfrac{p}{12EI}\left(\dfrac{1}{2}x^4 - lx^3\right) + C_1 x + C_2 \end{cases}$$

・端末条件

$$\begin{cases} x = 0 & v = 0 \\ x = l & v = 0 \end{cases}$$

$$C_2 = 0, \qquad C_1 = \frac{l^2 p}{24EI}$$

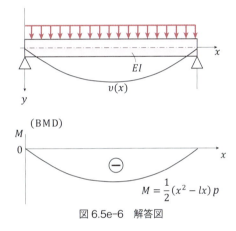

図 6.5e-6　解答図

したがって，たわみ角とたわみは

$$\begin{cases} \theta = \dfrac{p}{24EI}(4x^3 - 6lx^2 + l^3) \\ v = \dfrac{p}{24EI}x(x^3 - 2lx^2 + l^3) \end{cases}$$

となる. $v_{\max}$ は，はりの中央 $x = \dfrac{1}{2}$ に，また $\theta_{\max}$ は両端に生じる.

6.5.2 ◆ 曲げを受ける不静定はりのたわみの計算

　不静定はりの問題では，支点反力の数が平衡条件式の数よりも多いために支点反力を平衡条件

のみから求めることはできない．そこでまず端末条件を緩和して余剰の，つまり不静定次数に対応する支点反力を見かけ上の荷重と見なして静定はりの問題に変換する．ここでこの余剰の支点反力の大きさはわからないので，大きさが未知の荷重として残しておく．変換された静定はりの問題は解けて，たわみやたわみ角が求められるが，荷重と見なした支点反力は未知数として含まれている．しかる後に緩和した端末条件を再び実際の端末条件として与えることによって未知の支点反力を求め，最終的にたわみやたわみ角を計算することができる．すなわち次のような手順を取り，最終的にたわみ，たわみ角を計算することができる．

[不静定はりのたわみ計算手順]

① 不静定はりの不静定次数 s（$=r-n$，r：支点反力，n：平衡条件式数）に対応する端末条件を緩和して静定はりの問題（静定はりの基本問題）に変換する．

② 緩和した端末条件に対応する支点反力の大きさは未知として変数のまま扱う．

③ 静定はりの基本問題を解き，緩和した端末条件のたわみ，たわみ角を未知の支点反力を含んだ形で計算する．

④ 求められた緩和した端末条件のたわみ，たわみ角に実際の端末条件を与えて未知の支点反力を求める．

⑤ 求められた未知の支点反力を代入してたわみ，たわみ角を計算する．

上記の計算手順に従って次の例題 6.5e-7 を解いてみよう．

例題 6.5e-7 任意の点に集中荷重を受ける両端固定はりのたわみ

図 6.5e-7 に示すような任意の点に集中荷重を受ける両端固定はりのたわみを計算せよ．

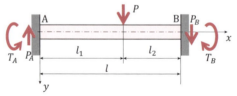

図 6.5e-7 任意の点に集中荷重を受ける両端固定はり

【解答 1】 両端支持はりを静定基本はりに選んだ場合

① 不静定次数は $s=r-n=4-2=2$ であるので左端 A，右端 B の回転に関する拘束を緩和して次のような両端支持はりの問題として扱う．

② 左端 A，右端 B の支点反力モーメント T_A，T_B を作用する荷重と見なす．

③ はりのたわみ角とたわみは例題 6.5e-5 の結果において

$$T = T_A \quad (l_1 = 0, \ l_2 = l)$$
$$T = T_B \quad (l_1 = l, \ l_2 = 0)$$

とし，かつ例題 6.5e-4 の結果を重ね合せることによって

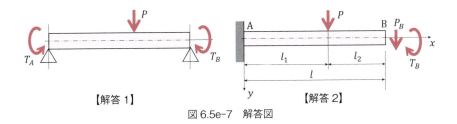

【解答 1】　　　　　　　　　　　　　　　　【解答 2】

図 6.5e-7　解答図

l_1 区間

たわみ角

$$\theta_1 = \frac{T_A}{6EIl}\{3(x-l)^2 - l^2\} + \frac{T_B}{6EIl}(3x^2 - l^2) + \frac{Pl_2}{6EIl}\{l_1(l_1 + 2l_2) - 3x^2\} \tag{a}$$

たわみ

$$v_1 = \frac{T_A}{6EIl}(x-l)\{(x-l)^2 - l^2\} + \frac{T_B}{6EIl}x(x^2 - l^2) + \frac{Pl_2}{6EIl}\{l_1(l_1 + 2l_2) - x^2\}x \tag{b}$$

l_2 区間

たわみ角

$$\theta_2 = \frac{T_A}{6EIl}\{3(x-l)^2 - l^2\} + \frac{T_B}{6EIl}(3x^2 - l^2) + \frac{Pl_2}{6EIl}\{l_2(l_2 + 2l_1) - 3(l-x)^2\} \tag{c}$$

たわみ

$$v_2 = \frac{T_A}{6EIl}(x-l)\{(x-l)^2 - l^2\} + \frac{T_B}{6EIl}(3x^2 - l^2) - \frac{Pl_2}{6EIl}\{l_2(l_2 + 2l_1) - 3(l-x)^2\} \tag{d}$$

④　実際に左端 A，右端 B のたわみ角 θ_1，θ_2 は固定されていて 0 となるので上記(a)，(c)式から

$$T_A = -\frac{l_1 l_2^2}{l^2}P \tag{e}$$

$$T_B = \frac{l_1^2 l_2}{l^2}P \tag{f}$$

が求められる．得られた(e)，(f)を(a)～(d)に代入すれば各区間のたわみ角とたわみを計算することができる．

【解答 2】　片持はりを静定基本はりに選んだ場合

①　右端 B の端末条件たわみ，たわみ角を緩和して上図のような片持はりを静定基本はりとする．
②　右端 B の支点反力 P_B と支点反力モーメント T_B を荷重と見なす．
③　例題 6.5e-2 の結果と例題 6.5e-1 の結果を重ね合せると次のようになる．

区間 l_1
たわみ角

$$\theta_1 = \frac{l^2}{EI}\left\{\frac{x}{l} - \frac{1}{2}\left(\frac{x}{l}\right)^2\right\}P_B + \frac{l}{EI}\left(\frac{x}{l}\right)T_B + \frac{P}{EI}\left(lx - \frac{x^2}{2}\right) \tag{a}'$$

たわみ

$$\upsilon_1 = \frac{l^3}{2EI}\left\{\left(\frac{x}{l}\right)^2 - \frac{1}{3}\left(\frac{x}{l}\right)^3\right\}P_B + \frac{l}{2EI}\left(\frac{x}{l}\right)^2 T_B + \frac{P}{EI}\left(\frac{lx^2}{2} - \frac{x^3}{6}\right) \tag{b}'$$

区間 l_2
たわみ角

$$\theta_2 = \frac{l^2}{EI}\left\{\frac{x}{l} - \frac{1}{2}\left(\frac{x}{l}\right)^2\right\}P_B + \frac{l}{EI}\left(\frac{x}{l}\right)T_B + \frac{P}{EI}\left(ll_1 - \frac{l_1^2}{2}\right) \tag{c}'$$

たわみ

$$\upsilon_2 = \frac{l^3}{2EI}\left\{\left(\frac{x}{l}\right)^2 - \frac{1}{3}\left(\frac{x}{l}\right)^3\right\}P_B + \frac{l^2}{2EI}\left(\frac{x}{l}\right)^2 T_B + \frac{Pl_2}{EI}\left(ll_1 - \frac{l_1^2}{2}\right) \tag{d}'$$

＊荷重 P によって l_2 の区間は剛体変位でたわみ角は一定.

④　右端 B $(x = l)$ のたわみ，たわみ角は固定端であるので 0 となり

$$\frac{l^2}{EI}\left(1 - \frac{1}{2}\right)P_B + \frac{l}{EI}\,T_B + \frac{P}{EI}\left(ll_1 - \frac{l_1^2}{2}\right) = 0 \tag{e}'$$

$$\frac{l^3}{2EI}\left(1 - \frac{1}{3}\right)P_B + \frac{l^2}{2EI}\,T_B + \frac{Pl_2}{EI}\left(ll_1 - \frac{l_1^2}{2}\right) = 0 \tag{f}'$$

$$P_B = \frac{l_1^2(3l_2 + l_1)}{l^2}\,P \tag{g}'$$

$$T_B = \frac{l_1^2 l_2}{l^2}\,P \tag{h}'$$

が求められる.

⑤　この P_B, T_B を(a)′〜(d)′に代入すればたわみ角，たわみを計算することができる.

例題 6.5e-8　任意の点に集中荷重を受ける固定-支持はり

図 6.5e-8 に示すように任意の点に集中荷重 P を受ける固定-支持はりのたわみを計算せよ.

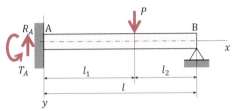

図 6.5e-8　任意の点に集中荷重を受ける固定–支持はり

【解答】

① 不静定次数 s は $s=3-2=1$ であるので左端 A のたわみ角の拘束を緩和して両端支持はりの静定はりの基本問題として扱う．

② 左端の支点反力モーメント T_A を荷重とみなす．（値は未知）

③ 例題 6.5e-4 と例題 6.5e-5 の結果を重ね合せる．ただし例題 6.5e-5 では $l_1=0$，$l_2=l$ と考えたたわみ角，たわみを計算する．

l_1 区間

たわみ角

$$\theta_1 = \frac{T_A}{6EIl}\{3(x-l)^2-l^2\} + \frac{Pl_2}{6EIl}\{l_1(l_1+2l_2)-3x^2\} \qquad (a)$$

たわみ

$$v_1 = \frac{T_A}{6EIl}(x-l)\{(x-l)^2-l^2\} + \frac{Pl_2}{6EIl}\{l_1(l_1+2l_2)-x^2\}x \qquad (b)$$

l_2 区間

たわみ角

$$\theta_2 = \frac{T_A}{6EIl}\{3(x-l)^2-l^2\} - \frac{Pl_1}{6EIl}\{l_2(l_2+2l_1)-3(l-x)^2\} \qquad (c)'$$

たわみ

$$v_2 = \frac{T_A}{6EIl}(x-l)\{(x-l)^2-l^2\} - \frac{Pl_1}{6EI}\{l_2(l_2+2l_1)-(l-x)^2\}(l-x) \qquad (d)'$$

④ 左端 $(x=0)$ におけるたわみ角 θ_1 は 0 であるので

$$2l^2T_A + l_1l_2(l_1+2l_2)P = 0$$

$$\therefore \quad T_A = -\frac{l_1l_2(l_1+2l_2)}{2l^2}P$$

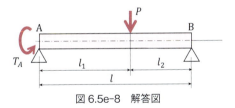

図 6.5e-8　解答図

と未知の支点反力モーメント T_A を求めることができる.

⑤　この T_A を(a)〜(d)に代入するとたわみ角,たわみを計算することができる.

例題 6.5e-9　全長に等分布荷重を受ける固定–支持はり

図 6.5e-9 に示すような全長にわたって等分布荷重を受ける固定–支持はりのたわみを計算せよ.

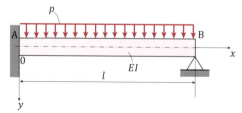

図 6.5e-9　全長に等分布荷重を受ける固定–支持はり

【解答】

①　不静定次数 s は $s = 3 - 2 = 1$ であるので右端 B の変位の拘束を緩和して片持はりを静定基本はりと考える.

②　右端 $(x=0)$ の反力 P_B を荷重とみなす(値は未知)

③　曲げモーメント M の分布は

$$M = \frac{1}{2}(l-x)^2 p + (l-x)P_B$$

基礎式 (6.25) (6.26) から

$$
\begin{cases}
\text{たわみ角}\quad \theta = \dfrac{1}{EI}\left\{\dfrac{1}{2}\left(\dfrac{1}{3}x^3 - lx^2 + l^2 x\right)p + \left(lx - \dfrac{1}{2}x^2\right)P_B + C_1\right\} \\[3mm]
\text{たわみ}\quad\ \ v = \dfrac{1}{EI}\left\{\dfrac{1}{2}\left(\dfrac{1}{12}x^4 - \dfrac{l}{3}x^3 + \dfrac{l^2}{2}x^2\right)p + \left(\dfrac{1}{2}lx^2 - \dfrac{1}{6}x^3\right)P_B + C_1 x + C_2\right\}
\end{cases}
$$

④　端末条件

$$x=0 \ \text{で}\ \theta = 0, \quad v = 0$$
$$x=l \ \text{で}\ v = 0$$

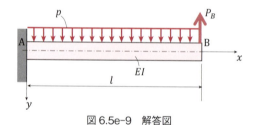

図 6.5e-9　解答図

を代入すると, $C_1 = 0$, $C_2 = 0$, $P_B = -(3/8)lp$ と求められる.

⑤　これらを(a), (b)に代入するとたわみ角 θ, たわみ υ を計算することができる.

6.6
曲げを受けるはりのたわみの計算に関する補足

　上記 6.5 節では, たわみと断面力との関係を表す基礎の微分方程式による基本的な方法によってたわみを計算する方法を示した. はりのたわみを計算するために知っておくと便利な他のいくつかの解法として

① 重ね合せの原理による解法

② 相反定理による解法

③ モールの定理による解法

④ カスチリアーノの定理による解法

などがある. ここでは①, ③について簡単に例題とともに紹介しよう. なお④のカスチリアーノの定理による解法については後の第 10 章の弾性ひずみエネルギーの箇所で少し詳しく説明する.

6.6.1 ◆ 重ね合せの原理による解法

　6.5 節の中でも線形系の特徴である重ね合せの原理に基づく解法を示した. 重ね合せの原理に基づき, 簡単な静定はりの解法結果を活用することで複雑な問題を比較的容易に解くことができることを以下に示そう. 静定はりの問題で最も簡単で利用価値の高い解析結果は, 片持はりの先端に集中荷重 P, 集中モーメント荷重 T, 全長にわたって一様な分布荷重 p が作用する表 6.5 に示す解析結果である. 例題 6.6e-1〜6.6e-3 の例題において表 6.5 の結果を活用して解を求めてみよう.

表 6.5　集中荷重 P, 集中モーメント荷重 T, 一様分布荷重 p を受ける片持ちはりのたわみ υ とたわみ角 θ

荷重	荷重状態	たわみ角 θ	たわみ υ	やわさ s[注6][注7] こわさ k
集中モーメント荷重		$\left(\dfrac{l}{EI}\right)T$	$\left(\dfrac{l^2}{2EI}\right)T$	$s_\theta = \dfrac{l}{EI}$, $s_\upsilon = \dfrac{l^2}{2EI}$ $k_\theta = \dfrac{EI}{l}$, $k_\upsilon = \dfrac{2EI}{l^2}$
集中荷重		$\left(\dfrac{l^2}{2EI}\right)P$	$\left(\dfrac{l^3}{3EI}\right)P$	$s_\theta = \dfrac{l^2}{2EI}$, $s_\upsilon = \dfrac{l^3}{3EI}$ $k_\theta = \dfrac{2EI}{l^2}$, $k_\upsilon = \dfrac{3EI}{l^3}$
分布荷重		$\left(\dfrac{l^3}{6EI}\right)p$	$\left(\dfrac{l^4}{8EI}\right)p$	$s_\theta = \dfrac{l}{6EI}$, $s_\upsilon = \dfrac{l^3}{8EI}$ $k_\theta = \dfrac{6EI}{l}$, $k_\upsilon = \dfrac{8EI}{l^3}$

(注6) やわさ：$\theta = S_\theta T$, $\upsilon = S_\upsilon T$, $\theta = S_\theta P$, $\upsilon = S_\upsilon P$
　　　こわさ（バネ定数）：$P = k_\theta \theta$, $P = k_\theta \theta$, $P = k_\upsilon \upsilon$
　　　k_υ は直線バネ定数, k_θ は曲げバネ定数を表す

(注7) 先端集中荷重 P', 集中モーメント荷重 T' として分布荷重を $P' = pl$, $T' = Pl$ と表現した.

例題 6.6e-1　任意の荷重点における片持はりのたわみと先端のたわみ角，たわみ

　図 6.6e-1 に示すような任意の点に集中荷重を受ける片持はりの荷重点および先端のたわみ角，たわみを計算せよ．

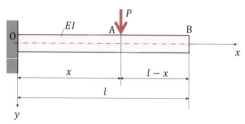

図 6.6e-1　任意の点に荷重を受ける片持ちはり

【解答】

　A 点のたわみ角 θ_A，たわみ v_A は表 6.5 から直ちに

$$\theta_A = \frac{x^2}{2EI}P, \quad v_A = \frac{x^3}{3EI}P$$

と求められる．先端 B のたわみ角 θ_B，たわみ v_B，は AB 間が無荷重区間であるので AB 間は剛体的な変位しか生じず，たわみ角 θ_B，たわみ v_B は以下のようになる．

$$\theta_B = \frac{x^2}{2EI}P$$

$$v_B = v_A + l\theta_A = \frac{x^3}{3EI}P + l\frac{x^2}{2EI}P = \frac{1}{EI}\left(\frac{x^3}{3} + \frac{lx^2}{2}\right)P$$

例題 6.6e-2　2 つの点に集中荷重を受ける片持はりのたわみ角とたわみ

　図 6.6e-2 に示すような 2 つの点 A，B にそれぞれ集中荷重を受ける片持はりの先端 B のたわみ角 θ_B，たわみ v_B を求めよ．

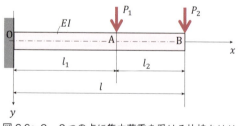

図 6.6e-2　2 つの点に集中荷重を受ける片持ちはり

【解答】

　前問と同じように考える．A 点に作用するせん断力は次頁図(b)に示すように A 点の P_1 と先

(a)

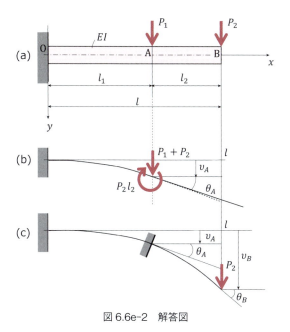

(b)

(c)

図 6.6e-2　解答図

端 B の P_2 の和，すなわち $P_1 + P_2$ となり，A 点には P_2 による曲げモーメント $P_2 l_2$ も作用する．
したがって A 点に生じるたわみ角，たわみは同図(b)を参照して表 6.5 より

$$
\begin{cases}
\theta_A = \dfrac{l_1}{EI}(l_2 P_2) + \dfrac{l_1^{\,2}}{2EI}(P_1 + P_2) = \dfrac{1}{EI}\left\{ \dfrac{l_1^{\,2}}{2} P_1 + \left(l_1 l_2 + \dfrac{l_1^{\,2}}{2} \right) P_2 \right\} \\[3mm]
\upsilon_B = \dfrac{l_1^{\,2}}{2EI}(l_2 P_2) + \dfrac{l_1^{\,3}}{3EI}(P_1 + P_2) = \dfrac{1}{EI}\left\{ \dfrac{l_1^{\,3}}{3} P_1 + \left(\dfrac{l_1^{\,2} l_2}{2} + \dfrac{l_1^{\,3}}{3} \right) P_2 \right\}
\end{cases}
$$

となる．図(c)を参照すると先端 B のたわみ角，たわみは次のようになる．

$$
\phi_B = \phi_A + \dfrac{l_2^{\,2}}{2EI} P_2 = \dfrac{1}{EI}\left\{ \dfrac{l_1^{\,2}}{2} P_1 + \left(l_1 l_2 + \dfrac{l_1^{\,2}}{2} \right) P_2 \right\} + \dfrac{l_2^{\,2}}{2EI} P_2 = \dfrac{1}{EI}\left\{ \dfrac{l_1^{\,2}}{2} P_1 + \left(l_1 l_2 + \dfrac{l_1^{\,2}}{2} + \dfrac{l_2^{\,2}}{2} \right) P_2 \right\}
$$

$$
\upsilon_B = \upsilon_A + l_2 \theta_A + \dfrac{l^3}{3EI} P_2
$$

$$
= \dfrac{1}{EI}\left\{ \dfrac{l_1^{\,3}}{3} P_1 + \left(\dfrac{l_1^{\,2} l_2}{2} + \dfrac{l_1^{\,3}}{3} \right) P_2 \right\} + \dfrac{1}{EI}\left\{ \dfrac{l_1^{\,2} l_2}{2} P_1 + \left(l_1 l_2^{\,2} + \dfrac{l_1^{\,2} l_2}{2} \right) P_2 \right\} + \dfrac{l^3}{3EI} P_2
$$

$$
= \dfrac{1}{EI}\left\{ \left(\dfrac{l_1^{\,3}}{3} + \dfrac{l_1^{\,2} l_2}{2} \right) P_1 + \left(\dfrac{l_1^{\,3}}{3} + l_1^{\,2} l_2 + l_1 l_2^{\,2} \right) P_2 \right\}
$$

6.6.2 ◆ モールの定理によるはりの解法

曲げモーメント $M(x)$ を受けるはりにおいて，曲率 C：

$$
C = \dfrac{M}{EI} = \dfrac{1}{\rho}\left(= \dfrac{d\theta}{dx} = \dfrac{d^2 \upsilon}{dx^2} \right)
\tag{a}
$$

の長手方向の分布を示した線図（図 6.7(a)）は，曲率線図（curvature diagram）と呼ばれる．さて，あるはりにおける曲率線図が与えられて，上記(a)式より出発し任意の基準断面（ここでは簡単のため，これを $x=0$ の断面に取る）におけるたわみ角 θ_0，たわみ v_0 を境界値として任意点 x の θ，v を求める過程と，一方，分布荷重 $p(x)$ を受けるはり（図 6.7(b)）において，式に示した基礎式：

$$p=\frac{dF}{dx}=\frac{d^2M}{dx^2} \tag{b}$$

より出発し，基準断面（$x=0$）におけるせん断力 F_0，曲げモーメント M_0 を境界値として任意断面 x の F，M を求める過程と，この 2 つの解析過程を以下に比較してみる．

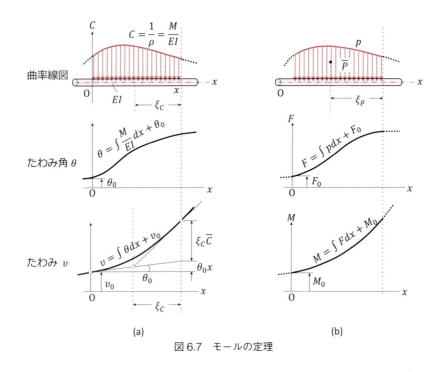

図 6.7　モールの定理

基礎式：$C = \dfrac{M}{EI} = \dfrac{d\theta}{dx} = \dfrac{d^2 v}{dx^2}$,

$$\therefore \begin{cases} \text{たわみ角：} \theta = \theta_0 + \displaystyle\int \dfrac{M}{EI}\, dx, \\[2ex] \text{たわみ：} v = v_0 + \theta_0 x + \displaystyle\iint \dfrac{M}{EI}\, dx dx. \end{cases}$$

［図 6.7（a）参照］

$\displaystyle\int \dfrac{M}{EI}\, dx = \bar{C} = \text{O} \sim x$ 間の曲率線図面積

$\displaystyle\iint \dfrac{M}{EI}\, dx dx = \xi_C \bar{C} = \text{O} \sim x$ 間の曲率線図面積の x 点における垂直線に関する面積モーメント[注8]

ここに ξ_C は面積 $\bar{C}$ の図心の x 断面よりの距離（図 6.7（a））.

$\begin{cases} \text{たわみ角：} \theta = \theta_0 + \bar{C}, \\ \text{たわみ：} v = v_0 + \theta_0 x + \xi_C \bar{C}. \end{cases}$

基礎式：$p = \dfrac{dF}{dx} = \dfrac{d^2 M}{dx^2}$,

$$\therefore \begin{cases} \text{せん断力：} F = F_0 + \displaystyle\int p dx, \\[2ex] \text{曲げモーメント：} M = M_0 + F_0 x + \displaystyle\iint p dx dx. \end{cases}$$

［図 6.7（b）参照］

$\displaystyle\int p dx = \bar{P} = \text{O} \sim x$ 間の分布荷重図面積（O $\sim x$ 間の全分布荷重）.

$\displaystyle\iint p dx dx = \xi_p \bar{P} = \text{O} \sim x$ 間の分布荷重の x 点に関する合モーメント[注8].

ここに ξ_p は面積 $\bar{P}$ の図心の x 断面よりの距離（図 6.7（b））.

$\begin{cases} \text{せん断力：} F = F_0 + \bar{P}, \\ \text{曲げモーメント：} M = M_0 + F_0 x + \xi_p \bar{P}. \end{cases}$

　上記右側の断面力 F，M に対する式は，力学的に見て当然の関係にすぎないが，左側に記した表現ははりにおける曲率線図とたわみ角 θ，たわみ v との間の関係の新しい解釈を与えるものである．この関係は発見者の名をとって**モールの定理**（Mohr's theorem）と呼ばれ，つぎのように要約される．

[モールの定理（Mohr's theorem）]
① はりのある区間における曲率線図の面積は，その区間におけるたわみ角の変化に等しい．
② はりの弾性曲線において，ある区間の左端における接線に対する右端のたわみは，その区間の曲率線図面積の右端を通る垂直線に関する面積モーメントに等しい．
③ はりの弾性曲線の，ある区間の両端における接線は，その区間の曲率線図面積の図心を通る垂直線上で交わる．

（注8）この解釈は，数学的には部分積分を用いて，つぎのように証明される：

$$\iint f(x)\, dx dx = \int_0^x \int_0^\xi f(\xi)\, d\xi d\xi = \int_0^x u(\xi)\, d\xi = \left[u(\xi)\xi - \int \xi f(\xi)\, d\xi \right]_0^x$$
$$= x\int_0^x f(\xi)\, d\xi - \int_0^x \xi f(\xi)\, d\xi = \int_0^x (x - \xi) f(\xi)\, d\xi.$$

この最後の表現は，O $\sim x$ 区間の曲線 $f(x)$ と x 座標軸との間の面積の，x 端における垂線に関する面積モーメントを与える式にほかならない．

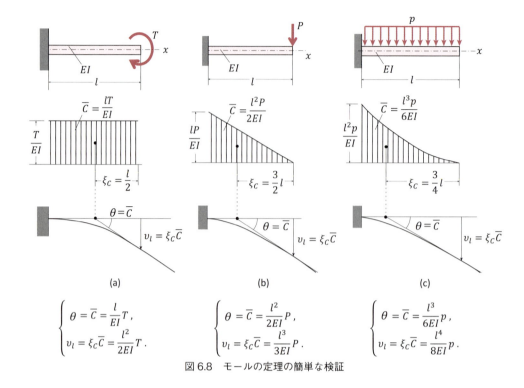

$$\begin{cases} \theta = \overline{C} = \dfrac{l}{EI}T\,, \\ v_l = \xi_c\overline{C} = \dfrac{l^2}{2EI}T\,. \end{cases} \qquad \begin{cases} \theta = \overline{C} = \dfrac{l^2}{2EI}P\,, \\ v_l = \xi_c\overline{C} = \dfrac{l^3}{3EI}P\,. \end{cases} \qquad \begin{cases} \theta = \overline{C} = \dfrac{l^3}{6EI}p\,, \\ v_l = \xi_c\overline{C} = \dfrac{l^4}{8EI}p\,. \end{cases}$$

図 6.8　モールの定理の簡単な検証

検証例として，簡単な例題を例題 6.6e-3 に示す．ここに得られた結果を読者自ら確認されたい．

例題 6.6e-3　段付き片持ちはりのモールの定理による解析

図 6.6e-3 に示すような段付片持はりが集中荷重 P_1, P_2 を受けている．A，B，C 点における
たわみ角，たわみをモールの定理により求めよ．

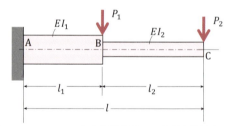

図 6.6e-3　2 つの集中荷重を受ける段付き片持ちはり

【解答】

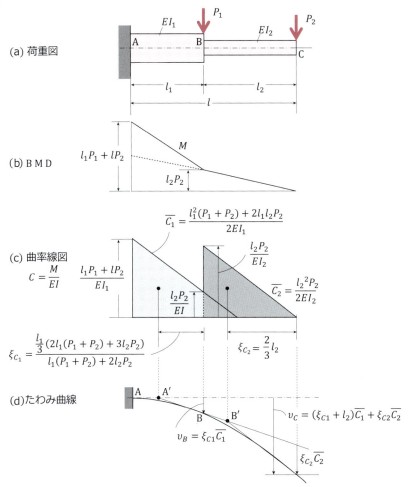

(a) 荷重図

(b) B M D

(c) 曲率線図

$$C = \frac{M}{EI}$$

$$\overline{C_1} = \frac{l_1^2(P_1 + P_2) + 2l_1l_2P_2}{2EI_1}$$

$$\overline{C_2} = \frac{l_2^2 P_2}{2EI_2}$$

$$\xi_{C_1} = \frac{\dfrac{l_1}{3}(2l_1(P_1 + P_2) + 3l_2P_2)}{l_1(P_1 + P_2) + 2l_2P_2}$$

$$\xi_{C_2} = \frac{2}{3}l_2$$

(d)たわみ曲線

$$v_B = \xi_{C1}\overline{C_1}$$

$$v_C = (\xi_{C1} + l_2)\overline{C_1} + \xi_{C2}\overline{C_2}$$

図 6.6e-3　解答図　モールの定理による段付き片持ちはりの解析

6.7
平等強さのはり，組合せはり

6.7.1 ◆ 平等強さのはり

はりに作用する曲げモーメントの長手方面の分布 $M_z(x)$ に応じて断面係数 $Z_b(x)$ を変化させて

$$\sigma_{\max} = \frac{M_Z(x)}{Z_b(x)} = \text{const.} \tag{6.27}$$

とすることができる．実際に先端に集中荷重 P を受けている片持はりの厚さ $h(x)$ を変化させて断面係数 $Z_b(x)$ を調整して式（6.27）が成立するようにする．すなわち，

$$\sigma_{\max} = \frac{M_Z(x)}{Z_b(x)} = \frac{Px}{bh^2(x)/6} = \text{const.} \tag{6.28}$$

$$\frac{Px}{bh^2(x)/6} = \frac{Pl}{bh^2/6} \tag{6.29}$$

したがって

$$h(x) = h\sqrt{(x/l)} \tag{6.30}$$

となる．高さ方向の関数 $h(x)$ は放物線となる[注9]．

材料の破壊基準として最大垂直応力 $\sigma_{\max}$ を想定すると，このはりは長手方向（x 方向）に沿って最大垂直応力 $\sigma_{\max}$，つまり**強度**（strength）が等しくなるので**平等強さのはり**（beam of uniform strength）と呼ばれる．実際の構造等にも応用されている[2]．

次表6.6に平等強さのはりの例をまとめておく．

表6.6　平等強さのはり

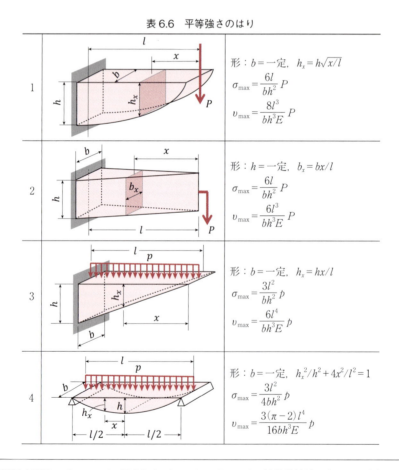

	形：$b = $ 一定，$h_x = h\sqrt{x/l}$　　$\sigma_{\max} = \dfrac{6l}{bh^2}P$　　$v_{\max} = \dfrac{8l^3}{bh^3 E}P$
1	
2	形：$h = $ 一定，$b_x = bx/l$　　$\sigma_{\max} = \dfrac{6l}{bh^2}P$　　$v_{\max} = \dfrac{6l^3}{bh^3 E}P$
3	形：$b = $ 一定，$h_x = hx/l$　　$\sigma_{\max} = \dfrac{3l^2}{bh^2}p$　　$v_{\max} = \dfrac{6l^4}{bh^3 E}p$
4	形：$b = $ 一定，$h_x^2/h^2 + 4x^2/l^2 = 1$　　$\sigma_{\max} = \dfrac{3l^2}{4bh^2}p$　　$v_{\max} = \dfrac{3(\pi-2)l^4}{16bh^3 E}p$

（注9）この問題は冒頭のプロローグで紹介したガリレオ・ガリレイの新科学対話の中で既に取扱われており，下図のように体積を 1/3 取除くことができ，33%の重さを減らす，軽量化ができることが示されている（今野・日田訳，ガリレオ・ガリレイ『新科学対話（上）』岩波書店，P. 197〜P. 199）．

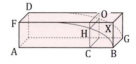

6.7.2 ◆ 組合せはり

　材質の異なる複数のはり部材を重ねて，その接触面でずれを生じないように十分な強度で接着したはりは組合せはり（composite beam）と呼ばれている．ここでは簡単のために図 6.9 に示すような長手方向の x 軸に直交する下方の y 軸に対して対称面を有する組合せはりを対象にする．いま図 6.9(a) のような n 個のはりからなる組合せはりに x 軸方向の軸力 F_x と曲げによる曲げモーメント M_z が作用している同図(b)のような場合を考えてみよう．

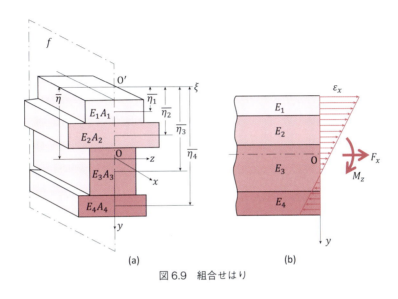

(a)　　　　　　　　　　　　　(b)

図 6.9　組合せはり

　対称軸上の全体の図心軸に相当する点 O を原点に選び図のように y 軸，z 軸を取る．軸力 F_x の作用による x 軸方向の垂直ひずみを $\bar{\varepsilon}_x$ とすると x 軸方向の垂直ひずみ ε_x は，さらに曲げによる成分も加わり

$$\varepsilon_x = \bar{\varepsilon}_x - \frac{y}{\rho} \tag{6.31}$$

となる．ここに $1/\rho$ は曲率である．O が図心軸であるので

$$\sum_i \int_{A_i} y \, dA_i = 0 \tag{6.32}$$

となる．軸力 F_x，曲げモーメント M_z は式 (6.32) を考えると次式で表される．

$$F_x = \int \sigma_x \, dA = \int E_i \left(\bar{\varepsilon}_x - \frac{y}{\rho} \right) dA = \bar{\varepsilon}_x \sum_{i=1}^{n} E_i A_i - \frac{1}{\rho} \sum_{i=1}^{n} E_i \int_{A_i} y \, dA_i = \bar{\varepsilon}_x \overline{EA} \tag{6.33}$$

$$M_z = -\int y \sigma_x = -\int E_i \left(\bar{\varepsilon}_x - \frac{y}{\rho} \right) y \, dA = -\bar{\varepsilon}_x \sum_{i=1}^{n} E_i \int y \, dA_i + \frac{1}{\rho} \sum_{i=1}^{n} E_i \int_{A_i} y_i^2 \, dA_i = \frac{1}{\rho} \sum_{i=1}^{n} E_i I_i = \overline{EI} \frac{1}{\rho} \tag{6.34}$$

ここに

$$
\begin{cases}
\overline{EA} = \displaystyle\sum_{i=1}^{n} E_i A_i \quad (\text{等価伸び剛性}) \\[2mm]
\overline{EI} = \displaystyle\sum_{i=1}^{n} E_i I_i \quad (\text{等価曲げ剛性})
\end{cases}
\tag{6.35}
$$

である．式（6.33），式（6.34）は，組合せはりの問題は等価な伸び剛性 $\overline{EA}$ と等価な曲げ剛性 $\overline{EI}$ を有する，単一はりの問題に置き換えられることを示している．

したがって x 軸より y の距離にある点の断面上の重直応力 σ_x は

$$
\sigma_x = \frac{E_i}{\overline{EA}} F_x - \frac{E_i}{\overline{EI}} M_z y
\tag{6.36}
$$

となる．$F_x = 0$ のときは

$$
\sigma_x = -\frac{E_i}{\overline{EI}} M_z y
\tag{6.37}
$$

となる．複合はりの中立軸の y 座標を $\overline{\eta}$ とすれば，η の位置にある点との差 $\eta - \overline{\eta}$ に対する垂直応力は 0 となるので次式が成立する．

$$
\sum_{i=1}^{n} E_i \int_{A_i} (\eta - \overline{\eta}) \, dA_i = \sum_{i=1}^{n} E_i \int_{A_i} \eta \, dA_i - \overline{\eta} \sum E_i \int_{A_i} dA_i = \sum_{i=1}^{n} E_i A_i \overline{\eta}_i - \overline{\eta} \sum_{i=1}^{n} E_i A_i = 0
\tag{6.38}
$$

ここで $\overline{\eta}_i$：断面 i の図心の x 軸からの距離である．
したがって図心軸 $\overline{\eta}$ は

$$
\overline{\eta} = \frac{\displaystyle\sum_{i=1}^{n} E_i A_i \overline{\eta}_i}{\displaystyle\sum_{i=1}^{n} E_i A_i} \quad \left(\overline{\eta}_i = \int_{A_i} 7 \, dA_i / A_i \right)
\tag{6.39}
$$

によって求められる．断面の主軸は y と $\overline{\eta}$ の距離にある中立軸が断面の主軸となる．

なお明らかなように，たわみの計算は等価な曲げ剛性を有する単純はりのたわみを求めることによって可能となる．

まとめると組合せはりの問題は，式（6.35）で求められる等価な伸び剛性と等価な曲げ剛性を用いることによって単一部材で構成されているはりの場合と同様な形で，垂直方向の応力は式（6.36）式で，また伸びや曲げによるたわみも同様な形で計算できる．

第 6 章 演習問題

[1] 図に示すような Ⅰ 形の均一断面はりが両端で支持されている．このはりは自重を含めて 1000 [kN] の荷重を受けている．
　　　スパン中央の $x = 2.5$ [m] の箇所に負荷できる最大の集中荷重 P の大きさを求めよ．ただし許容曲

げ応力 σ_a の大きさを 12 [kN] とする．

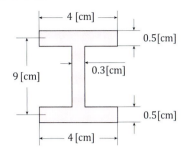

[2] 図のように左端がオーバーハングした曲げ剛性 EI の 2 点 A，B で支持された厚さ h のはりがある．左端 C に集中荷重 P_1 が，AB の中点 C に集中荷重 P_2 が作用するとき

① 曲げモーメント図（BMD）を描け．

② 引張り最大応力が生じる場所と大きさを求めよ．ただし $P_1 > P_2$ とする．

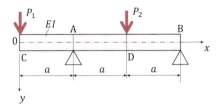

[3] 図のように長さ l，厚さ h，曲げ剛性 EI の単純支持はりが総重量 W の三角形状の分布荷重を受けている．このとき

① 曲げモーメント線図（BMD）を描け．

② 最大圧縮応力の生じる点とその大きさを求めよ．

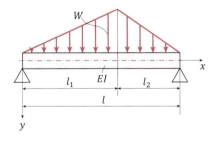

[4] 図のように均一な分布荷重 q を部分的に受けている長さ l，厚さ h，曲げ剛性 EI の片持はりがある．

① 曲げモーメント線図（BMD）を描け．

② 最大応力の生じる点とその大きさを求めよ．

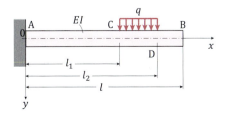

［5］図のように長さ l，厚さ h，曲げ剛性 EI の左端支持右端固定のはりの中央部 C に集中荷重 P を受けている．このとき，

① 曲げモーメント線図（BMD）を描け．

② 最大引張り荷重が生じる点とその大きさを求めよ．

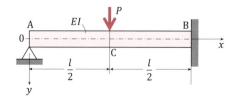

［6］荷重を受けている曲げ剛性 EI，長さ L，厚さ h の両端支持ばりのたわみ形状 $v(x)$ が $v(x) = 2\sin(\pi x/L) + 3\sin(\pi x/2L)$ の形で表すことができるとき以下の問に答えよ．

① たわみ形状が端末条件を満足していることを確かめよ．

② 曲率を計算せよ．

③ 図心軸から η の距離にあるひずみの長手方向の分布 $\varepsilon(x)$ を求めよ．

④ 中央の点（$x = L/2$）の断面方向の応力分布を図示せよ．

［7］図のように長さ l，曲げ剛性 EI の両端支持ばりの $x = a$ のところに集中曲げモーメント荷重 T が加わっている．このとき以下の①～③を求めよ．

① せん断力線図（SFD）

② 曲げモーメント線図（BMD）

③ C 点の応力状態

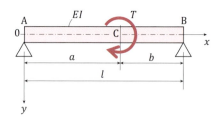

［8］図のように長さ l，曲げ剛性 EI のはりが，C 点 D 点で単純に支持され，両端 A，B にそれぞれ P_1，P_2 の荷重が加っている．区間 CD 間において曲げモーメントが一様になるための l_1 を求めよ．

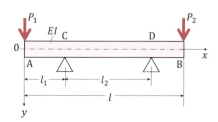

［9］ 上記［8］の問題で $P_1 = P_2$ の場合の C 点の断面における垂直応力 σ_x の分布を求めよ．

［10］ 上記［8］の問題で $P_1 = P_2$ の場合の 0 点のたわみを計算せよ．

［11］ 図のように長さ l，曲げ剛性 EI の両端支持ばりに左右から l_1 の点の C 点 D 点に集中荷重をかけた場合の C 点のたわみを求めよ．

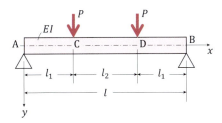

［12］ 図のように l_1 の長さの AC 部分に一様な部分荷重を受けている長さ l，曲げ剛性 EI の片持はりがある．C 点のたわみを計算せよ．

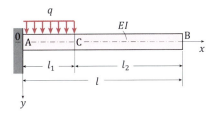

［13］ 図のように長さ l，曲げ剛性 EI の片持はりに三角状の分布荷重 $q = (q_0 x)/l$ を受けているとき，はりのたわみ $v(x)$ を求めよ．

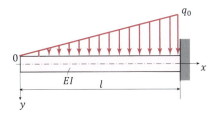

［14］ 図のように長さ l，曲げ剛性 EI の両端固定ばりの C 点に集中荷重 P が加っているときたわみ $v(x)$ を求めよ．

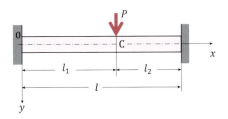

[15] 図のように長さ l，曲げ剛性 EI の両端固定ばりの全長にわたり分布荷重 q が加っているときのたわみ v を求めよ.

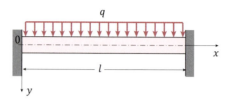

[16] 図のように両端がオーバーハングしている支持ばりの両端に荷重 P がそれぞれ加わっている．このはりの中央点 M のたわみ v_M をモールの定理によって求めよ.

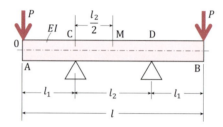

[17] 表6.6において，先端に集中荷重 P を受け高さが一定で幅が変化する，2の平等強さのはりの幅の分布 $b(x)$ を求めよ.

[18] 表6.6において，全長にわたって等分布荷重 p を受け幅が一定で厚さが変化する，4の平等強さはりの高さ分布 $h(x)$ を求めよ.

[19] 長さ l，幅 b，厚さ $h/2$ の長方形断面の棒は下表に示す A 材と B 材が接着されている．温度を一様に $T°C$ だけ上昇させるときに生じるたわみの曲率半径を求めよ.

材料	縦弾性係数	線膨張係数
A	E_1	α_1
B	E_2	$\alpha_2 \ (>\alpha_1)$

[20] 図のように両端単純支持された木材の下部に鋼板を接着したはりの中央で荷重 P を受けている．このとき木材ならびに鋼板に生じる最大曲げ応力 σ_w，σ_s を求めよ．ただし $l=2$ [m]，$h=20$ [cm]，$b=12$ [cm]，$t=1.5$ [cm] とし木材，鋼板の従弾性係数を $E_w=8$ [GPa]，$E_s=210$ [GPa]，荷重 $P=19.6$ [kN] とする．

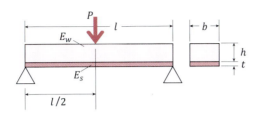

第II編

材料力学特論
Advanced Mechanics of Material

第7章

圧縮を受ける細長い棒状部材（柱）の座屈

OVERVIEW

　圧縮を受ける細長い棒状部材は柱（column）と呼ばれて多くの構造物に使用されている．細長い柱は圧縮荷重が増加すると当初の静止安定状態からたわみ変形を伴う別の安定状態に移行する．この現象は座屈（buckling）と呼ばれ，構造物の設計の際に検討される重要な現象である．本章では座屈現象をまず説明した後，柱の座屈問題の解析方法を示して例題を通して説明を行う．

レオンハルト・オイラー
（Leonhard Euler）
1707年～1783年，スイス

・数学者，物理学者，天文学者
・オイラー図，オイラー数，オイラー積分
・オイラーの公式，オイラー等式，オイラーの五角数定理
・オイラーの定数，オイラーの定理（数論），オイラーのϕ関数
・オイラー標数，オイラーの分割恒等式，オイラー法
・オイラー予想

　本章では建物等に多く使われている圧縮を受ける棒状部材，すなわち柱の座屈（buckling）と呼ばれる現象について説明する．圧縮荷重が増大してゆくと柱は元の直線状の安定状態から曲がった安定状態へ移行する．この現象は座屈（buckling）と呼ばれる．座屈は柱，曲がりばり，円筒や浅いシェルなどにも生じ，構造の設計時には強度の検討とともに座屈が生じるかどうかの検討も重要となる．ここでは柱の座屈の基礎的な概念とその解析法について述べる．

鳥取県西部地震で見られたブレース材の座屈現象

出典：http://www.archi.hiro.kindai.ac.jp/lecdocument/zairyorikigaku/zairiki

7.1
弾性安定状態と座屈

　荷重が加わった弾性材は荷重が増大すると元の平衡状態から別の平衡状態へ移行することがしばしば観測される．

　簡単な例として，まず図 7.1(a) に示すようなコイルバネで支持された剛体の棒を考えてみよう．同図 (b) に示しているように圧縮荷重 P を増加させてゆくと A 点までは垂直で姿勢を維持しているが，それ以上の荷重が加わると棒は左あるいは右に傾いた姿勢で安定（stable）状態となる．A 点は分岐点であるのでこの現象は分岐座屈（bifurcation buckling）と呼ばれる．この現象は単

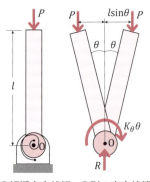

①初期安定状態　②別の安定状態

(a)

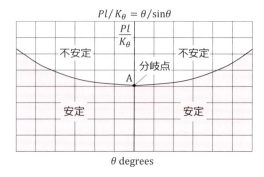

角度 θ と荷重 P の関係

(b)

図 7.1　座屈（分岐座屈）

に座屈（buckling）とも呼ばれることも多い.

　また図7.2(a)に示すような弾性棒（柱）の先端に圧縮荷重を加えてその値を増加させてゆくと同図(b)に示すようなA点までは柱はまっすぐな変形モードを取り，さらに荷重が増すと曲がった変形モードを取る．どちらの状態も安定状態となる．図7.1，図7.2の例で左の安定状態に移るか，右の安定状態に移るかは左右が全く対称の状態では定まらず，実際には初期の僅かな左右の対称性の崩れから決まることが多い.

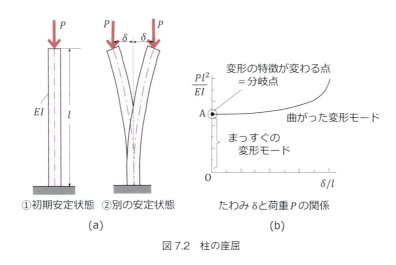

図7.2　柱の座屈

　次に図7.3(a)に示すような剛体棒が垂直と水平のスライダーで支えられ，水平端はバネで支持され，垂直端に下方に向かう荷重Pを受けている系を考える．荷重を増してゆくと棒の変位角は①のような曲線に沿って増加するがB点に到達すると，いきなり②のD点に飛び移る．この現象は飛び移り座屈［snap（through）buckling］と呼ばれる現象で詳しくは述べないが図(c)の4)のBC，CDに沿う曲線上の柱の状態は不安定（unstable）となる．弾性体でもこのような現象は生じる．例えば図7.4(a)には中央に荷重を受ける両端固定アーチの荷重–変位曲線と軸力–変位曲線を示し，同図(b)にはアーチの凸部が逆になる飛び移り現象を示す[1]．浅いアーチやシェルなどでもこのような飛び移り座屈現象が見られる.

7.2 構造物のいろいろな形態の座屈

　本章では圧縮を受ける棒状部材，すなわち柱の座屈に関して主として述べるが，表7.1に示すように，対象構造物，弾性域/塑性域，全面/局所，静荷重/動荷重などの相違によっていろいろな形態の座屈が生じる[2][3].

　図7.5は地震（動荷重）を受けた液体貯槽（円筒シェル）の局所的な塑性座屈モード，(a)ダイヤモンド型，(b)象の脚型を示す.

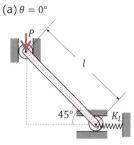

(a) $\theta = 0°$

1) 初期安定状態

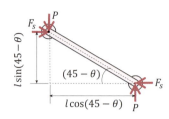

(b) $0° < \theta < 45°$

2) 安定状態

$$\frac{P}{K_l l} = (\cos(45 - \theta) - \cos 45)\tan(45 - \theta) \quad 0 < \theta < 45$$

$$\frac{P}{K_l l} = (\cos(\theta - 45) - \cos 45)\tan(\theta - 45) \quad 45 < \theta$$

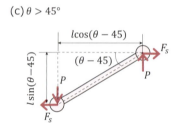

(c) $\theta > 45°$

3) 別の安定状態

4) 角度 θ と荷重 P の関係

図 7.3　座屈（飛び移り現象）

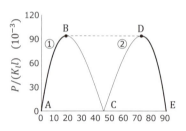

(a) 荷重 − 変位曲線と軸力 − 変位曲線

(b) 飛び移り現象

図 7.4　中央に荷重を受ける両端固定のアーチ（飛び移り現象）

表 7.1　いろいろな形態の座屈[2]

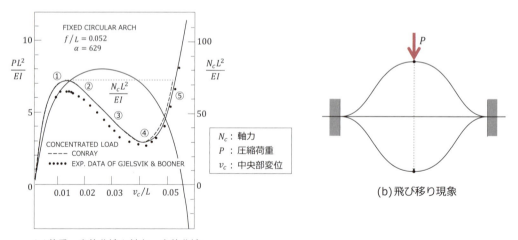

対象構造物	①柱　②アーチ ③板　④シェル ⑤骨組み　さまざまな座屈モードが存在
座屈の生ずる領域	①弾性域　②塑性域　③弾塑性域
座屈の範囲	①全面　　②局所
荷重	①静荷重　②動荷重

（a）液体貯槽のダイヤモンド型座屈　　　　　（b）液体貯槽の象の脚型座屈

図 7.5　液体貯槽の座屈例[(4)]

7.3
柱の座屈問題の解析

　ここでは柱の座屈問題の良く知られた理論としてオイラーの座屈理論を取り上げてその解析法を説明しよう．

7.3.1 ◆ 柱の座屈問題の基礎式

　図 7.6(a)に示すような先端の自由端に圧縮荷重を受け，他端は固定されている柱を考えると荷重 P の増加とともに同図の破線に示すような別の安定状態に移行する，いわゆる座屈を生じる．同図(b)には座屈現象を解析するために圧縮荷重を受けて柱に曲げ変形（たわみ）が生じた状態を示す．ここで注意すべきは(b)図は，一般的なたわみ状態を示しており，(a)図のような一端固定，多端自由の境界条件に特に左右されない，すなわち任意の境界条件に対応できる状態である．

　図 7.6(b)で，微小要素 δx の下端に関するモーメントは平衡状態にあるので

$$\frac{dM_z}{dx}\delta x + \left(F_y + \frac{dF_y}{dx}\delta x\right)\delta x - \left(F_x + \frac{dF_x}{dx}\delta x\right)\frac{dv}{dx}\delta x = 0 \tag{7.1}$$

となる．最後の項は要素が $(dv/dx)\delta x$ だけ上端で傾きによる変位によって軸力 F_x の積分との積によるモーメントである．式 (7.1) で二次微小量を省略すれば

$$\frac{dM_z}{dx} + F_y - F_x\frac{dv}{dx} = 0$$

となり，次式が導かれる．

$$\frac{dM_z}{dx} = -F_y + F_x\frac{dv}{dx} \tag{7.2}$$

曲げ変形時のたわみと曲げモーメントの関係は，軸力の有無にかかわらず式（6.22）に示すように次の式（7.3）が成立する．したがって，せん断力 F_y，分布荷重に関する基礎式は式（3.3），（3.4）を参照すると式（7.4），（7.5）となり，次式（7.3）～式（7.5）が，軸力が作用した場合の曲げ変形の基礎式となる．

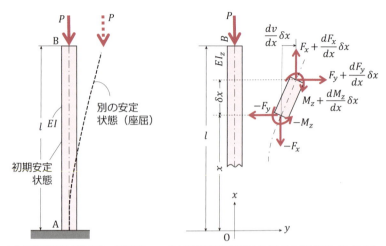

(a)圧縮荷重を受ける一端固定   (b)圧縮荷重を受ける柱の曲率変形（たわみ）
　　他端自由の柱の変形　　　　　　　　（境界条件は任意）
図 7.6　圧縮荷重を受ける柱の変形

$$\begin{cases} \text{曲げモーメント} \quad M_z = EI_z \dfrac{d^2 v}{dx^2} & \text{(7.3)} \\[2.5ex] \text{せん断力} \qquad F_y = -\dfrac{dM_z}{dx} + F_x \dfrac{dv}{dx} = -\dfrac{d}{dx}\left(EI_z \dfrac{d^2 v}{dx^2}\right) + F_x \dfrac{dv}{dx} & \text{(7.4)} \\[2.5ex] \text{分布荷重} \qquad p_y = -\dfrac{dF_y}{dx} = \dfrac{d^2}{dx^2}\left(EI_z \dfrac{d^2 v}{dx^2}\right) - \dfrac{d}{dx}\left(F_x \dfrac{dv}{dx}\right) & \text{(7.5)} \end{cases}$$

一様な曲げ剛性（$EI_z = EI =$ 一定）の場合には，$F_x = -P$（圧縮荷重）を考慮すると次の簡単な基礎式が得られる.

$$\begin{cases} M = EI \dfrac{d^2 v}{dx^2} & \text{(7.3)}' \\[2.5ex] F = -EI \dfrac{d^3 v}{dx^3} - P \dfrac{dv}{dx} & \text{(7.4)}' \\[2.5ex] p = EI \dfrac{d^4 v}{dx^4} + P \dfrac{d^2 v}{dx^2} & \text{(7.5)}' \end{cases}$$

　したがって柱の座屈問題の解析は式 (7.3)～(7.5) を基礎式として行われる. はりのたわみの計算と同様に多くの場合には式 (7.3) の曲げモーメントあるいは式 (7.5) の分布荷重の基礎式を用いて解析が行われる.

7.3.2 ◆ 端末条件

　表 7.2 に代表的な柱の支持形態とその端末条件を示す. 表中では v：たわみ，θ：たわみ角，F：せん断力，M：曲げモーメントを表している.

表 7.2　代表的な柱の支持形態と端末条件

	1. 固定-自由	2. 支持-支持	3. 固定-支持	4. 固定-滑動
支持形態	P 自由 EI l 固定	P 支持 支持	P 支持 固定	P 滑動 固定
端末条件	$v(0)=0$ $\theta(0)=v'(0)=0$ $V(l)=0$ $M(l)=0$	$v(0)=0$ $M(0)=0$ $v(l)=0$ $M(l)=0$	$v(0)=0$ $\theta(0)=0$ $v(l)=0$ $M(l)=0$	$v(0)=0$ $\theta(0)=0$ $v(l)=0$ $F(l)=0$

7.3.3 ◆ 固有値問題

　式 (7.3) の曲げモーメントの基礎式を用いる場合と式 (7.5) の分布荷重の基礎式を用いる場合のいずれの解析方法でも端末条件を与えると固有値問題に帰着する．図 7.7 に示す両端支持の柱を例に取り，二つの解法を説明しよう．

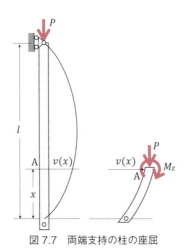

図 7.7　両端支持の柱の座屈

（1）両端支持の柱の座屈解析・曲げモーメントを基礎式に取った場合

　図 7.7 から x の断面には軸力のみしか断面力は存在しないので A 点における曲げモーメントのつりあい式は $M_z + Pv = 0$ となる．したがって

$$EIv'' + Pv = 0 \tag{7.6}$$

が成立する．この式を整理すると

$$v'' + \frac{P}{EI} v = v'' + \lambda^2 v = 0 \tag{7.7}$$

となる．ここに $\lambda^2 = P/(EI)$ である．式 (7.7) は固有値問題となり，その一般解は

$$v = A \sin \lambda x + B \cos \lambda x \tag{7.8}$$

となる[注1]．

　ここで端末条件：

$$v(0) = 0, \quad v(l) = 0 \tag{7.9}$$

を考慮すると

$$v(0) = C_1 \sin(0) + C_2 \cos(0) = 0 \qquad \therefore \quad C_2 = 0$$
$$v(l) = C_1 \sin(\lambda l) + C_2 \cos(\lambda l) = 0 \qquad \therefore \quad C_1 \sin(\lambda l) = 0$$

となり固有方程式は

$$\sin(\lambda l) = 0 \tag{7.10}$$

となる．

　式 (7.10) を満足する λl は

$$\lambda l = n\pi \quad (n = 1,\ 2,\ \cdots) \tag{7.11}$$

と求められる．すなわち座屈荷重 P_B は

$$P_B = \frac{n^2 \pi^2 EI}{l^2} \quad (n = 1,\ 2,\ \cdots) \tag{7.12}$$

となり，通常の場合，最低次の $n\ (=1)$ が実際に起こる座屈荷重となる．

（2）両端支持の柱の座屈解析・分布荷重を基礎式に取った場合

　x の断面には軸力 P のみしか存在せず，分布荷重は作用していないので式 (7.6) から基礎式は

$$EIv'''' + Pv'' = 0 \tag{7.13}$$

となる．ここでも $\lambda^2 = P/(EI)$ とおくと

$$v'''' + \lambda^2 v'' = 0 \tag{7.14}$$

の形になる．式 (7.14) の一般解は

$$v = C_1 \sin(\lambda x) + C_2 \cos(\lambda x) + C_3 x + C_4 \tag{7.15}$$

（注1）　$v = \bar{v} e^{sx}$ と置き，式 (7.7) に代入すると $(s^2 + \lambda^2) \bar{v} e^{sx} = 0$ となり，$s = \pm \lambda_i$（固有値）が求まる．オイラーの公式から $v = C_1 \cos \lambda x + C_2 \sin \lambda x$ の形となる．

となる$^{(注2)}$.

　ここで端末条件

$$v(0)=0, \quad v(l)=0 \tag{7.16}$$
$$M=EIv''(0)=0 : F=EIv'''(l)=0 \tag{7.17}$$

を式 (7.15) に与える．ここで幾何学的な端末条件に加えて$x=0$, $x=l$で曲げモーメント$M=EIv''$が0となる力学的端末条件も考慮して4つの端末条件を与えていることに注意されたい$^{(注3)}$.

　端末条件を与えた結果は

$$\begin{cases} C_2+C_4=0 \\ -\lambda^2 C_2=0 \\ C_1\sin(\lambda l)+C_2\cos(\lambda l)+lC_3+C_4=0 \\ -C_1\alpha^2\sin(\lambda l)-\alpha_2 C_2\cos(\lambda l)=0 \end{cases} \tag{7.18}$$

となり，固有方程式は式 (7.18) の係数マトリクスの行列式から

$$\begin{vmatrix} 0 & 1 & 0 & 1 \\ 0 & -\lambda^2 & 0 & 0 \\ \sin(\lambda l) & \cos(\lambda l) & l & 1 \\ -\lambda^2\sin(\lambda l) & -\lambda^2\cos(\lambda l) & 0 & 0 \end{vmatrix}=0$$

となり，

$$\lambda^4\sin\lambda l=0 \tag{7.19}$$

式 (7.10) と同一の式が得られる．

　上記(1)，(2)を比較すると(1)の曲げモーメントを基礎式にした解法は解析が簡単になるが他の境界条件の場合（表7.2の1，3，4）などでは，柱の下端におけるモーメントが0とならないのでその考慮がそのつど必要となる．一方(2)の分布荷重を基礎式にする場合は他の境界条件の場合（表7.2の1，3，4）でも分布荷重は0となるので統一的に扱うことができる．

7.3.4 ◆ 柱の座屈問題の他の端末条件の場合の解析例

　柱の座屈問題の他の代表的な解析例として例題 7.3e-1 に一端固定―他端自由の柱の解析を，例題 7.3e-2 に一端固定-他端支持の柱の解析例を示す．いずれも曲げモーメントを基礎式とする場合と分布荷重を基礎式にする二つの解法について比較のために示す．

（注2）$v=e^{st}$とおき特性方程式を導くと$s^4+\lambda^2 s^2=s^2(s^2+\lambda^2)=0$となる．したがって特性根$s$は，$s=0$（重根），$\pm\lambda i$となる．$\pm\lambda i$から$C_1\sin\lambda x+C_2\cos\lambda x$が，重根の$s=0$から$C_3 x+C_4$が求められる．
（注3）式 (7.15) の一般解には4つの未知係数$C_1\sim C_4$が含まれるために，その決定には4つの端末条件が必要である．一方式 (7.8) の場合には二つの未知係数を含むために二つの端末件を与えるだけで未知係数を決定することができる．

例題 7.3e-1　一端固定–他端自由の柱の座屈解析

　表 7.2 に示す圧縮荷重 P を受ける一端固定–他端自由の柱の座屈荷重を求めよ.

（1）曲げモーメントを基礎式とする場合
・曲げモーメントの式

$$EIv'' + Pv = Pv(l) \tag{a}$$

・端末条件

$$\begin{cases} v(0) = 0 \\ \theta(0) = v'(0) = 0 \end{cases} \tag{b}$$

・固有値問題

　式(a)は非斉次の微分方程式であるので一般解は斉次方程式 $EIv'' + Pv = 0$ の解： $v_c = A \sin \lambda x + B \cos \lambda x$ と特解 $v_p = v(l)$ の和として $v = v_c + v_p$ の形で求められる.

　端末条件(b)を一般解 $v = A \sin(\lambda x) + B \cos(\lambda x) + v(l)$ に代入すると

$$\cos(\lambda l) = 0 \tag{c}$$

となる. これを満足する λl は $\lambda l = \pi/2$ となり $\lambda l = \sqrt{\dfrac{P}{EI}} \cdot l = \pi/2$ から座屈荷重は以下となる.

$$P_B = \frac{\pi^2 EI}{4l^2} \tag{d}$$

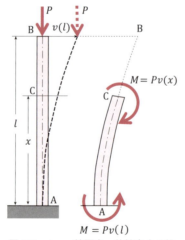

図 7.3e-1　一端固定，他端自由の柱

（2）分布荷重を基礎式に取った場合
・分布荷重の式

$$EIv'''' + Pv'' = 0 \tag{e}$$

・端末条件

$$\begin{cases} \upsilon(0)=0, \ \ \theta(0)=\upsilon'(0)=0 \\ M=EI\upsilon''(l)=0, \ \ F=EI\upsilon''' l + P\upsilon'(l) \end{cases} \tag{f}$$

・固有値問題

　端末条件(f)を一般解

$$\upsilon = C_1 \sin(\lambda x) + C_2 \cos(\lambda x) + C_3 x + C_4$$

に代入すると

$$\begin{cases} C_2 + C_4 = 0 \\ \lambda C_1 + C_3 = 0 \\ -\lambda^2 \sin(\lambda l) - \lambda^2 \cos(\lambda l) = 0 \\ \lambda^2 C_3 = 0 \end{cases} \tag{g}$$

となり

$$\begin{vmatrix} 0 & 1 & 0 & 1 \\ \lambda & 0 & 1 & 0 \\ -\lambda^2 \sin(\lambda l) & -\lambda^2 \cos(\lambda l) & 0 & 0 \\ 0 & 0 & \lambda^2 & 0 \end{vmatrix} = 0 \tag{h}$$

から

$$\lambda^5 \cos(\lambda l) = 0$$

となり，式(c)と同一となる.

例題 7.3e-2　　一端固定–他端支持の柱の座屈解析

　表 7.2 に示す圧縮荷重 P を受ける一端固定–他端支持の柱の座屈荷重を求めよ.

（1）曲げモーメントを基礎式に取った場合

・曲げモーメントの式

$$EI\upsilon'' + P\upsilon = R_B(l-x) \tag{a}$$

・端末条件

$$\begin{cases} \upsilon(0)=0 \\ \theta(0)=\upsilon'(0)=0 \\ \upsilon(l)=0 \end{cases} \tag{b}$$

・固有値問題

　基礎式(a)を下記の形に整理をする.

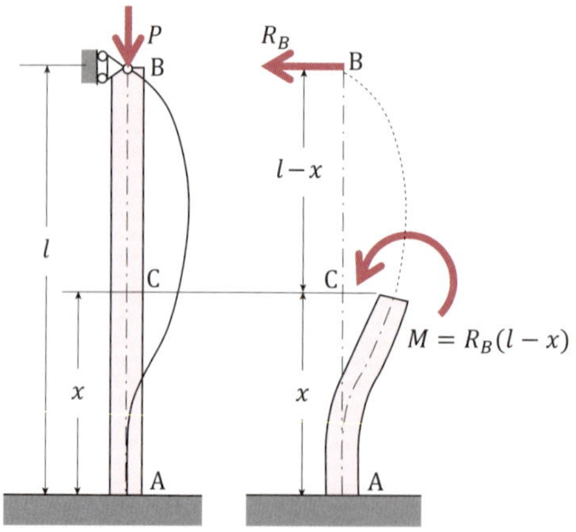

図7.3e-2　一端固定，他端支持の柱

$$v'' + \lambda^2 v = \lambda^2 \left(\frac{R_B}{P} \right) (l - x) \tag{c}$$

式(c)は非斉次の微分方程式であるので，その一般解 v は斉次方程式：

$$v_c'' + \lambda^2 v_c = 0 \tag{d}$$

の解 v_c と式(e)を満たす特解 v_P の和，$v = v_c + v_P$ となる．したがって基礎式は次式となる．

$$v_P'' + \lambda^2 v_P = \lambda^2 \left(\frac{R_B}{P} \right) (l - x) \tag{e}$$

v_P を $v = c(l - x)$ と仮定して式(e)に代入して係数 c の値を求めると $c = R_B/P$ となる[注4]．したがって式(c)の一般解は次の式で書くことができる．

$$v = v_c + v_P = A \sin(\lambda x) + B \cos(\lambda x) + \frac{R_B}{P}(l - x) \tag{f}$$

ここで式(b)の第1の端末条件を考えると次式が得られる．

$$v(0) = B + \frac{R_B l}{P} = 0 \qquad \therefore \quad B = -\frac{R_B l}{P} \tag{g}$$

(b)の第2の端末条件を考えると

$$v'(0) = \lambda A - \frac{R_B}{P} = 0 \qquad \therefore \quad A = \frac{R_B}{\lambda P} \tag{h}$$

が得られ，(b) の第3の端末条件を考えると

$$v(l) = A \sin(\lambda l) + B \cos(\lambda l) = 0 \tag{i}$$

（注4）この系は不静定形で支点反力 R_B は平衡条件式からは求められない．

が成立する．式(i)に式(g)，(h)の結果を代入して整理すると

$$\tan(\lambda l) = \lambda l \tag{j}$$

の式が得られる．この式は超越方程式であるので陽な形の解は求められず，反復的に数値解を求める必要がある．λl の最小値は $\lambda l = 4.494$ となる．

（2）分布荷重を基礎式に取った場合
・基礎式と一般解

$$v'''' + \lambda^2 v'' = 0 \tag{k}$$

$$v = C_1 \sin \lambda x + C_2 \cos \lambda x + C_3 x + C_4 \tag{l}$$

・端末条件

$$\begin{cases} v(0) = 0, \ \ \theta(0) = v'(0) = 0 \\ v(l) = 0, \ \ M(l) = EIv''(0) = 0 \end{cases} \tag{m}$$

・固有値問題
　一般解の式(l)に式(m)の端末条件を代入すると

$$\begin{cases} C_2 \lambda + C_4 = 0 \\ C_1 \lambda = 0 \\ C_1 \sin(\lambda l) + C_2 \cos(\lambda l) + C_3 l + C_4 = 0 \\ -\lambda_2 C_2 = 0 \end{cases} \tag{n}$$

となり，

$$\begin{vmatrix} 0 & \lambda & 0 & 1 \\ \lambda & 0 & 0 & 0 \\ \sin \lambda l & \cos \lambda l & l & 1 \\ 0 & -\lambda_2 & 0 & 0 \end{vmatrix} = 0 \tag{o}$$

が得られ，これから

$$\tan(\lambda l) = \lambda l \tag{p}$$

の固有値 λ の決定式が得られ，この式は(1)の式(j)と同一となる．

　ここで表 7.2 に示した典型的な柱の端末条件に対する座屈解析を表 7.3 にまとめる．同表には曲げモーメントを基礎式に取る場合と分布荷重を基礎式に取る場合を併記してある．曲げモーメントを基礎式に取る場合は，これまでの例題に見たように基礎式が境界条件によって異なり，特に不静定構造の場合には支点の反力やモーメントが未知のまま含み，端末条件の考慮する必要があるが，2 階の微分方程式となるので，その扱いは簡単になる．一方，分布荷重を基礎式に取った場合には，分布荷重が存在しなければ基礎式は端末条件によらず，同一になる．また静定，不

表 7.3　柱の端末条件と座屈

項目	自由–固定	回転–回転	回転–固定	固定–固定
端末条件と座屈図形	自由 B, $x=l$, l, $x=0$, 固定 A, P	回転 B, P ／ 回転 A	回転 B, P ／ 固定 A	固定 B, P ／ 固定 A
基礎式	$EIv'' + Pv = Pv(l)$ ／ $EIv'''' + Pv'' = 0$	$EIv'' + Pv = 0$ ／ $EIv'''' + Pv'' = 0$	$EIv'' + Pv = R_B(l-x)$ ／ $EIv'''' + Pv'' = 0$	$EIv'' + Pv = R_B(l-x) \rightarrow M_B$ ／ $EIv'''' + Pv'' = 0$
端末条件	$v(0)=0$, $v'(0)=0$, $EIv''(l)=0$, $EIv'''(l)=0$	$v(0)=0$, $v(l)=0$ ／ $v(0)=0$, $EIv''(0)=0$, $v(l)=0$, $EIv''(l)=0$	$v(0)=0$, $v'(0)=0$, $v(l)=0$ ／ $v(0)=0$, $v'(0)=0$, $v(l)=0$, $EIv''(l)=0$	$v(0)=0$, $v'(0)=0$, $v(l)=0$, $v'(l)=0$
特性式	$\cos(\lambda l) = 0$	$\sin(\lambda l) = 0$	$\tan(\lambda l) = \lambda l$	$2\{1 - \cos(\lambda l)\} - \lambda l \sin(\lambda l) = 0$
座屈荷重	$P_B = \dfrac{\pi^2 EI}{4l^2}$	$P_B = \dfrac{\pi^2 EI}{l^2}$	$P_B = \dfrac{2.046\pi^2 EI}{l^2}$	$P_B = \dfrac{4\pi^2 EI}{l^2}$
固定係数	1/4	1	2.046	4
相当長さ	$2l$	l	$0.71l$	$l/2$

静定構造の区別をせずに統一的に扱うことができるが，4 階の微分方程式となるので，その扱いは少し複雑になる．

同表の中の固定係数および相当長さについて説明を加えておく．座屈荷重 P_B は，いずれも

$$P_B = n \times \frac{\pi^2 EI}{l^2}$$

の形に書くことができ，この n を固定係数（fixing constant）と呼ぶ．また座屈荷重 P_B を断面積 A で除した値：

$$\sigma_B = \frac{P_B}{A} \tag{7.20}$$

は，オイラーの座屈応力（Euler's buckling stress）と呼ばれる．この σ_B は

$$\sigma_B = \frac{P_B}{A} = \frac{n\pi^2 EI}{l^2 A} = n\pi^2 \left(\frac{i}{l}\right)^2 = \pi^2 E\left(\frac{i}{l/\sqrt{n}}\right)^2 = \pi^2 E\left(\frac{i}{l_e}\right)^2 \quad \left(i = \sqrt{\frac{I}{A}} : \text{断面二次半径}\right) \tag{7.21}$$

と変形できる．式 (7.21) の中の i/l の逆数

$$S_r = l/i \tag{7.22}$$

は，細長比（slender ratio）と呼ばれる量で柱の細長さを代表するものである．また

$$l_e = l/\sqrt{n} \tag{7.23}$$

は，両端単純支持を基準としたときの相当する長さとなるので相当長さ（equivalent ratio）と呼ばれる．この l_e で断面二次半径 i を除した値

$$S_{re} = i/l_e \tag{7.24}$$

は相当細長比（equivalent slender ratio）と呼ばれる．

以上は表 7.2 に示した柱の境界条件の下での座屈解析を述べたが，他の境界条件の柱の座屈についてもここで少し説明しておこう．簡単のために次の例題 7.3e-3 において一端固定で他端が弾性固定の柱の座屈解析について述べることにする．

例題 7.3e-3　一端固定–他端弾性固定の柱の座屈

図 7.3e-3 に示すように一端は固定され，他端は弾性的に固定されている柱の座屈解析を考えてみよう．

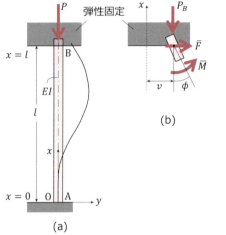

図 7.3e-3　一端固定，他端弾性固定

【解答】

　上部の弾性固定域では，弾性固定によって生じるせん断力 $\bar{F}$，曲げモーメント $\bar{M}$ の影響を受ける．重ね合わせの原理からたわみ v，たわみ角 θ は次のように書ける．

$$\begin{cases} v = \alpha_{11}\bar{F} + \alpha_{12}\bar{M} \\ \theta = \alpha_{21}\bar{F} + \alpha_{22}\bar{M} \end{cases} \tag{a}$$

ここに α_{11}，α_{12}，α_{21}，α_{22} は変位〜力，角度〜モーメントの関係を示す影響数であり，相反定理から $\alpha_{12} = \alpha_{21}$ の関係がある．

　ここで端末条件を考えると $x=0$ の固定端では

$$\begin{cases} v(0) = 0 \\ \theta(0) = v'(0) = 0 \end{cases} \tag{b}$$

が成立し，$x=l$ の弾性固定端では $\bar{F} = EI(v''' + \lambda^2 v')$，$\bar{M} = -EIv''$ の関係があるので式(b)より

$$\begin{cases} v(l) = \alpha_{11}EI\{v'''(l) + \lambda^2 v'(l)\} - \alpha_{12}EI\,v''(l) \\ \theta(l) = v'(l) = \alpha_{21}EI\{v'''(l) + \lambda^2 v'(l)\} - \alpha_{22}EIv''(l) \end{cases} \tag{c}$$

が成立する．式(c)，式(b)を分布荷重を基礎式とした一般解

$$v(x) = C_1 \sin \lambda x + C_2 \cos \lambda x + C_3 x + C_4 \tag{d}$$

に代入して固有値 λ を求めると λ は次式を満足する．

$$\begin{aligned} &\{2(1 - \cos(\lambda l)) - \lambda l \sin(\lambda l)\} + \lambda l\{\sin(\lambda l) - \lambda l \cos(\lambda l)\}\overline{\alpha_{22}} \\ &- 2(\lambda l)^2\{1 - \cos(\lambda l)\}\overline{\alpha_{12}} + (\lambda l)^3 \sin(\lambda l) \cdot \overline{\alpha_{11}} + (\lambda l)^4 \cos(\lambda l)(\overline{\alpha_{11}}\,\overline{\alpha_{22}} - \overline{\alpha_{12}}^2) = 0 \end{aligned} \tag{e}$$

が成立する．ここに $\overline{\alpha_{11}} = (EI/l^2)\alpha_{11}$，$\overline{\alpha_{12}} = (EI/l^2)\alpha_{12}$，$\overline{\alpha_{22}} = (EI/l)\alpha_{22}$ で柱自身の弾性を基準とした無次元化した影響数である．式(e)から λ の最小の固有値 $\lambda_{\min}$ を求めて座屈荷重を $P_B = \lambda_{\min}{}^2 EI$ から計算できる．

さて具体的な弾性固定としては直線バネや回転バネによる拘束があり，その際の影響数 α_{11}, $\alpha_{12}=\alpha_{21}$, α_{22} を表7.4に示す.

表7.4　具体的な弾性固定例と影響数（k：直線バネ定数，k_T：回転バネ定数）

$\alpha_{11}=1/k$	$\alpha_{11}=1/k$	$\alpha_{11}=0$	$\alpha_{11}\rightarrow\infty$
$\alpha_{12}=0$	$\alpha_{12}=0$	$\alpha_{12}=0$	$\alpha_{12}=0$
$\alpha_{22}=1/k_T$	$\alpha_{22}=0$	$\alpha_{22}=1/k_T$	$\alpha_{22}=1/k_T$

7.4 オイラーの座屈理論の適用範囲

上述の柱に関する座屈理論すなわち，オイラーの座屈理論の適用範囲を考察してみよう．図7.8は相当細長比を横軸に，オイラーの座屈応力 σ_B：

$$\sigma_B=\frac{\pi^2 E}{(l_e/i)}=\frac{\pi^2 E}{S_{re}}$$

を縦軸に取った図である．図中に参考のために鋼材の比例限度と降伏点を記入してある．すなわち降伏による材料の圧壊と座屈の両方が実際の柱の設計には問題となる．さらに圧縮圧力が比例限度を超えると材料は塑性域に入り，弾性を仮定したオイラーの理論はもはや成立しなくなる．すなわち鋼材ではオイラーの座屈理論が適用できる範囲は，相当細長比 $s_{re}=l_e/i$ が100以上（$l_e/i>100$）の範囲であることは注意すべきである．つまり柱の長さが長い，長柱と称されている柱に対して成立する理論である．

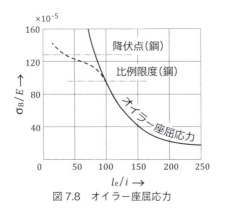

図7.8　オイラー座屈応力

　$S_{re}=l_e/i<100$ の短いはりに関しては実験値から図の破線に示すような挙動を示すことがわかっており，以下に挙げるようないくつかの σ_B を計算する実験式が提唱されている．詳しくは文献(2)を参照されたい．

① テトマイヤ（Tetmajer）の式

② ランキン（Rankin）の式

③ ジョンソン（Jhonson）の式

④ カルマン（Kármán）の式

7.5 座屈理論と実験値

　実験で座屈荷重や座屈モード等を求めると，座屈荷重の理論値と比べて大きな誤差や異なった座屈モードが得られる場合も多い．その原因は下記のいくつかの要素に影響されることが考えられる．

① 初期不整

② 支持，固定

③ 荷重方向，荷重分布

④ 材料のバラツキ

　したがって実際の構造物の座屈の計算にはこれらの要素に対して十分な検討が必要となる．

　一例として，図7.9に曲率半径 R，シェル厚 H，底面半径 s，ヤング率 E，ポアソン比 v の周辺固定の偏平シェルが単位面積当り p なる一様な静圧を受けている場合の座屈の理論値 $P_C= IEH/\{R^2(1-v^2)\}$ （古典的座屈荷重）と実験値の比較を無次元形状係数 $\Lambda=\{12(1-v^2)\}^{1/4}s/\sqrt{RH}$ の関係で同図(b)に示す．初期不整などの影響で理論値と実験値が大きく異なる結果を示している[5]．

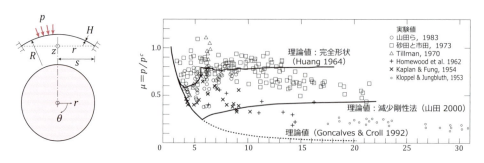

（a）外圧を受ける扁平球形シェル　　　　（b）座屈荷重に関する理論値と実験値のプロット

図7.9　外圧を受ける扁平球体シェルの理論値と実験値の比較[5]

第 7 章　演習問題

［1］表 7.3 の両端固定の場合の座屈荷重を①曲げモーメントの基礎式②分布荷重の基礎式のそれぞれを
基にして求めよ.

［2］長さ $l = 1.5$［m］の両端回転の円柱の軟鋼棒に $P = 78.4$［kN］の圧縮荷重が作用するとき座屈を生じ
ずに安全に支えられる円柱の直径を求めよ. 材料の縦弾性係数は $E = 210$［GPa］, 安全率は $S = 5$ と
せよ.

［3］上端が自由, 下端が固定の長さ $l = 5$［m］の鋳鉄の中空円柱が $P = 294$［kN］の圧縮荷重を受けてい
る. 材料の縦弾性係数 $E = 100$［GPa］, 安全率 $S = 5$, 円柱の外形を $d = 26$［cm］とするとき, 安全
に支えるための中空円柱の肉厚を求めよ.

［4］直径 d の中実円柱と, 内径 d_1, 外形 d_2 の中空円柱は, 同一材料で作られていて等しい長さ, 等し
い断面積を有しており, かつ端末条件も同一とする. $d_1/d_2 = 1/3$ となるとき座屈荷重 P_B の比を求
めよ.

［5］図のように長さ l, 曲げ剛性 EI が等しいはりをピンによって結合した構造に①引張り荷重 P ②圧縮
荷重 P が加わるとき, それぞれの座屈荷重を求めよ.

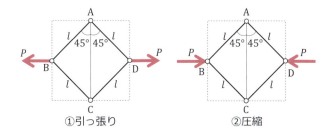

①引っ張り　　　　　　②圧縮

［6］長さ l, 曲げ剛性 EI の, 一端固定, 他端が自由の柱に偏心距離 e のところに圧縮荷
重 P を受けているとき, 柱のたわみ, 最大曲げモーメント, 座屈荷重を求めよ.

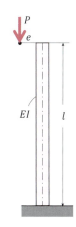

［7］図のように長さ l，曲げ剛性 EI の，一端固定，他端が自由の柱に偏心距離 e の
　　ところに圧縮荷重 P を受けている．この柱には長手方向に沿って横方向の分布
　　荷重 q も作用している．このとき座屈荷重 P_B を求めよ．

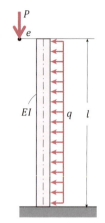

［8］図に示すような上端自由，下段が固定の段付柱がある．柱のそれぞれの
　　長さ，曲げ剛性を l_1，l_2，EI_1，EI_2 とする．この柱が圧縮荷重 P を上端
　　に受けているときの座屈荷重の算出式を求めよ．

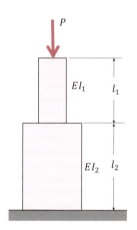

［9］図のような長さ l，曲げ剛性 EI の弾性柱の下端を固定し，上端を剛さ k のバ
　　ネで水平に支持した系を考える．上端に圧縮荷重 P を受けるとき，座屈荷重
　　を求めよ．

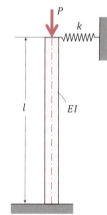

［10］図のような長さ l_1，曲げ剛性 EI_1 の横材と，長さ l_2，曲げ剛性 EI_2 の
　　縦材で構成されるラーメンの両端の柱部分に圧縮荷重 P が加わってい
　　る．このときの座屈荷重 P_B を求めよ．

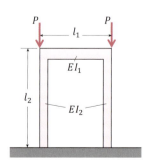

第8章

ねじりを受ける円形断面以外の棒状部材のねじり解析

8.1　円形でない断面棒のねじり変形と薄膜理論の相似性
8.2　有効断面二次極モーメント
8.3　薄膜のアナロジーによる各種断面形状のねじり時のせん断応力の解析

OVERVIEW

　本章では円形でない棒のねじり解析について説明する．円形でない棒のねじり変形については，本書の第 5 章の「ねじりを受ける棒状部材（軸）の応力，ひずみ，変形」の箇所で考察を行い，断面の平面保持がもはや成立しない，いわゆる ゆがみ面（warping surface）を生じることを示した．この問題はもはや材料力学の比較的簡単な解析手法による解析は困難であり，弾性学などの少し高度な解析が必要である．Prandtl は 1903 年に弾性学の知見に基づき円形でない断面棒のねじり問題を近似的に取り扱うことができる 薄膜の近似解法（thin film analogy）を示した．この方法は圧力を受けた薄膜の変形に基づいて，せん断応力の分布が直観的に把握できるためにエンジニアにとって想像しやすい．

リートヴィヒ・プラントル
（Ludwig Plandtl）
1875 年～1953 年，ドイツ

・物理学者
・境界層
・薄翼理論
・揚力線理論
・プラントル数

　本章では円形でない棒のねじり解析について説明する．円形でない棒のねじり変形については，本書の第 5 章の「ねじりを受ける棒状部材（軸）の応力，ひずみ，変形」の 5.1.2 項で考察を行い，断面の平面保持がもはや成立しないことを理解した．

　断面が平面保持をしない，いわゆるゆがみ面（warping surface）を生じる場合の解析は材料力学の微分方程式を基礎とする比較的簡単な解析手法では取り扱いが困難であり，弾性学などの少し高度な解析が必要である．Prandtl は 1903 年に弾性学の知見に基づき円形でない断面棒のねじり問題を近似的取り扱うことができる薄膜の近似解法（thin film analogy）を示した．この方法は圧力を受けた薄膜の変形とのアナロジーを与えるもので，せん断応力の分布が直観的に把握できるために，エンジニアにとって大きな道具となる．ここではその概要と解析例を示す．

Ⅰ型断面材のねじり変形
出典：川崎シンフォニーホール震災被害調査最終報告書，川崎市

8.1
円形でない断面棒のねじり変形と薄膜理論の相似性

　ねじりモーメントによって生ずる棒のせん断力の解析は，弾性学によると Poisson（ポアソン）の微分方程式を基に行われる．

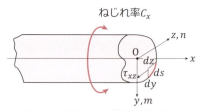

図 8.1　円形でない断面棒のねじり

　具体的には図 8.1 のように部材の図心軸を x 軸とし，それに直交する二軸，y, z を取る．ねじり問題を支配する微分方程式は ϕ を応力関数とすると下記の Poisson の方程式となる[1][2]．

$$\frac{\partial^2 \phi}{\partial y^2} + \frac{\partial^2 \phi}{\partial z^2} = \Delta\phi = -2GC_x \qquad (8.1)$$

ここに $\Delta = \partial^2/\partial y^2 + \partial^2/\partial z^2$（ラプラシアン），$G$ は横（せん断）弾性係数，C_x はねじれ率である．さらに棒の外表面は自由表面であるので境界条件

$$\tau_{xy}m + \tau_{zx}n = 0 \tag{8.2}$$

を満足しなければならない．ここで，m, n は y 方向と x 方向の方向余弦である．せん断力は下記のような ϕ を z, y で偏微分することで求められる．

$$\tau_{xy} = \frac{\partial \phi}{\partial z}, \quad \tau_{zx} = \frac{\partial \phi}{\partial y} \tag{8.3}$$

式（8.3）の関係を境界条件式（8.2）に代入すると

$$\frac{\partial \phi}{\partial z}\frac{dz}{ds} + \frac{\partial \phi}{\partial y}\frac{dy}{ds} = \frac{d\phi}{ds} = 0 \tag{8.4}$$

となる．すなわち，ϕ の境界に沿う座標 S に関する微分が 0 となるので，ϕ は境界に沿って一定値を取る必要がある．

一方，図 8.2 に示すような一様な張力 T で張られた石けん膜のような薄膜に下側から圧力 p を受けた場合の膜の任意の点 Q のふくらみの高さ $h(y, z)$ は次の微分方程式で表される．

$$\frac{\partial^2 h}{\partial y^2} + \frac{\partial^2 h}{\partial z^2} = \Delta h = -\frac{p}{T} \tag{8.5}$$

また h は境界に沿って 0 となるので

$$\frac{dh}{ds} = 0 \tag{8.6}$$

が成立する．

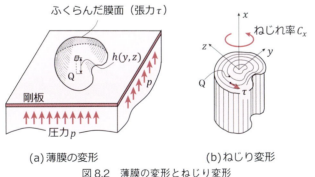

図 8.2　薄膜の変形とねじり変形

ここで注目すべきは，基礎微分方程式である式（8.1）と式（8.5）は同一の形式の微分方程式で，しかも境界条件式である式（8.4）と式（8.6）は同一形式の対応をしている．同一形式の微分方程式で表現される異なる二つの系の物理現象は一つの微分方程式の解で他方が解明できる．この場合，両系の間にはアナロジー（類推, analogy）が成立すると称される．例えば集中定数の機械系

と電気系の間においては同一形式の微分方程式で記述され，機械系の解析は電気系の解析結果を用いて行うことができることを既に第4章で示した．

　したがってねじりの問題は石けん膜（薄膜）の問題を解明することによって行うことができ，石けん膜のアナロジー（soap film analogy）と呼ばれている．

　次表8.1 にねじり問題と薄膜の問題のアナロジー関係をまとめておく．

表 8.1　ねじり問題と薄膜の問題のアナロジー関係

ねじり問題	薄膜問題
応力関数　$\phi(y,z)$	膜厚さ　$h(y,z)$
基礎微分方程式 $\dfrac{\partial^2 \phi}{\partial y^2}+\dfrac{\partial^2 \phi}{\partial z^2}=-2GC_x$	基礎微分方程式 $\dfrac{\partial^2 h}{\partial y^2}+\dfrac{\partial^2 h}{\partial z^2}=-\dfrac{p}{T}$
非斉次項　$-2GC_x$	$-\dfrac{p}{T}$
せん断力 $\tau_{xy}=\dfrac{\partial \phi}{\partial z}$ $\tau_{zx}=\dfrac{\partial \phi}{\partial y}$ $\tau=\mathrm{grad}\,\phi=\nabla\phi$	膜の傾斜 $\dfrac{\partial h}{\partial z}$ $\dfrac{\partial h}{\partial y}$ $h=\mathrm{grad}\,h=\nabla h$
ねじりモーメント　M_x	$M_x=2\displaystyle\int\phi dA=2V$（ふくらみの体積×2）
有効断面二次極モーメント　I_x'	$I_x'=\dfrac{4\displaystyle\int\phi dA}{(P/T)}=\dfrac{4V}{(P/T)}$

　なお中空棒の場合には図8.3 に示すように，中空部の断面積に相当する浮き板で膜の変形を拘束することによって同様に変形した膜の厚さ h や体積 V を求めることができる．

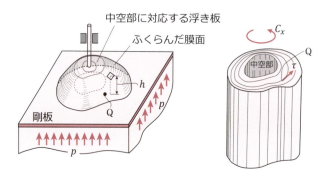

(a) 棒の中空部に相当する浮き板による　　(b) 中空断面棒のねじり変形
　　薄膜拘束と変形
図 8.3　中空部がある断面棒の薄膜によるアナロジー

8.2 有効断面二次極モーメント

　表8.1 に有効断面二次極モーメント（effective polar moment of inertia of area）という新しい

語が表れているのでここで少し説明しておこう.

円形断面棒ではねじりを加えたとき,図心軸に直交する平面は平面形状を保持することは,第5章の5.1で説明した.この場合ねじりモーメント M_x とねじれ率 C_x との関係は式 (5.3) から

$$M_x = GI_x C_x \tag{8.7}$$

の形で書ける.さらにせん断応力は式 (5.2) から

$$\tau = G\gamma = G\rho C_x \tag{8.8}$$

と表すことができる.式 (8.8) の右辺の ρ は円形断面の場合の中心からの半径である.

式 (8.7) の右辺に現れる I_x は断面二次極モーメントと呼ばれ, $I_x = I_y + I_z$ となることは既に述べた.

しかしながら円形でない断面棒のねじり変形では断面保持せずに,ゆがみ面が生ずるためにせん断応力の分布は複雑となる.その場合断面形状そのものは変化しないので,円形断面の場合のように平面内での関係を便宜的に示すことはできる.すなわち断面の平面内でのねじり率 $C_x = d\theta/dx$ は考えられる.円形断面の式 (8.7) と同様に円形でない断面棒のねじれ率 C_x を

$$C_x = \frac{M_x}{GI_x'} \tag{8.9}$$

の形で表したとき,分母の I_x' は,相当断面二次極モーメント(effective polar moment of inertia)と呼ばれる.ここで式 (8.9) の形で実際に書くことができるかは線形系の特性から予想できる.

8.3 薄膜のアナロジーによる各種断面形状のねじり時のせん断応力の解析[3]

ここでは,薄肉断面でない断面棒(実質的断面棒)と薄肉断面棒のねじり時のせん断応力を解析してみよう.

8.3.1 ◆ 実質断面棒のせん断応力

ここではまず図 8.4 に示すような(a)長方形断面(b)扇形断面(c)くの字断面の棒のねじり時の

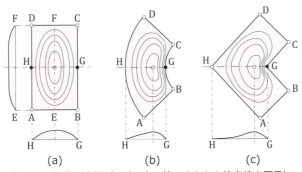

図 8.4 薄膜の変形(*h* が一定の線,すなわち等高線を図示)

せん断応力を解析するために対応する薄膜の変形を考えてみる．

　同図に示した実線は膜のふくらみの高さ $h\,(y,\,z)$ が等しい点を結んだ，いわば等高線に相当する．アナロジーによって応力関数 ϕ の値の等しい点を結んだもので，その傾斜は応力関数 ϕ の傾斜であるせん断応力に対応している（表8.1を参照）．このようなふくらみの様子は比較的容易に想像できるのでエンジニアにとってせん断応力の分布やその大きさの変化，最大値を生じる点などが直感的に把握できることは大きな意義を有する．

　図8.4から膜のふくらみの状況からせん断応力の分布や大きさに関して次のような点が予想されよう．

［膜のふくらみ状況によるせん断応力での性質］

① 　断面の凸角点→$\tau=0$

② 　断面の凹角点→$\tau\approx\infty$

③ 　断面の凸曲周辺→h の傾斜少→τ は小

　　断面の凹曲周辺→h の傾斜大→τ は大

④ 　長い周辺→$\tau\approx$const.

　すなわち図8.4の(a)ではG，H点で $\tau_{\max}$ が生じF，E点では τ は小さくなる．(b)では，G点で $\tau_{\max}$ が生じ，A〜Dに沿っては τ はほぼ一定値に近くなる．また(c)ではG点で $\tau_{\max}$ が生じ，H点では0になる．

　さらに図8.5の例に示すように $\tau_{\max}$ は内接円の接点近くに生じるものと考えられる（図8.5黒の丸点）．

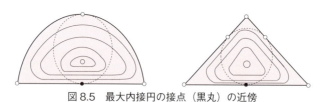

図8.5　最大内接円の接点（黒丸）の近傍

8.3.2 ◆ 薄肉断面棒のせん断応力

（1）薄肉断面棒

　図8.6に示すようないろいろな形の薄肉断面棒はその接続における局所的な形のふくらみを無視すれば長方形の薄肉断面のふくらみの寄せ集めと考えられる．

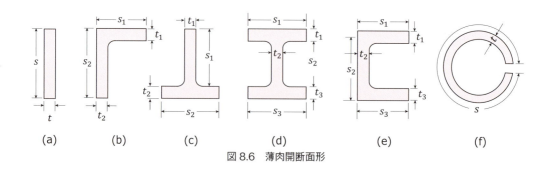

図8.6　薄肉開断面形

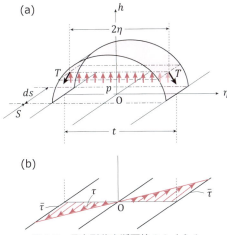

図 8.7　長方形薄肉断面棒のふくらみ

　そこで図 8.7(a) に示すような長方形の薄肉断面棒のふくらみを調べてみる．ふくらみは同図に
しめすような円柱状で長さ方向の傾斜を持たない．そこで微小長さ ds で輪切りにして幅 2η 部分
の膜の高さ h 方向の力の平衡を考える．関与してくる力としては張力 T の傾斜方向成分と膜が
受ける圧力（膜の投影面積 $2\eta ds$ に加わる圧力 p による力に相当）である．

　したがって

$$2T\frac{dh}{ds}\cdot ds + p(2\eta ds) = 0 \tag{8.10}$$

となり，

$$\frac{dh}{ds} = -\frac{p}{T}\eta \tag{8.11}$$

が導かれる．式 (8.11) を膜の周辺部 $\eta = t/2$ で $h = 0$ の境界条件の下で解くと

$$h = \frac{p}{2T}\left(\frac{t^2}{4} - \eta^2\right) \tag{8.12}$$

となり，膜の断面は放物線形状となる．したがって膜の体積 V はその両端の複雑な局所的ふく
らみを無視すれば近似的に

$$V = s\int_{\frac{-t}{2}}^{\frac{t}{2}} h\,d\eta = \frac{(p/T)}{4}\frac{st^3}{3} \tag{8.13}$$

となる．有効断面二次極モーメント I'_x は表 8.1 より

$$I'_x = \frac{st^3}{3} \tag{8.14}$$

となり，中央部から η の点のせん断応力 τ は

$$\tau = 2GC_x\eta = 2G\frac{M_x}{GI_x'}\eta = \frac{2M_x}{(st^3/3)}\eta \tag{8.15}$$

の形にかける．よって周辺 $\tau = t/2$ に生ずるせん断応力の大きさは

$$\tau_t = \frac{t}{(st^3/3)}M_x \tag{8.16}$$

と求められる．したがって図 8.6 の各種の薄肉開断面棒のねじり時のせん断応力は以下のように上述の長方形薄肉開断面棒の結果を寄せ集めたものとして求められる．

・断面二次極モーメント $\qquad I_x' = \sum_i I_{xi}' = \sum_i \frac{(s_i t_i^3)}{3} \tag{8.17}$

・せん断応力 $\qquad \tau_i = 2GC_x\eta_i = \frac{2M_x}{\sum_i (s_i t_i^3/3)}\eta_i \tag{8.18}$

・$\eta_i = t/2$ に生ずるせん断応力 $\quad \tau_{ti} = \frac{t_i}{\sum_i (s_i t_i^3/3)}M_x \tag{8.19}$

　例えば図 8.8 に示すような L 字形薄肉開断面部材の最大せん断応力分布は同図に示すように周辺が最大となるような分布を示すが C 点では大きな応力集中が生じ，その値は面取りの半径 ρ に大きく左右される．

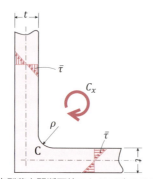

図 8.8　L 字型薄肉開断面棒のねじり時のせん断応力分布

（2）薄肉閉断面棒

　図 8.9 に示すような薄肉閉断面棒のねじり時におけるせん断応力を薄膜アナロジーによって解析を行う．この場合は中空の実質断面の場合と同様に薄肉断面で囲まれる面積領域と一致する天板で膜を拘束した際の薄膜のふくらみを基に解析を行う．

　天板で拘束した高さを $\bar{h}$，薄肉閉断面形の中心線で囲まれる面積を A とすると，ふくらみの体積 V は近似的に

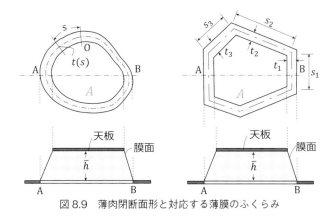

図 8.9　薄肉閉断面形と対応する薄膜のふくらみ

$$V = \bar{h} A \tag{8.20}$$

となる．開断面の薄膜の変形に比べて閉断面の変形は天板によって拘束されているために小さく，厚さ t 方向のふくらみの傾斜はほぼ一定で，高さ方向の座標を η とすると

$$\frac{dh}{d\eta} = \frac{\bar{h}}{t} \tag{8.21}$$

と表される．式 (8.21) の $\bar{h}$ に式 (8.20) の $\bar{h}$ を代入すると次式となる．

$$\frac{dh}{d\eta} = \frac{V}{At} = \frac{2V}{2At} \tag{8.22}$$

ここで中空部に対応する天板の平衡条件を考えると板には上方への圧力による荷重 PA，周辺には単位長さ当たりの張力 T の成分による荷重を受けているので

$$PA = \oint (Tdh/d\eta) \cdot ds = T\bar{h} \int \frac{1}{t(s)} \, ds \quad \left(= T\bar{h} \sum_i (s_i/t_i) \right) \tag{8.23}$$

が成立する．ここに s は高さの中心部に向かう座標である．式 (8.20) と式 (8.23) から $\bar{h}$ を消去すると表 8.1 に示す有効断面二次極モーメント I_x' は

$$I_x' = \frac{4V}{(p/T)} = \frac{4A^2}{\displaystyle\oint \frac{1}{t(s)} \, ds} \quad \left(= \frac{4A^2}{\displaystyle\sum_i (s_i/t_i)} \right) \tag{8.24}$$

となる．せん断応力は，周辺に沿ってねじりの方向に循環するように生じ厚さ方向にほとんど均一で

$$\tau = \frac{M_x}{2At} \tag{8.25}$$

の値を取る．したがって $\tau_{\max}$ は $t_{\min}$ の厚さが最小のところで生じ，

$$\tau_{\max} = \frac{M_x}{2At_{\min}} \tag{8.26}$$

となる．この場合の凹角点には開断面の場合と同様に応力集中が生じる．

　さらに図 8.10 に示すような薄肉閉断面形状で隔壁を有する断面形では，同じように二つの天板①，②によって薄膜の変形が拘束されるが天板①と②の間の部分の薄膜の変形はその傾斜が0（同図(a)）あるいはほとんど0に近いことがわかる．すなわち隔壁にはほとんどせん断応力が存在しないことがわかる．

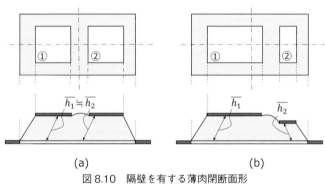

(a)　　　　　　　　　　　　(b)

図 8.10　隔壁を有する薄肉閉断面形

　以上実質断面形や薄肉断面形のねじり時のせん断応力が薄膜の変形のアナロジーによって解析できることを示した．まとめとして表 8.2，表 8.3 に実質断面形のねじりにおける有効断面二次極モーメント I_x' と最大のせん断応力 $\tau_{\max}$ を示しておく．

表 8.2　実質的断面形の軸のねじりにおける $\begin{cases} \text{有効断面二次極モーメント：} I_x' \\ \text{最大のせん断応力 } \tau_{max}（＊印）\end{cases}$

(1)		$I_x' = I_x = \dfrac{\pi d^4}{32}, \quad \tau_{max} = \dfrac{16}{\pi d^3} M_t \quad \text{（外周）}$
(2)		$I_x' = I_x = \dfrac{\pi(d^4 - d_1^4)}{32}, \quad \tau_{max} = \dfrac{16d}{\pi(d^4 - d_1^4)} M_t \quad \text{（外周）}$
(3)		$I_x' = \dfrac{\pi a^3 b^3}{a^2 + b^2}, \quad \tau_{max} = \dfrac{M_t}{\pi a b^2}$
(4)		$I_x' = \dfrac{a^4}{7.114}, \quad \tau_{max} = \dfrac{M_t}{0.208 a^3}$
(5)		$I_x' = \dfrac{\sqrt{3}}{80} a^4, \quad \tau_{max} = \dfrac{20}{a^3} M_t$
(6)		$I_x' = \dfrac{a^4}{38.3}, \quad \tau_{max} = \dfrac{17.58}{a^3} M_t$
(7)		近似式 $I_x' = ab^3 \left[\dfrac{16}{3} - 3.36 \dfrac{b}{a} \left(1 - \dfrac{b^4}{12 a^4} \right) \right],$ $\tau_{max} = \dfrac{3a + 1.8b}{8 a^2 b^2} M_t$
(8)	任意凸形中実断面 A	$I_x' = \dfrac{A^4}{4\pi^2 I_x} \quad$ ここに $\begin{cases} A：\text{断面積} \\ I_x：\text{図心に関する} \\ \quad\quad \text{断面二次極モーメント} \end{cases}$

表 8.3　実質的断面形の軸のねじりにおける $\left|\begin{array}{l}\text{有効断面二次極モーメント：}I'_x\\\text{最大のせん断応力 }\tau_{max}\end{array}\right.$
　　　　（近似式）

(1)		$I'_x = \dfrac{st^3}{3},\qquad \tau_{max} = \dfrac{3M_t}{st^2}$
(2)		$I'_x = 2\pi r^3 t,\qquad \tau_{max} = \dfrac{M_t}{2\pi r^2 t}$
(3)		$I'_x = \dfrac{2}{3}\pi r t^3,\qquad \tau_{max} = \dfrac{3M_t}{2\pi r t^2}$
(4)		$I'_x = \dfrac{2s_1^2 s_2^2 t_1 t_2}{s_1 t_2 + s_2 t_1}$, $\tau_{max} = \dfrac{M_t}{2s_1 s_2 t_1}$,　$\tau_{max} = \dfrac{M_t}{2s_1 s_2 t_2}$ （厚みt_1の部分）　（厚みt_2の部分）
(5)		$I'_x = \dfrac{4A^2}{\oint \dfrac{1}{t(s)}\,ds} = \dfrac{4A^2 t}{\text{ⓢ}}$ （ $t = const.$ のとき） $\tau_{max} = \dfrac{M_t}{2At_{min}}$　（t_{min}の部分） s ：肉厚の中心線に沿う座標 ⓢ ：肉厚の中心線の全周長 A ：肉厚中心線で囲まれる面積 $t = t(s)$ ：s点における肉厚
(6)		s ：肉厚中心線の全長 $I'_x = \dfrac{st^3}{3},\qquad \tau_{max} = \dfrac{3M_t}{st^2}$
(7)	形鋼断面 	$I'_x = \dfrac{1}{3}(s_1 t_1^3 + s_2 t_2^3 + \cdots) = \dfrac{1}{3}\sum_i s_i t_i^3$, $\tau_1 = \dfrac{3t_1}{\sum\limits_i s_i t_i^3} M_t,\quad \tau_2 = \dfrac{3t_2}{\sum\limits_i s_i t_i^3} M_t,\cdots$

第 8 章　演習問題

［1］ 図に示すようなねじりモーメント M_t を受ける薄肉円管断面の最大せん断応力 τ とねじり角 θ を求めよ.

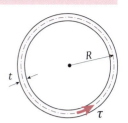

［2］ 図に示すようなねじりモーメント M_t を受ける薄肉等厚開断面の最大せん断応力 τ とねじり角 θ を求めよ.

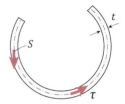

［3］ 図に示すようなねじりモーメント M_t を受ける薄肉 T 形断面の最大せん断応力 τ_1, τ_2 およびねじり角 θ を求めよ.

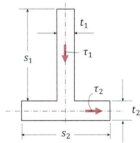

［4］ 図に示すようなねじりモーメント M_t を受ける薄肉コ形断面の最大せん断応力 τ_1, τ_2, τ_3 およびねじり角 θ を求めよ.

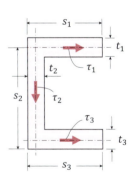

［5］ 図に示すようなねじりモーメント M_t を受ける薄肉等厚閉断面（厚さ t, 中心線長さ S）の最大せん断応力 τ とねじり角 θ を求めよ.

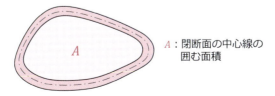

A：閉断面の中心線の
　　囲む面積

［6］図に示すような一辺の長さが 40［cm］の正方形の薄肉管がねじりモーメント $M_t = 98$［kN］を受ける薄肉等圧正方形断面の管の許容せん断応力を $\tau_a = 4900$［kN/cm²］，横弾性係数 $G = 784$［GPa］としたとき，必要な管の厚さ t を求めよ．

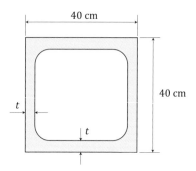

［7］表8.3の(3)のねじりモーメント M_t を受ける薄肉円管開断面の最大せん断応力 t_{max} を求めよ．

［8］表8.3の(4)のねじりモーメント M_t を受ける薄肉長方形断面の厚さ t_1 部分と厚さ t_2 部分の最大せん断応力 t_{max} を求めよ．

［9］同上［8］の場合の有効断面二次極モーメント I_x' が同表8.3の(4)に示してあるような形になることを示せ．

［10］表8.3の(7)のねじりモーメント M_t を受ける薄肉の形鋼断面の各辺に生じる最大せん断応力を計算せよ．

第**9**章

せん断を受ける棒状部材（はり）の応力，せん断中心

9.1 対称中実断面はりの対称せん断に関する考察
9.2 精度が高いせん断応力の近似解法
9.3 対称薄肉断面はりの対称せん断時のせん断応力分布の解析
9.4 せん断中心の概念とその求め方

OVERVIEW

　せん断力を受ける棒状部材（はり）に生ずるせん断応力の分布は一次近似的には，断面力を面積で除した値が一様に分布すると考えられるが，力学的には不合理の点も存在する．特に断面の平面保持が成立せず，厳密には弾性学の解析に委ねることになる．そこでここでは少し，せん断応力の分布の精度を向上させるための，いわば二次近似とも考えられる手法を紹介する．さらにねじりのせん断中心についても述べ，この点にせん断力が加わる場合にはねじれ変形が生じないので設計上重要な点であることを示す．

ステパーン・ティモシェンコ
(Stephen.P.Timoshenko)
1878 年～1972 年，ロシア→米国

・物理学者，工学者「工業力学の父」
・ティモシェンコはり
・材料力学
・弾性論
・材料強度学
・振動論

　本章ではせん断荷重を受けるはりのせん断応力分布の解析について述べる．せん断荷重を面積で除した値は，第一次近似的なせん断応力を示しているが力学的には矛盾点があることと，せん断時には断面の平面保持が成立しないことをはじめに示す．次に断面が平面保持しないことを直接的に扱わないで対称断面はりに対称なせん断力が加わった際の近似解法，いわば二次近似的な解法を示す．この解法は対称断面はりのみならず，対称薄肉断面はりに対称なせん断力が加わった場合にも適用できることを述べる．

　さらにはりの対称軸の方向とは異なる方向のせん断荷重を受ける場合，すなわちはりの非対称せん断や対称軸を持たないはりのせん断の場合について考える．これらの場合においては，はりのせん断方向の変位のみならず，断面の回転を生ずるねじり変形を一般に伴うことを示す．断面の特定の点にせん断荷重が作用したときにのみ，ねじれ変形が生じないことが起こり，この点をせん断中心（shear center）と呼ぶことを示し，せん断中心の求め方を説明し，設計上重要なことも示す．

　なおティモシェンコは断面の平面保持を仮定し，軸心のせん断変形角によって与えられる，はりの理論を立てたので，はりの問題でせん断や回転慣性項を考慮した理論は彼の名に因んでティモシェンコはり（Timoshenko's beam）の理論と呼ばれている．

高萩市役所の柱のせん断破壊の模様
出典：東北地方太平洋沖地震による茨城県北部の災害調査報告，筑波大学

9.1
対称中実断面はりの対称せん断に関する考察

　図 9.1(a) に示すような対称断面はりが対称的なせん断荷重を受けている場合を考えてみよう．断面が平面保持すると仮定すれば同図(b)のように $\tau_{xy}=F_y/A$ で与えられるような一様なせん断応力分布を示すはずである．しかしながらこの仮定には明らかな矛盾がある．すなわち断面の上下の周辺では自由表面であり，τ_{xy} の共役せん断応力 τ_{yx} は 0 であるので $\tau_{xy}=0$ でなければならない．したがって実際には共役せん断力の関係 $\tau_{yx}=\tau_{xy}$ を考慮すると(c)に示すような，ある曲面（ゆがみ面）を生ずることになる．つまり

$$\tau_{xy}=\frac{F_y}{A} \tag{9.1}$$

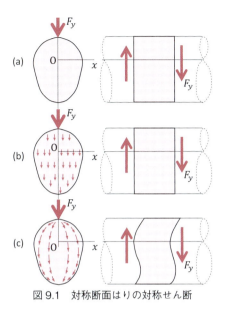

図 9.1　対称断面はりの対称せん断

は第一次的な近似ではあるが，力学的な観点からは矛盾を含んでいる．そこで断面の平面保持に
こだわらない新たな解法が必要となる．

9.2
精度が高いせん断応力の近似解法

　9.1 節で見たようにせん断力によってはりは，断面の平面保持が成立しないような変形を示す．
すなわちこの問題を厳密に解こうとすると非円形断面棒のねじり問題と同様に材料力学的な手法
では困難であり，弾性論などによる少し高度の解析に頼る以外にはない．
　そこでここでは，式 (9.1) の第一次的な近似手法よりも力学観点からは矛盾を含まない精度
が高い手法を示す．この手法はせん断力と曲げモーメントの関係式（式 (3.3) 参照）

$$F_y = -\frac{dM_z}{dz} \tag{9.2}$$

と曲げモーメントによる垂直応力の分布式（式 (6.17) 参照）

$$\sigma_x = -\frac{M_z}{I_z} y \tag{9.3}$$

を用いて導出する方法である．すなわち，図心軸から y の距離にある図心軸と平行な断面上に生
じる垂直応力 σ_x と同一断面上のせん断応力 τ_{yx} の平衡を考えて τ_{yx} の値を求め，図心軸と直交す
る面上のせん断応力を共役せん断応力の関係 $\tau_{yx} = \tau_{xy}$ を用いて断面のせん断方向のせん断応力分
布 τ_{xy} を求める手法である．
　具体的にはまず図 9.2(a) に示すような任意の対称断面を有するはりが対称せん断力 F_y を受け
ている場合を考える．同図(b)に示すようにはりの長手方向に dx の長さを有する微小要素を考え，

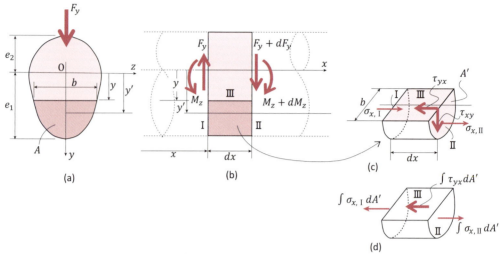

図 9.2　対称なせん断力を受ける対称断面はり

さらにこの微小要素をさらに図心から y の距離で仮想的に切断した，かまぼこ状の要素を考える．x の距離にある断面を断面Ⅰとし，$x+dx$ 点における断面を断面Ⅱとし，図心軸からの距離 y における断面を断面Ⅲとする（図 9.2(b)(c) 参照）．断面Ⅰの y' 点において曲げモーメントによって生じる垂直応力は

$$\sigma_{x,\mathrm{I}} = -\frac{M_z}{I_z}y' \tag{9.4}$$

となり，dx 増加した $x+dx$ の断面Ⅱには次の垂直応力が生じる．

$$\sigma_{x,\mathrm{II}} = -\frac{M_z+dM_z}{I_z}y' = \frac{M_z-F_y dx}{I_z}y' \quad \left(\because\quad F_y = -\frac{dM_z}{dx} \longrightarrow dM_z = -F_y dx \right) \tag{9.5}$$

図 9.2(c) のかまぼこ状の微小要素に関する x 方向の力 $\Delta F_{x'}$ は

$$\Delta F_{x'} = \int (\sigma_{x,\mathrm{II}} - \sigma_{x,\mathrm{I}})\, dA' = \int \frac{F_y dx}{I_z}y'\, dA' = \frac{F_y}{I_z}dx\int y'\, dA' \tag{9.6}$$

となる．式 (9.6) 中の積分部分は

$$\int y'\, dA' = G_{z,A'}$$

と書け，面積 A' の断面一次モーメント $G_{z,A'}$（式 (2.37) 参照）となる．したがって

$$\Delta F_{x'} = \frac{G_{z,A'}}{I_z}F_y dx \tag{9.7}$$

と表される．

　一方このかまぼこ状の上表面の断面Ⅲには式 (9.7) と平衡する力が作用するはずであり，この力はせん断によって断面Ⅱ上に生じるせん断力 τ_{xy} の共役せん断応力 τ_{yx} 以外には考えられない．

したがって y における断面 I の幅を b と書けば断面 III 上に生じる x 方向の力 $\Delta F_{x', \mathrm{III}}$ は

$$\Delta F_{x', \mathrm{III}} = \tau_{yx} b dx \tag{9.8}$$

となり，式 (9.7) と式 (9.8) を等しくおくことにより（図 9.2(d) 参照），すなわち $\Delta F_{x'} = \Delta F_{x', \mathrm{III}}$ とすること

$$\tau_{yx} b = \frac{G_{z, A'}}{I_z} F_y$$

によって次式が求められる．

$$\tau_{yx} = \frac{G_{z, A'}}{b I_z} F_y \tag{9.9}$$

ここで $G_{z, A'} = \int y' dA'$ で図心から y' の距離にある，かまぼこ状の断面 A' の断面一次モーメントであることに注意されたい（断面 A の断面一次モーメントではない！）．したがって式 (9.9) から共役せん断応力（$\tau_{yx} = \tau_{xy}$）の関係式を用いれば

$$\tau_{xy} = \frac{G_{z, A'}}{b I_z} F_y \tag{9.10}$$

となり，図心から y' の位置の断面一次モーメント $G_{z, A}$ が求められれば y 方向のせん断応力分布を計算することができる．ここで式 (9.10) のせん断応力を断面全面にわたって積分すると

$$\int \tau_{xy} dA = \int_{-e_1}^{e_2} \tau_{xy} b dy = \int_{-e_1}^{e_2} \left(\frac{F_y}{b I_z} \int y' dA' \right) b dy = \frac{F_y}{I_z} \left\{ \int_{-e_1}^{e_2} \left(\int y' dA' \right) dy \right\} = \frac{F_y}{I_z} \int y^2 dA = \frac{F_y}{I_z} \cdot I_z = F_y$$

となり，式 (9.10) の妥当性が改めて確認できる[注1]．

　式 (9.10) は，せん断応力 τ_{xy} の大きさが断面の y 方向の関数となっていることを示すが，その方向は周辺に沿って流れると考えられる．

　次に代表的な断面のせん断応力分布を例題として式 (9.10) を用いて具体的に計算してみよう．

（注1）次式の数学的証明は以下に示すように少し難しい．
$$\int_{-e_1}^{e_2} \left(\int y' dA' \right) dy = \int y^2 dA = I_z$$
（略証）
$$\int_y^{e_2} y' dA' = \int_y^{e_1} y' b(y') dy' = 1 \cdot \int_y^{e_1} y' b(y') dy' \quad (A' = b(y') dy')$$
$$\int_{-e_1}^{e_2} \left(\int y' dA' \right) dy = \int_{-e_1}^{e_2} \left\{ 1 \cdot \int_y^{e_1} y' b(y') dy' \right\} dy = y \cdot \int_y^{e_1} y' b(y') dy' \Big|_{-e_1}^{e_2} - \int_{-e_1}^{e_2} y \cdot \left\{ \frac{d}{dy} \int_y^{e_1} y' b(y') dy' \right\} dy$$
$$= \int_{-e_1}^{e_2} y^2 b(y) dy = \int y^2 dA = I_z$$
$$\left[\quad \because \quad \frac{d}{da} \int_a^b f(y) dy = F(a), \quad \int f(y) dy = F(y) \int_y^{e_1} y' b(y') dy' \Big|_{-e_1}^{e_2} = 0 \qquad \right]$$

例題 9.2e-1

　図 9.2e-1 のようなせん断荷重 F_y を受ける①長方形断面はり②円形断面のせん断はり応力の分布を求めよ．

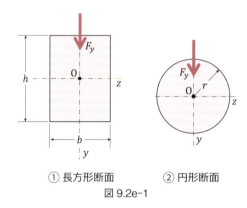

① 長方形断面　　② 円形断面
図 9.2e-1

【解答】

① 　長方形断面

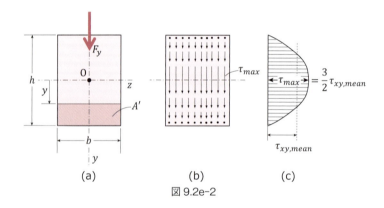

(a)　　　　　　　(b)　　　　　　　(c)
図 9.2e-2

$$\begin{cases} I_z = \dfrac{bh^3}{12} \\ G_{z,\,A'} = \displaystyle\int y'\,dA' = \int_y^{h/2} y'\,bdy' = \dfrac{by'^{\,2}}{2}\bigg|_y^{\frac{h}{2}} = b\left(\dfrac{h^2}{8} - \dfrac{y^2}{2}\right) \end{cases}$$

したがって，式（9.10）から

$$\tau_{xy} = \frac{G_{z,A'}}{bI_z} F_y = \frac{3}{2}\frac{F_y}{bh}\left\{1 - \left(\frac{y}{h/2}\right)^2\right\} = \frac{3}{2}\,\tau_{xy,\,\text{mean}}\left\{1 - \left(\frac{y}{h/2}\right)^2\right\}$$

　いまの場合左右周辺は垂直であるから τ_{xz} は対応する断面において 0 である．したがって上記の τ_{xy} は直ちに合せん断応力 τ を意味する．すなわち図(b)，(c)に見るように，断面上に高さの

方向に沿って放物線状に分布し，$y=0$（z 軸）で最大値

$$\tau_{\max} = \frac{3}{2}\,\tau_{xy,\,\mathrm{mean}} = 1.5\,\tau_{xy,\,\mathrm{mean}}$$

を持つ．すなわち平均せん断応力 $F_y/A = \tau_{xy,\,\mathrm{mean}}$ の 1.5 倍となる．

② 円形断面

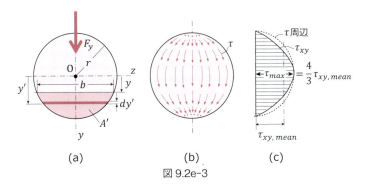

(a) 　　　　　(b) 　　　　　(c)

図 9.2e-3

半径 r の円形断面では

$$\begin{cases} I_z = (\pi/4)\,r^4 \\ G_{z,\,A'} = \displaystyle\int y'\,dA' = \int_y^r 2y'\sqrt{r^2 - y'^{\,2}}\,dy' = \int_y^r \sqrt{r^2 - y'^{\,2}}\,d(y'^{\,2}) = \frac{2}{3}(r^2 - y^2)^{3/2} \\ b = 2r\cos\phi = 2\sqrt{r^2 - y^2} \end{cases}$$

したがって，式（9.10）から

$$\tau_{xy} = \frac{G_{z,\,A'}}{bI_z}\,F_y = \frac{4}{3}\,\frac{F_y}{\pi r^2}\left\{1 - \left(\frac{y}{r}\right)^2\right\} = \frac{4}{3}\,\tau_{xy,\,\mathrm{mean}}\left\{1 - \left(\frac{y}{r}\right)^2\right\}$$

となる．周辺における合せん断応力は，$\tau_{周辺} = \sqrt{\tau_{xy}^{\,2} + \tau_{xz}^{\,2}} = \tau_{xy}/\cos\phi$ から

$$\tau_{周辺} = \tau_{xy}/\cos\phi = \frac{4}{3}\,\tau_{xy,\,\mathrm{mean}}\left\{1 - \left(\frac{y}{r}\right)^2\right\}^{1/2}$$

すなわち，図(c)に見るように，τ_{xy} は放物線状に，$\tau_{周辺}$ はだ円状に変化する．両者の最大値は等しく共に $y=0$（z 軸）に生じ，その値は

$$\tau_{xy,\,\max} = \tau_{周辺,\,\max} = \frac{4}{3}\,\tau_{xy,\,\mathrm{mean}} = 1.333\,\tau_{xy,\,\mathrm{mean}}$$

その他の代表的な対称実質的断面の対称せん断に対する結果を，上の結果と共に表 9.1 に示しておく．

表 9.1　はり断面におけるせん断応力分布

(1) 長方形	$\tau = \tau_v = \dfrac{3}{2}\dfrac{F}{bh}\left\{1-\left(\dfrac{2y}{h}\right)^2\right\}$ $\tau_{max} = \dfrac{3}{2}\dfrac{F}{bh} = \dfrac{3}{2}\dfrac{F}{A} \ ; \ y = 0$
(2) 円	$\tau_v = \dfrac{4}{3}\dfrac{F}{\pi r^2}\left\{1-\left(\dfrac{y}{r}\right)^2\right\}$ $\tau_{max} = \dfrac{4}{3}\dfrac{F}{\pi r^2} = \dfrac{4}{3}\dfrac{F}{A} \ ; \ y = 0$
(3) 正方形	$\tau = \sqrt{2}\dfrac{F}{a^2}\left\{1+\sqrt{2}\dfrac{y}{a}-4\left(\dfrac{y}{a}\right)^2\right\}$ $\tau_{max} = \dfrac{9}{8}\sqrt{2}\dfrac{F}{a^2} = 1.591\dfrac{F}{A} \ ; \ y = \dfrac{e}{4}$
(4) 楕円	$\tau_v = \dfrac{4}{3}\dfrac{F}{\pi ab}\left\{1-\left(\dfrac{y}{a}\right)^2\right\}$ $\tau_{max} = \dfrac{4}{3}\dfrac{F}{\pi ab} = \dfrac{4}{3}\dfrac{F}{A} \ ; \ y = 0$
(5) 二等辺三角形	$\tau_v = \dfrac{4}{3}\dfrac{F}{A}\left\{1+\dfrac{3}{2}\dfrac{y}{h}-\dfrac{9}{2}\left(\dfrac{y}{h}\right)^2\right\}$ $\tau_{max} = \dfrac{3}{2}\dfrac{F}{A} \ ; \ y = h/b$
(6) 薄肉円筒	$\tau_v = \dfrac{F}{\pi rt}\left\{1-\left(\dfrac{y}{r}\right)^2\right\}$ $\tau_{max} = \dfrac{F}{\pi rt} = 2\dfrac{F}{A} \ ; \ y = 0$

9.3

対称薄肉断面はりの対称せん断時のせん断応力分布の解析

　前節では対称断面の中実はりの対称せん断に関する精度の高い近似解法を示した.

　本節では対称の薄肉断面に対称にせん断力が加わった場合のせん断応力分布の解析について考

えてみよう．

　理解を助けるために図 9.3(a)に示すような対称な I 型薄肉断面はりに対称的にせん断応力が加わった場合のせん断応力分布について考えてみよう．長手方向座標 x と $x+dx$ の垂直断面で切り出した同図(b)のような要素を考え，さらにはりの幅方向座標 z で切り出した(c)のような要素を考え，面に作用する応力を表示すると同図のようになる．ここに τ_w は面に作用するせん断応力である．

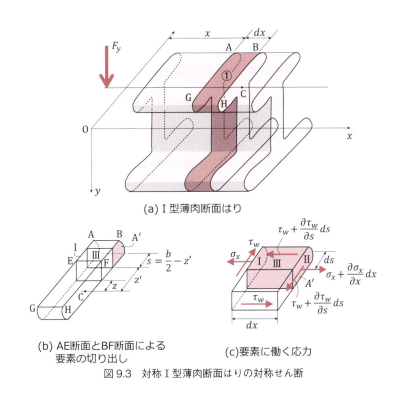

(a) I 型薄肉断面はり

(b) AE断面とBF断面による
　　要素の切り出し

(c)要素に働く応力

図 9.3　対称 I 型薄肉断面はりの対称せん断

　したがってこの要素をさらに $z'=b/2-z$ の断面で切断した要素の I，II 面の間の軸力の差 ΔF_x を考えると

$$
\begin{aligned}
\Delta F_x &= \int (\sigma_{x,\,\mathrm{II}} - \sigma_{x,\,\mathrm{I}})\,dA' = \int \left(\sigma_x + \frac{\partial \sigma_x}{\partial x}\,dx - \sigma_x \right) dA' \\
&= \int \left(\frac{\partial \sigma_x}{\partial x}\,dx \right) dA' = \int \left\{ \frac{\partial}{\partial x} \left(-\frac{M_z}{I_z}\,z' \right) dx \right\} dA' \\
&= \int \frac{F_y\,dx}{I_z}\,z'\,dA' = \frac{F_y}{I_z}\,dx \int z'\,dA' = \frac{G_{z'}}{I_z}\,F_y\,dx
\end{aligned}
\tag{9.11}
$$

となる．ここに $\sigma_x = -M_z z'/I_z$，$F_y = -dM_z/dx$ の関係を用いた．また板厚方向は寸法が小さいので応力は一様としている．また $G_{z'} = \int z'\,dA'$ で A' に関する断面一次モーメントである．

　一方 x 方向には $z=b/2$ 面と z 面に $\tau_w + \dfrac{\partial \tau_w}{\partial s}\,ds$，$\tau_w$ のせん断力が作用しているので x 方向の力は

$$\left(\tau_w + \frac{\partial \tau_w}{\partial s}\, ds - \tau_w\right) t dx = \frac{\partial \tau_w}{\partial s}\, ds \cdot t dx = \tau_w t \tag{9.12}$$

となる．したがって式 (9.11) と式 (9.12) を等しいと置くことによって

$$\tau_w = \frac{G'}{tI_z} F_y \tag{9.13}$$

となる．すなわち式 (9.10) で導いた中実断面のせん断応力を求める式の幅 b を薄肉断面はりの厚さ t で置換したものであり，全く同一の形式をしていることに注意されたい．同様な考え方から式 (9.13) の断面一次モーメント（G' に相当）を図 9.4 に示すような断面 A' とすればよいことがわかる．したがって式 (9.13) は，対称薄肉断面はりの対称せん断時のせん断応力分布を求める基礎式となる．

次に例題で図 9.4 に示す(a)山形断面(b) I 字断面(d)円筒形断面のせん断応力分布を具体的に計算してみよう．

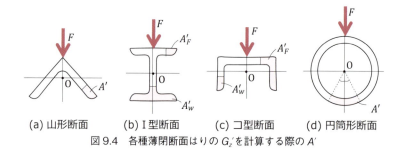

(a) 山形断面   (b) I 型断面   (c) コ型断面   (d) 円筒形断面
図 9.4 各種薄閉断面はりの G_z を計算する際の A'

例題 9.3e-1 対称薄肉断面はりの対称せん断時のせん断応力の分布

図 9.4 に示す(a)山形断面，(b) I 字断面，(d)円筒形断面の薄肉断面はりの対称せん断時のせん断応力分布を計算せよ．

【解答】

（a）山形断面 図 9.3e-1(a)に見るような山形断面の，対称せん断の場合を考えよう．$t \ll b$ となるゆえ，近似的に

$$\begin{cases} I_z = 2(\sqrt{2}\,t)\left(\dfrac{b}{\sqrt{2}}\right)^3 \Big/ 12 = tb^3/12 \\[2mm] G_{z,\,A'} = A' \eta_{A'} = \left(\dfrac{b}{2} - s\right) t \cdot \left(\dfrac{b}{2} + s\right) \Big/ 2\sqrt{2} = \dfrac{\sqrt{2}\,tb^2}{16}\left\{1 - \left(\dfrac{s}{b/2}\right)^2\right\} \end{cases}$$

と計算できる[注2]．

（注2）断面一次モーメントは積分計算を行わなくても，断面積 A' とその重心までの距離 $\eta_{A'}$ を乗じた $A'\eta_{A'}$ として求めることができる．式 (2.39)，(2.40) 参照．

したがって式 (9.13) により

$$\tau = \frac{G_{z,A'}}{tI_z}F_y = \frac{3\sqrt{2}F_y}{4tb}\left\{1-\left(\frac{s}{b/2}\right)^2\right\} = \frac{3\sqrt{2}}{2}\frac{F_y}{A}\left\{1-\left(\frac{s}{b/2}\right)^2\right\}$$

すなわち，せん断応力 τ は図 (b) にみるように，その最大値は $s=0$ すなわち z 軸の位置に生じ，平均値 F_y/A の 2.12 倍となる．

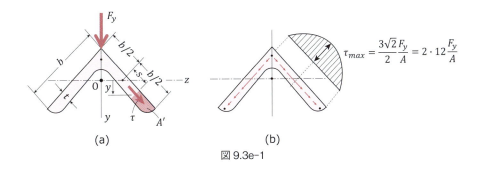

図 9.3e-1

（b）　I 形断面　　図 9.3e-2(a) に見るような I 形断面の棒の，対称せん断の場合を考えよう．ウェブに生ずるせん断応力 τ_w を求めるには図示の A' のような面積の z 軸に関する一次モーメント $G_{z,A'}$ を用い，フランジに生ずるせん断応力 τ_f に対しては A'' のような面積の $G_{z,A''}$ を用いればよい．薄肉であるから，近似的に以下となる．

$$\begin{cases} I_z = 2tb\left(\frac{b}{2}\right)^2 + \frac{tb^3}{12} = \frac{7}{12}tb^3 \\[2mm] G_{z,A'} = tb\left(\frac{b}{2}\right) + \frac{t(b/2-y)(b/2+y)}{2} = \frac{5}{8}tb^3 - \frac{1}{2}ty^2 \\[2mm] G_{z,A''} = t\left(\frac{b}{2}-z\right)\left(-\frac{b}{2}\right) = -\frac{1}{4}tb^2 + \frac{1}{2}tbz \end{cases}$$

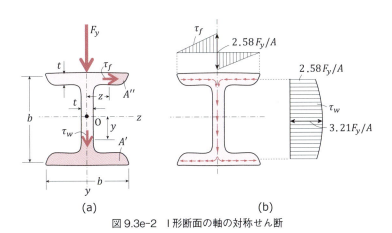

図 9.3e-2　I 形断面の軸の対称せん断

したがって，ウェブに生ずるせん断応力は式 (9.13) から次式となる.

$$\tau_w = \frac{G_{z,A'}}{tI_z} F_y = \frac{12}{7t^2 b^3}\left(\frac{5}{8}\, tb^2 - \frac{1}{2}\, ty^2\right) F_y = \frac{15}{14}\cdot\frac{F_y}{tb}\left\{1-\frac{1}{5}\left(\frac{y}{b/2}\right)^2\right\} = \frac{45}{14}\,\frac{F_y}{A}\left\{1-\frac{1}{5}\left(\frac{y}{b/2}\right)^2\right\}$$

最大値（中　央）：$\tau_{w,\max} = \dfrac{45}{14}\dfrac{F_y}{A} = 3.21 F_y/A$

最小値（上下端）：$\tau_{w,\min} = \dfrac{18}{7}\dfrac{F_y}{A} = 2.58 F_y/A$

を持つ放物線状に変化するせん断応力を生ずる．また右上部のフランジに生ずるせん断応力は

$$\tau_f = \frac{12}{7t^2 b^3}\left(-\frac{1}{4}\, tb^2 + \frac{1}{2}\, tbz\right) F_y = -\frac{3}{7}\,\frac{F_y}{tb}\left(1-\frac{z}{b/2}\right) = -\frac{9}{7}\,\frac{F_y}{A}\left(1-\frac{z}{b/2}\right)$$

で与えられる．すなわち，この部分のフランジに生ずるせん断応力は $-z$ 方向に向かい，中央において

最大値：$\tau_{f,\max} = \dfrac{9}{7}\dfrac{F_y}{A}\left(=\dfrac{1}{2}\,\tau_{w,\min}\right)$

となり，直線的に変化して右端で0となる．対称性により，フランジの他の部分に生ずる応力も直ちに知れる．全断面におけるせん断応力の分布の様子を図 9.3e-2(b) に示す．図に見るように，ウェブには大体均一にせん断応力が分布し，せん断力は実質的にはウェブ面積 tb だけで支えられている．したがって一般にⅠ形断面のこのようなせん断においては，ウェブに生ずるせん断応力は近似的に

$$\tau_w \fallingdotseq \frac{F_y}{A_w}\quad\left(\text{いまの場合は}\ \frac{F_y}{A/3} = 3\,\frac{F_y}{A}\right)$$

で与えられることを知る.

(d) 円筒形断面　図 9.3e-3(a) のような薄肉円筒形断面のせん断においては

$$\begin{cases} I_z = \dfrac{1}{2}\, t(2\pi r)\, r^2 = t\pi r^3 \\ G_{z,A'} = \displaystyle\int_{-\theta}^{\theta} tr d\theta r \cos\theta = 2tr^2 \int_0^{\theta} \cos\theta d\theta = 2tr^2 \sin\theta \end{cases}$$

したがって式 (9.13) より，$\pm\theta$ の位置に生ずるせん断応力は次式で与えられる.

$$\tau = \frac{G_{z,A'}}{2tI_z} F_y = \frac{2tr^2 \sin\theta}{2t^2 \pi r^3} F_y = 2\,\frac{F_y}{2t\pi r}\sin\theta = 2\,\frac{F_y}{A}\sin\theta$$

ただし，いまの場合 A' 部分を切り出す縦の断面は左右二つであるから，式 (9.13) における t の代わりに $2t$ としていることに注意されたい．したがって，せん断応力は図 9.3e-3(b) に見るように，左右対称な正弦状の分布をし，その最大値は $\theta = \pm\pi/2$ すなわち $y=0$ の位置に生じ

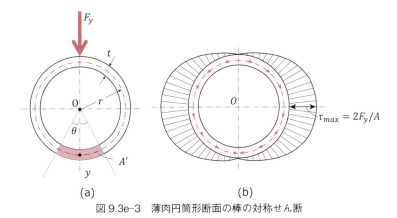

図 9.3e-3　薄肉円筒形断面の棒の対称せん断

$$\tau_{\max} = 2F_y/A$$

となる．もし円筒の下端または上端部に縦の裂け目がはいっていて，いわゆる開断面形となっていても，せん断応力の分布は上記と同様であることは，容易に知れよう．一般に対称な薄肉閉断面形の，対称なせん断により生ずるせん断応力の分布は，対称軸の位置に裂け目を入れても，何の影響も受けず同様の分布となる．

9.4
せん断中心の概念とその求め方

9.4.1 ◆ せん断中心の概念

（1）せん断変形とねじり変形の連成

　図 9.5(a) に示すような長さ l の中実の円形断面はりの先端に同図(b)に示すような図心 O を通るせん断荷重を加えてみる．

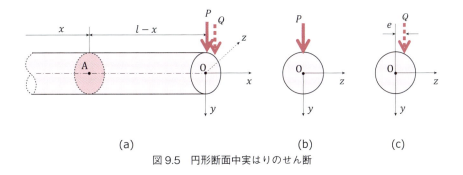

図 9.5　円形断面中実はりのせん断

　このときは明らかなように図心軸上の任意の点 A 上における断面力は，せん断力 $F_y = P$，曲げモーメント $M_z = P(l-x)$ のみで A 点ではせん断変形と曲げ変形が生じ，ねじりモーメントは $M_x = 0$ であるのでねじり変形は生じない．しかし同図(c)のような図心から e だけ偏心した荷重 Q を加えてみると断面 A にはせん断力 $F_y = Q$，曲げモーメント $M_z = Q(l-x)$ に加えてねじりモ

ーメント $M_x = -Qe$ が生じ，せん断変形と曲げ変形に加えてねじり変形も生じる.

　次に図 9.6(a)に示すようなコの字形断面はりの図心 O を通る断面の主軸に対応して長手方向に x 軸それに直交する方向に y，z 軸を取る．図心 O は同図に示すような位置となる．この図心にせん断荷重 P を加えると同図(b)に示すように，せん断変形と曲げ変形のみならず，ねじり変形も実際には生じる.

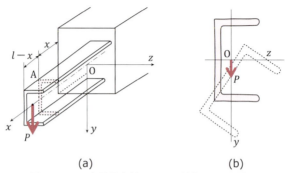

(a)　　　　　　(b)

図 9.6　コの字型薄肉断面のせん断力における変形

（2）せん断中心の概念

　図心にせん断荷重が作用しているので断面 A での断面力は，せん断力 $F_y = P$，曲げモーメント $M_z = P(l-x)$ のみでねじりモーメント $M_x = 0$ である.

　しかしながらねじりモーメントは $M_x = 0$ で生じていないのにねじり変形が生じるのはなぜであろうか．この理由を探るために対称薄肉断面における式 (9.13) を用いて[注3] コの字形断面のせん断応力分布を計算してみると図 9.7(a)に示すような分布になる．この分布の実際の計算は後の例題 9.4e-1 を参照されたい．水平の部分のフランジにはせん断応力 τ_f の分布に示すように上下のフランジで全く反対向きのせん断応力分布を示している．また垂直のウェブには放物線状のせん断応力 τ_f の分布を示している．これらのせん断応力の分布によって生じる力を図心 O 点で

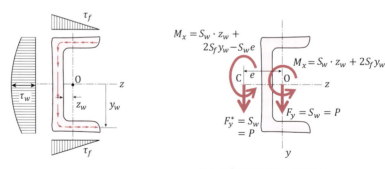

(a) コの字形薄肉断面はりのフランジ，　　(b) O点におけるせん断力と
ウェブ上のせん断応力分布　　　　　　ねじりモーメント および
C点における静力学的に等価な
せん断力とねじりモーメント

図 9.7　コの字型薄肉断面はりのせん断荷重分布と図心 O，点 C におけるせん断力とねじりモーメント

（注3）式 (9.13) の誘導過程をみると対称断面の制約は影響していないのでせん断応力分布の計算に用いることができる.

評価すると，図 9.6(b) のようにフランジの上下でのせん断応力による力は S_f は方向が全く逆になって相殺されて 0 となる．これは z 方向には力が作用していないことに対応する．したがってウェブのせん断応力による S_w のみが存在し，その値は P と等しい．したがって図心 O には S_w によるせん断応力 $F_y = S_w = P$ とねじりモーメント $M_x = S_w \cdot z_w$ が存在する．ここに z_w は図心からフランジまでの距離である．このねじりモーメントが前述のねじり変形を生ずる原因である．さらにこの図心における $F_y = S_w = P$ と $M_x = S_w \cdot z_w$ を静力学的に等価に図心から左方向の C 点（$z = -e$）に移動してみる．この C 点における静力学的に等価なせん断荷重 F_y とねじりモーメント M_x は[注4]，

$$F_y = S_w = P \tag{9.14}$$
$$M_x = S_w \cdot z_w + 2S_f\,y_w - eS_w \tag{9.15}$$

となる．ここで式 (9.15) においてねじりモーメントが 0 となるように e を選ぶ，すなわち

$$S_w \cdot z_w + 2S_f\,y_w - eS_w = 0 \tag{9.16}$$

となる e

$$e = \frac{s_w z_w + 2s_f y_w}{s_w} \tag{9.17}$$

と選べば，ねじりモーメント M_x は 0 となり，ねじれ変形が生じない位置が存在することがわかる．このねじれ変形が生じない点 C はせん断中心（center of shear or shear center）あるいはねじり中心（center of twist）と呼ばれる．

　実際の設計では，図 9.8 のようにねじれ変形が生じないようにせん断中心で荷重を支える工夫

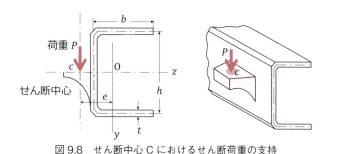

図 9.8　せん断中心 C におけるせん断荷重の支持

（注 4）静力学的に等価な系（P 点における力と F_P モーメント M_P と静力学的に等価な点 Q における力系）

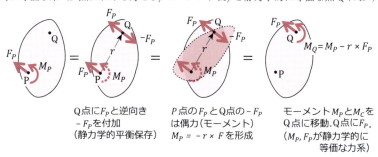

Q 点に F_P と逆向き $-F_P$ を付加（静力学的平衡保存）　　P 点の F_P と Q 点の $-F_P$ は偶力（モーメント）$M_P = -r \times F$ を形成　　モーメント M_P と M_C を Q 点に移動．Q 点に F_P.（M_P, F_P が静力学的に等価な力系）

が重要となる.

9.4.2 ◆ せん断中心の求め方

（1）せん断中心が容易に求められる断面形

せん断応力分布などの計算をせずに容易に求められる断面形としては次のようなものが挙げられる.

① 二重対称断面形

② 点対称断面形

③ 放射状の薄肉断面形

④ 線対称な薄肉断面形

以下に各断面形に対してせん断中心の求め方を示す.

① 二重対称断面形のせん断中心

図 9.9(a)のような直角に交わる対称軸を二つ有する, いわゆる二重対称断面形のせん断中心 C は図心 O と一致する. その理由は, O を通る任意の方向の荷重 F_s を同図(b), (c)のように二つの対称軸 y, z の方向の力, F_y, F_z に分ければ y 軸上と z 軸上にせん断中心が存在するはずであるのでその交点である図心 O がせん断中心となる.

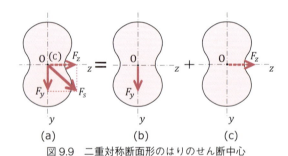

図9.9　二重対称断面形のはりのせん断中心

② 点対称図形のせん断中心

図 9.10(a)に示すような点対称断面形のせん断中心はその対称点である図心 O に一致する. その理由は以下の通りである. いま(a)図のような方向にせん断力 F_s が作用したと考え, ねじれ率 C_x（$= M_x/(GI'_x)$）が生じたと仮定する. 次に同図(a')のように(a)とは全く逆向きに F_s が作用したとするとねじれ率 C'_x は C_x と同じ大きさで y 軸に対して反対方向に生ずるはずである. しかしながら(a)の状態を 180°回転すると(a')の荷重方向と一致するが, ねじれ率は(a)の C_x の同じ方向に生じ, 矛盾を起こす. したがってねじれ率 C_x は 0, すなわちねじれ変形は生じず, O 点はせん断中心 C と一致する.

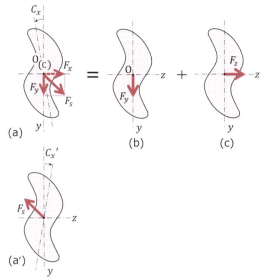

図9.10　点対称断面形のはりのせん断中心

③　放射状の薄肉断面形のせん断中心

図 9.11(a)に示すような放射状の薄肉断面形のせん断中心は，せん断力 F_s を図のように各薄肉断面の中心線の方向に分けて考える．せん断力を $\boldsymbol{F}_s$ とベクトル表示をすれば各薄肉断面上の力ベクトル $\boldsymbol{S}_1$, $\boldsymbol{S}_2$, …に分解できる．すなわち

$$F_s = S_1 + S_2 + S_3 \cdots \tag{9.18}$$

と書くことができる．力 $\boldsymbol{S}_1$, $\boldsymbol{S}_2$, $\boldsymbol{S}_3$…の作用線上にせん断中心が存在するはずであるのでその交点 C がせん断中心となる．したがって同図(b)のような薄肉断面形のせん断中心は容易に求めることができる．

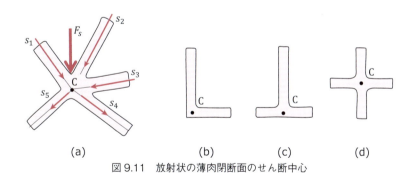

図9.11　放射状の薄肉閉断面のせん断中心

④　線対称な薄肉断面形のせん断中心

図 9.12(a)のような線対称で上下の寸法が異なるフランジを持つⅠ形断面形は，フランジ部の断面二次モーメントを，その逆比に分けることで簡単に求められる．その理由は読者の演習に任せよう．

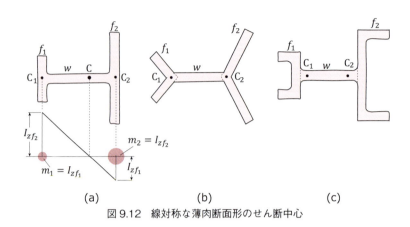

図9.12　線対称な薄肉断面形のせん断中心

（2）せん断応力の分布を基とする一般的な断面形状のせん断中心

　一般的な断面形状を有するはりのせん断中心は，9.4.1項で述べたような，せん断応力分布を計算してその合力によるねじれモーメントを0とする位置を探すことによって求められる．その具体的な手順は以下の通りである．

［一般非対称断面形状はりのせん断中心の決定法］
① 　断面の1つの主軸方向，例えば y 方向のせん断 F_y に対してねじり変形を生じないとして，せん断応力分布を式（9.10）あるいは式（9.13）にて計算する．
② 　計算された合力の大きさは F_y に等しくなるが，その作用線は図心 O を通らず，主軸の y 軸より z 軸上で偏心した点を通り，O点に関してねじりモーメント M_{zO} を生じる．
③ 　O点に関するせん断応力分布による合力のねじりモーメント M_{zO} と合力 F_y を z 軸上に e_z だけ偏心した任意の点に，静力学的に等価な力系となるようにねじりモーメント $M_{zC} = M_{zO} + e_z F_y$ を求める．
④ 　$M_{zC} = 0$ と置くことにより e_z が計算でき，せん断中心 C の位置を求めることができる．

　ここで具体的なせん断中心の求め方を二つの例題にて示す．

例題 9.4e-1　薄肉コ形断面のせん断中心

　図9.4e-1に示すような薄肉コ形断面のせん断中心を求めよ．

【解答】

　この断面形は z 軸を対称軸に持つからせん断中心 $C(e_y, e_x)$ は，z 軸上にあること，すなわち $e_y = 0$ であることは初めからわかっている．それで，もう1つの座標 e_x を求めるために，まず y 方向のせん断力 F_y により断面に生ずるせん断応力の分布（ねじり変形を生じないときの）を計算しよう．まず図心 O の位置，および z 軸に関する断面二次モーメント I_z は，容易につぎのように算出される．

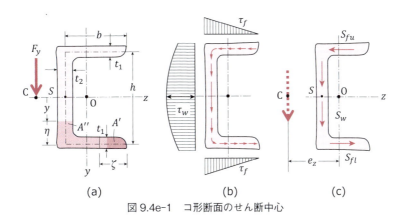

図 9.4e-1　コ形断面のせん断中心

$$\overline{SO} = \frac{b^2 t_1}{2bt_1 + ht_2}$$

$$I_z = 2bt_1 \left(\frac{h}{2}\right)^2 + \frac{t_2 h^3}{12} = \frac{1}{2} bt_1 h^2 \left(1 + \frac{ht_2}{6bt_1}\right)$$

また図 9.4e-1(a)に見るように，下のフランジ右端より ζ までの部分の面積を A'，下のフランジ全部とウェブ下端より η までの部分の面積を A'' とすると，これらの面積の z 軸に関する一次モーメントは

$$G_{x, A'} = (ht_1/2)\zeta$$

$$G_{x, A''} = bt_1 \cdot h/2 + t_2 \eta \cdot (h/2 - \eta/2) = \frac{hbt_1}{2} + \frac{h^2 t_2}{8}\left\{1 - \left(\frac{y}{h/2}\right)^2\right\}$$

ただしこれらは，各辺が十分薄肉であるとして t_1，t_2 の高次の項を省略した近似値であることは，いうまでもない．したがってフランジおよびウェブに生ずるせん断応力 τ_f，τ_w は (3.53) によりつぎのように求められる．

$$\begin{cases} \tau_f = \dfrac{G_{z, A'}}{t_1 I_z} F_y = \dfrac{F_y}{t_1 h \{1 + ht_2/(6bt_1)\}} \cdot \dfrac{\zeta}{b} \\[4mm] \tau_w = \dfrac{G_{z, A''}}{t_2 I_z} F_y = \dfrac{F_y}{t_2 h \{1 + ht_2/(6bt_1)\}} \left[1 + \dfrac{ht_2}{4bt_1}\left\{1 - \left(\dfrac{y}{h/2}\right)^2\right\}\right] \end{cases} \tag{e-1}$$

したがって，全断面におけるせん断応力の分布は，図 9.4e-1(b)のようになる（上半分の応力は対称性より知ることができる）．上下フランジおよびウェブの全せん断応力を，それぞれ S_{fu}，S_{fl}，S_w とすると，これらは τ_f，τ_w をそれぞれの面積にわたって積分することにより，つぎのように得られる（S_w はいまの場合，積分するまでもなく明らかであるが）．

$$\begin{cases} \left.\begin{matrix} S_{fu} \\ S_{fl} \end{matrix}\right\} = S_f = \displaystyle\int_0^b \tau_f t_1 d\zeta = \dfrac{F_y}{2h/b \cdot \{1 + ht_2/(6bt_1)\}} \\[6mm] S_w = \displaystyle\int_{-\frac{h}{2}}^{\frac{h}{2}} \tau_w t_2 d_y = F_y \end{cases} \tag{e-2}$$

これらを図示すれば図(c)のようで，S_{fu} と S_{fl} は左回りの偶力 hS_f をなす．したがって，これら3力 S_{fu}，S_{fl}，S_w の合力の作用線の z 軸との交点，すなわち求めるせん断中心を C とするとつぎの関係

$$hS_f - \overline{CS}S_w = 0 \qquad \therefore \quad \overline{CS} = \frac{S_f}{S_w}h \tag{e-3}$$

が成立しなければならない．したがってせん断中心 C はフランジの中心 S より左方に

$$\overline{CS} = \frac{S_f}{S_w}h = \frac{b}{2\{1 + ht_2/(6bt_1)\}} = \frac{b}{2}\left/\left\{1 + \frac{1}{6}\frac{A_w}{A_f}\right\}\right. \; ; \; \left|\begin{array}{l} A_w = ht_2 : \text{ウェブ面積} \\ A_f = bt_1 : \text{フランジ面積} \end{array}\right. \tag{e-4}$$

の位置にある．ゆえに断面の主軸に関するせん断中心 C の座標は

$$\begin{cases} e_y = 0 \\ e_z = -(\overline{OS} + \overline{CS}) = -\left[\dfrac{b^2t_1}{2bt_1 + ht_2} + \dfrac{b}{2}\left/\left\{1 + ht_2/(6bt_1)\right\}\right.\right] = -\left[\dfrac{A_f}{2A_f + A_w} + \dfrac{1}{2}\left/\left\{1 + \dfrac{1}{6}\dfrac{A_w}{A_f}\right\}\right.\right]b \end{cases} \tag{e-5}$$

例題 9.4e-2　裂け目のある薄肉円筒形断面のせん断中心

図 9.4e-2 に示すような右端に裂け目のある薄肉円筒形断面のせん断中心を求めよ．

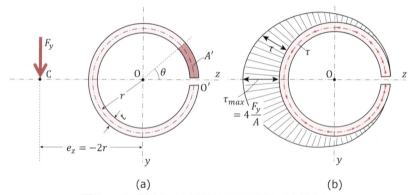

(a)　　　　　　　　　　　　(b)

図 9.4e-2　裂け目のある薄肉円筒形断面のせん断中心

【解答】

　この断面形も z 軸を対称軸に持つから，せん断中心 $C(e_y,\ e_x)$ は z 軸上にあり（$e_y = 0$），したがって e_x だけを求めればよい．まずせん断力 F_y により断面に生ずるせん断応力分布（ねじり変形を生じないときの）を見出そう．図心 O は，いうまでもなく円筒形の中心であり，

$$I_z = \pi r^3 t$$

$$G_{z,A'} = \int_0^\theta r\sin\theta \cdot trd\theta = r^2 t(1 - \cos\theta)$$

したがって，式 (9.13) により断面に生ずるせん断応力 τ は

$$\tau = \frac{G_{z,A'}}{tI_z} F_y = \frac{F_y}{\pi r t} \cdot (1 - \cos\theta) = 2\frac{F_y}{A} \cdot (1 - \cos\theta)$$

となり，図 9.4e-2(b) のように分布する．全断面におけるこのせん断応力の合力 S は y 方向に向かい，その大きさは F_y に一致することは，いうまでもないが，合力 S の y，z 成分をそれぞれ S_y，S_z として，読者はつぎの関係を一応確められたい．

$$S_y = \int_A \tau_{xy} dA = \int_0^{2\pi} (-\tau\cos\theta \cdot tr) d\theta = -\frac{F_y}{\pi}\int_0^{2\pi}(1-\cos\theta)\cos\theta d\theta = F_y$$

$$S_z = \int_A \tau_{xz} dA = \int_0^{2\pi} \tau\sin\theta \cdot tr d\theta = \frac{F_y}{\pi}\int_0^{2\pi}(1-\cos\theta)\sin\theta = 0$$

つぎに，全断面上のせん断応力 τ の図心 O に関するモーメントは，つぎのように算出される．

$$M = \int_A \tau r dA = \int_0^{2\pi} \tau r^2 t d\theta = \frac{rF_y}{\pi}\int_0^{2\pi}(1-\cos\theta)d\theta = 2rF_y$$

そして，これは合力 S の図心に関するモーメント $-e_z S_y = -e_z F_y$ に等しい．すなわち

$$-e_z F_y = M = 2rF_y$$

したがって，この断面形のせん断中心 C の位置は

$$\begin{cases} e_y = 0 \\ e_z = -2r \end{cases} \tag{e-6}$$

で与えられる．

第 9 章　演習問題

[1] 表 9.1 の (1) の長方形断面のはりのせん断応力分布が表中の式となることを示せ．

[2] 表 9.1 の (4) の楕円形断面のはりのせん断応力分布が表中の式となることを示せ．

[3] 表 9.1 の (5) の二等辺三角形断面のはりのせん断応力分布が表中の式となることを示せ．

［4］図に示すように T 形断面のはりがその対称軸にせん断力 $F=$
　　58.5［kN］を受けている，はりの断面内の A，B，および G に
　　おけるせん断応力 τ_A，τ_B，τ_G を求めよ．

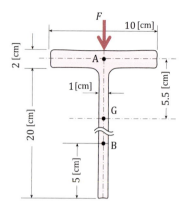

［5］図に示すような正方形断面はりがせん断力 F を受けるときの最
　　大せん断力 $\tau_{\max}$ の値と発生する場所を求めよ．

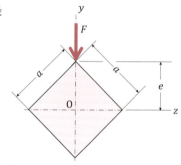

［6］図のように薄肉の T 形断面のはりが対称軸にせん断力 $F=7.84\times10^2$［kN］
　　が作用するときせん断応力の分布を求めよ．はりの各部の寸法は $b=12$
　　［cm］，$h=24$［cm］，$t=2$［cm］とする．

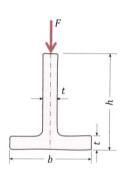

［7］図のように対称軸にせん断力 $F=117$［N］を受けるはり
　　のフランジとウェブに生じるせん断応力 τ_f と τ_w を計算
　　せよ．

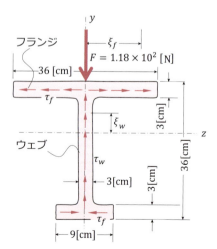

［8］図に示すように薄肉コ字形断面のはりの対称軸に垂直にせん断中心を通るせん断力 $F=490$［N］が
作用する時，フランジ部とウェブに生じるせん断応力の分布およびせん断中心の位置を求めよ．

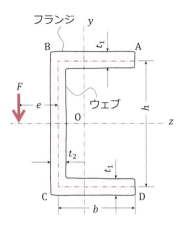

［9］図に示すように薄肉山形はりがせん断中心にせん断力 F を受けてい
るとき，せん断応力の分布を求めよ．

［10］上記問題［9］においてせん断中心の位置を求めよ．

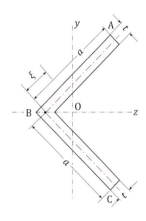

第 10 章

エネルギー原理による解法

OVERVIEW

　これまでの章では, 静的平衡の微分方程に基づく応力, ひずみ, 変形等の解析を説明した. 本章では弾性体の変形時に蓄えられる弾性ひずみエネルギーを基本量とする解析を紹介する. はじめに弾性ひずみエネルギー (elastic strain energy) を説明し, 次に, 仮想仕事の原理 (principle of virtual work), 最小ポテンシャルエネルギー原理 (principle of minimum potential energy) とそれらの双対的な量を説明する. 最後にカスチリアーノの定理 (Castigliano's theorem) を紹介し, その材料力学への応用を例題とともに示す.

カルロ-アルバート・カスチリアーノ
(Carlo Alberto Castigliano)
1847〜1884 年, イタリア

・数学者, 物理学者
・カスチリアーノの第 1 定理・第 2 定理
・線形弾性系のひずみエネルギーと変位と荷重の関係
・構造力学におけるエネルギー原理

本章では，前章までの微分方程式を基礎にした構造部材の変形解析と異なる視点，エネルギーを基に変形解析を行うことができる**カスチリアーノの定理**（Castigliano's Theorem）を紹介する．はじめにエネルギー原理について説明をし，その中でも**弾性ひずみエネルギー**（elastic strain energy）の概念を示す．弾性ひずみエネルギーに相補的な関係にある**補弾性ひずみエネルギー**（complementary elastic strain energy）の概念も併せて示す．その後で仮想仕事の原理（principle of virtual work）と**最小ポテンシャルエネルギー原理**（principle of minimum potential energy）を示し，その相補的な原理も示す．この最小ポテンシャルエネルギー原理と最小補ポテンシャルエネルギーの原理から弾性ひずみエネルギーを基とした**カスチリアーノの第 1 定理**および**第 2 定理**（Castigliano's 1st and 2nd Theorems）が導出されることを説明し，最後にカスチリアーノの定理を活用した構造部材の変形解析を多くの例題とともに示す．

アーチ橋
出典：岩国市ウェブサイト

10.1
エネルギー原理と弾性ひずみエネルギー

図 10.1 に示すような外力を受ける弾性体を考えてみる．

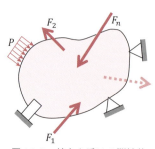

図 10.1　外力を受ける弾性体

エネルギー原理として熱力学の第 1 法則を取り上げる．熱力学の第 1 法則によると弾性体において外力がなした仕事 W_E，系が吸収した熱量 Q および系のエネルギーの変化 ΔE の間には次式が成立する．

$$W_E + Q = \Delta E \tag{10.1}$$

ここに ΔE は弾性体が負荷された結果，生じた物体のエネルギーの変化である．

　物体のエネルギー ΔE の変化は，一般に運動エネルギー T の変化 ΔT および内部エネルギー V の変化 ΔV から成り立っている．すなわち

$$\Delta E = \Delta T + \Delta V \tag{10.2}$$

と書くことができる．$\Delta T = 0$ となる変形がゆっくりと進行，すなわち静的な変形がなされていれば $\Delta E = \Delta V$ となる．さらに変形過程が断熱的であると仮定すれば $Q = 0$ となるので式（10.1）は

$$W_E = \Delta V \tag{10.3}$$

となる．この場合内部エネルギーの変化 ΔV は，負荷過程における力学的な仕事に相当し，この仕事はエネルギーの形で変形した弾性体に蓄えられていると考えられる．この変形時に蓄えられたエネルギーは弾性ひずみエネルギー（elastic strain energy）と呼ばれ，ここでは単に U と記す．したがって式（10.3）は次式となる．

$$W_E = \Delta V = U \tag{10.4}$$

ここで弾性ひずみエネルギーの具体的な形を例題 10.1e-1～e-4 で求めてみよう．

例題 10.1e-1　バネに貯えられる弾性ひずみエネルギー

　図 10.1e-1 に示すような外力 F を受けている剛さ k のバネに貯えられる弾性ひずみエネルギーを求めよ．

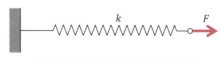

図 10.1e-1　荷重を受けているバネ

【解答】

　図 10.1e-2(a)に示すようなバネが引張り力 F を受けて同図(b)のように x 変位したとする．この負荷過程における力と変位の関係は $F = kx$ にしたがって与えられるので同図(c)のようになる．

　外力になされた仕事 W_E は同図(c)の色がついた部分になるので

$$W_E = \frac{1}{2}F \cdot x = \frac{1}{2}kx \cdot x = \frac{1}{2}kx^2 \tag{e-1}$$

となるのでバネに蓄えらえる弾性ひずみエネルギー U は式（10.4）から

$$U = \frac{1}{2}kx^2 = \frac{1}{2}\left(\frac{1}{k}\right)F^2 \tag{e-2}$$

となる．

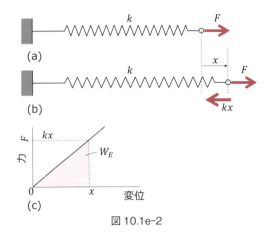

図 10.1e-2

なお引張り荷重ではなくて圧縮荷重 $-F$ を受けた場合にはその変位は圧縮方向へ $-x$ となるので，その間になされた仕事 W_E は，$W_E = \dfrac{1}{2}(-F)(-x) = \dfrac{1}{2}(-kx)(-x) = \dfrac{1}{2}kx^2 = U$ となり，正の量で引張り荷重の場合と同一になることに注意されたい．

例題 10.1e-2　棒に引張り・圧縮時に蓄えられる弾性ひずみエネルギー

　図 10.1e-3 に示すような x 点で軸力 $F_x(x)$ を受けている棒がある．次の二つの場合に棒に蓄えられる弾性ひずみエネルギー U を求めよ．
① 軸力 $F_x = F = \mathrm{const}$　② 軸力 $F_x = F(x)$ （任意の関数）

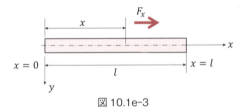

図 10.1e-3

【解答】
① $F_x = F = \mathrm{const.}$ の場合
　図 10.1e-4(a) に示すように引張り荷重 F を受けて棒が x の点で $u(x)$ だけ変位したと考える．第 4 章から

$$\frac{du}{dx} = \frac{F_x}{EA} = \frac{F}{EA} \tag{e-3}$$

となり，$x = l$ の点の伸び u_l は

$$u_l = \int_0^l \frac{du}{dx}\,dx + u_0 = \int_0^l \frac{F}{EA}\,dx + u_0 = \frac{l}{EA}F + u_0 \tag{e-4}$$

となり，全体の伸び Δu は

$$\Delta u = u_l - u_0 \tag{e-5}$$

と求められる．

u_0 から u_l に至る変形過程の変位と力の関係を求めると同図(b)のようになり，色の部分の面積からこの変形過程で蓄えられた仕事 W_E と弾性ひずみエネルギーを等しく置くことで弾性ひずみエネルギー U を求めることができる．

$$U = W_E = \frac{1}{2}\left(\frac{l}{EA}\right)F^2 = \frac{1}{2}\left(\frac{EA}{l}\right)(\Delta u)^2 \tag{e-5}$$

第 4 章で棒の引張時の特性は $k = EA/l$ のバネと同一であると述べた結果を考えると式（e-5）の結果は，$EA/l = k$ とおくとバネの結果と同一になることは明らかである．

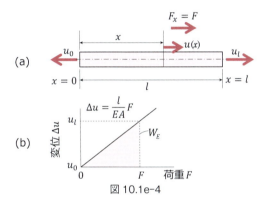

図 10.1e-4

② $F_x = F(x)$ （任意の関数）である場合

この場合は上述の式（e-4）の積分の中の F が x の関数 $F(x)$ となるので式（e-3）は

$$\frac{du}{dx} = \frac{F_x}{EA} = \frac{F(x)}{EA} \tag{e-6}$$

と書ける．この式を変形すると

$$du = \frac{F_x}{EA}\,dx = \frac{F(x)}{EA}\,dx \tag{e-7}$$

となる．したがって x の点でなされる微小の仕事 dW_E は

$$dW = \frac{1}{2}F_x \cdot du = \frac{1}{2}\frac{F_x^2}{EA}\,dx = \frac{1}{2}\frac{F^2(x)}{EA}\,dx \tag{e-8}$$

と計算される．したがって $x = 0$ から $x = l$ までの各点でなされる仕事の合計は式（e-8）を積分して

$$W_x = \frac{1}{2} \int_0^x \frac{F_x^2}{EA} \, dx + W_{E0} = \frac{1}{2} \int_0^x \frac{F^2(x)}{EA} \, dx + W_0 \qquad \text{(e-9)}$$

となり，変形の間になされた仕事 $W_E = W_l - W_0$ は

$$W_E = W_l - W_0 = \frac{1}{2} \int_0^l \frac{F_x^2}{EA} \, dx = \frac{1}{2} \int_0^l \frac{F^2(x)}{EA} \, dx \qquad \text{(e-10)}$$

と求められ，弾性ひずみエネルギー U は

$$U = W_E = \frac{1}{2} \int_0^l \frac{F_x^2}{EA} \, dx = \frac{1}{2} \int_0^l \frac{F^2(x)}{EA} \, dx \qquad \text{(e-11)}$$

となる.

例題 10.1e-3　丸棒のねじり時に蓄えられる弾性ひずみ

　図 10.1e-5 に示すようなねじりを受けている丸棒の x の点でねじりモーメントを M_x とすると丸棒に蓄えられる弾性ひずみエネルギーを次の場合に求めよ.
① $M_x = M = \text{const.}$　　② $M_x = M(x)$（任意の関数）

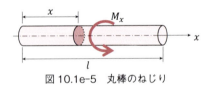

図 10.1e-5　丸棒のねじり

【解答】
　第 5 章で述べたように丸棒の引張り・圧縮問題と丸棒のねじり問題は微分方程式の形が同一になり，いわゆるアナロジー（類推）が可能である．表 5.1 にその対応関係を示しているので，それを用いると棒の引張り・圧縮時の弾性ひずみエネルギーの結果を基に，次のように直ちにその計算式を求めることができる.
① $M_x = M = \text{const.}$ の場合

$$U = \frac{1}{2} \left(\frac{l}{GI_x} \right) M_x^2 = \frac{1}{2} \left(\frac{GI_x}{l} \right) (\Delta\phi)^2 \qquad \text{(e-12)}$$

② $M_x = M(x)$（任意の関数）の場合

$$U = \frac{1}{2} \int_0^l \frac{M_x^2}{GI_x} \, dx = \frac{1}{2} \int_0^l \frac{M^2(x)}{GI_x} \, dx \qquad \text{(e-13)}$$

ここに式 (e-5)，式 (e-11) において $EA \to GI_x$，$\Delta u \to \Delta\phi$ の関係を用いている．また式 (e-12) の GI_x/l は回転バネのバネ定数 k_T に相当するものである．バネの弾性ひずみエネルギーの式

（e-2），棒の引張り・圧縮で軸荷重が一定である式（e-5）に対応する．

例題 10.1e-4　曲げを受けるはりに蓄えられる弾性ひずみエネルギー

　図 10.1e-6 に示すような曲げモーメント M_z を受けているはりがある．次の場合における x の点の曲げモーメントを M_z とするときはりに蓄えられる弾性ひずみエネルギーを求めよ．
① $M_z = F(l-x)$ の場合　　② $M_z = M(x)$（任意の関数）の場合

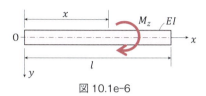

図 10.1e-6

【解答】

　曲げモーメントとたわみの関係は，第 7 章の式（7.3）から

$$M_z = EI_z \frac{d^2 v}{dx^2} \tag{e-14}$$

したがって，たわみ角 $\theta = dv/dx$ と曲げモーメントの関係は，

$$M_z = EI_z \frac{d\theta}{dx} \tag{e-15}$$

となり，下記の式が得られる．

$$\frac{d\theta}{dx} = \frac{M_z}{EI_z} \tag{e-16}$$

① $M_z = P(l-x)$ の場合

$$d\theta = \frac{M_z}{EI_z}\,dx = \frac{P(l-x)}{EI_z}\,dx \tag{e-17}$$

となるので，長さ l のはりに蓄えられる弾性ひずみエネルギーは外力による仕事 W_E から

$$U = W_E = \frac{1}{2}\int_0^l M_z \cdot d\theta = \frac{1}{2}\int_0^l \frac{P^2(l-x)^2}{EI_z}\,dx = \frac{P^2 l^3}{6EI_z} \tag{e-18}$$

② $M_z = M(x)$（任意の関数）の場合

$$U = W_E = \frac{1}{2}\int \frac{M_z^2}{EI_z}\,dx = \frac{1}{2}\int \frac{M^2(x)}{EI_z}\,dx \tag{e-19}$$

以上，棒の引張り・圧縮時，棒のねじり時，はりの曲げ時にそれぞれ蓄えられる弾性ひずみエネ

ルギーを個々の例題にて示した．これらは共通の形，つまり次の形

$$U = \frac{1}{2} \int_0^l \frac{(断面力)^2}{(各剛性)} \, dx \tag{e-20}$$

をしていることがわかる．表10.1に棒状部材に作用する荷重やモーメント等の断面力とその際に蓄えられる弾性ひずみエネルギー U を示しておく．なおこの表にはせん断力が作用する場合も加えてある．

表10.1　棒の断面力と蓄えられる弾性ひずみエネルギー

断面力	剛性	弾性ひずみエネルギーの増分	弾性ひずみエネルギー
軸力 F_x	伸び EA	$dU = \dfrac{F_x}{EA} \, dx$	$U = \dfrac{1}{2} \int_0^l \dfrac{F_x^2}{EA} \, dx$
ねじりモーメント M_x	ねじり GI_x	$dU = \dfrac{M_x}{GI_x} \, dx$	・円形実（中空）断面 $U = \dfrac{1}{2} \int_0^l \dfrac{M_x^2}{GI_x} \, dx$ ・円形以外の断面 $U = \dfrac{1}{2} \int_0^l \dfrac{M_x^2}{GI_x'} \, dx$
曲げモーメント M_z M_y	曲げ EI_y	$dU = \dfrac{M_y}{EI_y} \, dx$	$U = \dfrac{1}{2} \int_0^l \dfrac{M_y^2}{EI_y} \, dx$
	曲げ EI_z	$dU = \dfrac{M_z}{EI_z} \, dx$	$U = \dfrac{1}{2} \int_0^l \dfrac{M_z^2}{EI_z} \, dx$
せん断力 F_y F_z	せん断 GA_y'	$dU = \dfrac{F_y}{GA_y'} \, dx$	$U = \dfrac{1}{2} \int_0^l \dfrac{F_y^2}{GA_y'} \, dx$
	GA_z'	$dU = \dfrac{F_z}{GA_z'} \, dx$	$U = \dfrac{1}{2} \int_0^l \dfrac{F_z^2}{GA_z'} \, dx$

A_y', A_z'：相当断面積（8.1節参照），I_x'：相当二次極モーメント（注1）参照

したがって全部の断面力が作用する時に棒状部材に蓄えられる弾性ひずみエネルギーの最も一般的な形は重ね合わせの原理から以下のようになる．

$$U = \frac{1}{2} \int_0^l \left[\underbrace{\frac{F_x^2}{EA}}_{\substack{伸び\\成分}} + \underbrace{\frac{M_x^2}{GI_x}}_{\substack{ねじり\\成分}} + \underbrace{\frac{M_y^2}{EI_y} + \frac{M_z^2}{EI_z}}_{\substack{曲げ\\成分}} + \underbrace{\frac{F_y^2}{GA_y'} + \frac{F_z^2}{GA_z'}}_{\substack{せん断\\成分}} \right] dx \tag{10.5}$$

（注1）有効断面積を決定する近似的な方法の一つを長方形断面と円形断面の場合を例に取り以下に示す．

　　（長方形断面）　$\tau_{xy, \text{mean}} = \dfrac{3}{2} \dfrac{F_y}{A}$（表9.1）：$A_y' = A_z' = \dfrac{2}{3} A$

　　（円形実断面）　$\tau_{xy, \text{mean}} = \dfrac{4}{3} \dfrac{F_y}{A}$（表9.1）：$A_y' = A_z' = \dfrac{3}{4} A$

10.2
弾性ひずみエネルギーと補弾性ひずみエネルギー

10.2.1 ◆ 弾性ひずみエネルギー一般的表現

　負荷時に弾性体に蓄えられる弾性ひずみエネルギーは，上記の例題では棒状部材内の断面力と対応する変位（回転変位も含む）の関係から負荷時になされる断面力と変位の積の 1/2 の仕事を考えることによって表 10.1 に示すような結果を得た．棒状部材を含む図 10.1 に示したような一般の弾性体における負荷時に蓄えられる弾性ひずみエネルギーは，応力とひずみの関係から一般的に導出することができる．負荷時になされる仕事は式（10.4）でみたようにエネルギーの形で変形した弾性体に蓄えられる．最初に簡単なために σ_x という一成分の応力の作用を受けている構造体の微小体積要素 dV（$= dx \cdot dy \cdot \mathrm{d}z$）を考えてみる（図 10.2）．応力 σ_x と ε_x は変形が進むにしたがって増加し，負荷経路に依存せずにひずみ増分 $d\varepsilon_x$ の間では，蓄えられる弾性ひずみエネルギーは式（10.4）から応力によってなされる仕事に等しいので

$$dU = \int_0^{\varepsilon_x} \sigma_x (dx\,dy\,dz)\, d\varepsilon_x = \int_0^{\varepsilon_x} \sigma_x\, d\varepsilon_x\, dV \tag{10.6}$$

となる．式（10.6）を構造体の体積について積分すると

$$U = \int_V \left(\int_0^{\varepsilon_x} \sigma_x\, d\varepsilon_x \right) dV \tag{10.7}$$

の形で弾性ひずみエネルギーは得られる．

　弾性体では重ね合わせの原理が成立するので各応力成分に対して同様な考え方から下記に示す弾性ひずみエネルギーの一般的な表現が得られる．

$$U = \int_V \left[\int_0^{\varepsilon_x} \sigma_x\, d\varepsilon_x + \int_0^{\varepsilon_y} \sigma_y\, d\varepsilon_y + \int_0^{\varepsilon_z} \sigma_z\, d\varepsilon_z + \int_0^{\gamma_{xy}} \tau_{xy}\, d\gamma_{xy} + \int_0^{\gamma_{yx}} \tau_{yx}\, d\gamma_{yx} + \int_0^{\gamma_{yz}} \tau_{yz}\, d\gamma_{yz} \right.$$
$$\left. + \int_0^{\gamma_{zy}} \tau_{zy}\, d\gamma_{zy} + \int_0^{\gamma_{zx}} \tau_{zx}\, d\gamma_{zx} + \int_0^{\gamma_{xz}} \tau_{xz}\, d\gamma_{xz} \right] dV \tag{10.8}$$

ここで応力とひずみの一般的な関係，すなわち構成式（2.7.2 項参照）

$$\begin{cases} \varepsilon_x = \dfrac{1}{E} \{ \sigma_x - \nu\,(\sigma_y + \sigma_z) \} \\[2mm] \varepsilon_y = \dfrac{1}{E} \{ \sigma_y - \nu\,(\sigma_z + \sigma_x) \} \\[2mm] \varepsilon_z = \dfrac{1}{E} \{ \sigma_z - \nu\,(\sigma_x + \sigma_y) \} \end{cases} \tag{10.9}$$

$$\begin{cases} \tau_{xy} = G\gamma_{xy} \\[1mm] \tau_{yx} = G\gamma_{yx} \quad (\tau_{xy} = \tau_{yx}) \end{cases} \tag{10.10}$$

を用いると式（10.7）は，ひずみ成分および応力成分で表すことができる．

$$U = \int_V \left[\frac{E\nu}{2(1+\nu)(1-2\nu)}(\varepsilon_x + \varepsilon_y + \varepsilon_z)^2 + G(\varepsilon_x{}^2 + \varepsilon_y{}^2 + \varepsilon_z{}^2 + 2\gamma_{xy}{}^2 + 2\gamma_{yz}{}^2 + 2\gamma_{zx}{}^2) \right] dV \tag{10.11}$$

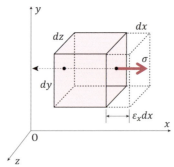

図 10.2　一軸応力 σ_x を受ける弾性体

$$U = \int_V \left[\frac{1}{2E}({\sigma_x}^2 + {\sigma_y}^2 + {\sigma_z}^2) - \frac{v}{E}(\sigma_x\sigma_y + \sigma_y\sigma_z + \sigma_z\sigma_x) + \frac{1}{2G}({\tau_{xy}}^2 + {\tau_{yz}}^2 + {\tau_{zx}}^2) \right] dV \qquad (10.11')$$

式 (10.11)，(10.11)′ は弾性体に蓄えられる弾性ひずみエネルギーの一般式である．したがって先の例題 10.1e-2〜4 の引張り圧縮を受ける棒，ねじりを受ける棒や，曲げを受けるはりに蓄えられる弾性ひずみエネルギーは例えば式 (10.11)，(10.11)′ を使っても同一の結果が得られるはずであるので次の例題で確かめてみよう．

例題 10.2e-1　引張り・圧縮を受ける棒および曲げを受けるはりに蓄えられる弾性ひずみエネルギー

　例題 10.1e-2 で扱った引張り・圧縮を受ける棒，例題 10.1e-3 のねじりを受ける棒，例題 10.1e-4 の曲げを受けるはりに蓄えられる弾性ひずみエネルギーを式 (10.11) を使って計算して，先の例題と同一の結果になることを確かめよ．

【解答】

① 引張り・圧縮を受ける棒

$$U = \int_V \frac{1}{2E}{\sigma_x}^2 dV = \int_V \frac{1}{2E}\left(\frac{F_x}{A}\right)^2 A dx = \frac{1}{2}\int_0^l \frac{{F_x}^2}{EA} dx \qquad (e\text{-}21)$$

② ねじりを受ける棒

$$U = \int_V \frac{1}{2G}{\tau_{xy}}^2 dV = \int_0^l \frac{1}{2G}\left[\int_0^{d/2}\left(\frac{M_z}{I_x}\rho\right)^2 (2\pi\rho)\,d\rho\right]dx = \frac{1}{2}\int_0^l \frac{{M_x}^2}{GI_x} dx \qquad (e\text{-}22)$$

③ 曲げを受けるはり

$$U = \int_V \frac{1}{2E}{\sigma_x}^2 dV = \int_0^l \frac{1}{2E}\left[\int\left(\frac{M_z}{I_z}y\right)^2 dA\right]dx = \int_0^l \frac{1}{2E}\left[\frac{{M_z}^2}{{I_z}^2}\int y^2 dA\right]dx = \frac{1}{2}\int_0^l \frac{{M_z}^2}{EI_z} dx$$

$$(e\text{-}23)$$

となり，それぞれの結果に一致する．

10.2.2 ◆ 補ひずみエネルギーと補弾性ひずみエネルギー

　一軸の応力状態における弾性ひずみエネルギーは，弾性体の任意の1点Pにおける応力とひずみの関係が図 10.3(a)に示すようにひずみ増分 $d\varepsilon_x$ に対応する直線の下の斜線の面積に相当する．

$$dU_p = \frac{1}{2}\sigma_x d\varepsilon_x \tag{10.12}$$

弾性体全体では

$$U = \int U_p dV = \frac{1}{2}\int_V \sigma_x d\varepsilon_x \tag{10.13}$$

となる．

　ここではひずみエネルギーが応力-ひずみ線図の横軸のひずみ増分に対応した仕事と対応しているのに対して双対的（conjugate）あるいは相補的（complementary）な量が考えられる．すなわち縦軸の応力増分に対する仕事に対応したひずみエネルギー増分 $dU_p{}^*$，ひずみエネルギー，U^*が考えられる．

$$dU_p{}^* = \frac{1}{2}\varepsilon_x d\sigma_x \tag{10.14}$$

$$U^* = \int U_p{}^* dV = \frac{1}{2}\int_V \varepsilon_x d\sigma_x \tag{10.15}$$

この U^* は，補ひずみエネルギー（complementary strain energy）と呼ばれる．

　ここで注意すべきは線形弾性体の図 10.3 の(a)の場合では，弾性ひずみエネルギー U と補弾性ひずみエネルギー（complementary elastic strain energy）U^* は

$$U = U^* \tag{10.16}$$

と一致し，同図(b)のような非線形弾性体の場合では

$$U \neq U^* \tag{10.17}$$

となり，つまり一般的にはひずみエネルギーと補ひずみエネルギーは一致しない．

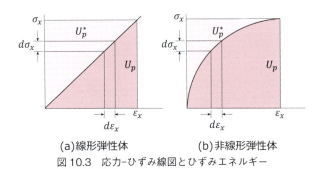

(a)線形弾性体　　　　(b)非線形弾性体

図 10.3　応力-ひずみ線図とひずみエネルギー

10.3
外力のなす仕事の一般力，一般変位による表現

　再び図 10.1 に示すような剛体変位ができないように支えられている弾性体を考えてみる．ここで一般力（generalized forces）という力の概念を導入する．一般力とは，それに対応する一般変位（generalized displacements）によってなされる仕事が通常の力と変位がなす仕事と等しく置くことによって得られる力である．詳しくは文献(1)(2)等を参照されたい．

　一般力の具体的な形は，集中荷重のみならず，分布荷重，モーメント荷重などが考えらえる．それらに対応する一般変位は並進変位（直線変位），分布平均変位，回転角などが考えられる．すなわち力，変位の概念を集中荷重や直線変位に限らずに広く拡張したものである．

　さて線形弾性体の変位は全ての負荷荷重の重ね合わせによって生じる．そこで図 10.4 に示すような n 個の一般力 Q_i $(i=1,\ 2,\ \cdots,\ n)$ を受けている線形弾性体の荷重の作用点に生じる一般変位を q_i $(i = i=1,\ 2,\ \cdots,\ n)$ で表せば，i 点の変位 q_i はその点の荷重 Q_i のみならず，全ての荷重 Q_j $(i = i=1,\ 2,\ \cdots,\ n)$ の作用を受ける．したがって変位 q_i $(i = i=1,\ 2,\ \cdots,\ n)$ はフックの法則から

$$\begin{cases} q_1 = \alpha_{11}Q_1 + \alpha_{12}Q_2 + \cdots + \alpha_{1n}Q_n \\ q_2 = \alpha_{21}Q_1 + \alpha_{22}Q_2 + \cdots + \alpha_{2n}Q_n \\ \vdots \\ q_n = \alpha_{n1}Q_1 + \alpha_{n2}Q_2 + \cdots + \alpha_{nn}Q_n \end{cases}$$

$$\text{あるいは } q_i = \sum_{j=1}^{n} \alpha_{ij}Q_j \quad (i,\ j=1,\ 2,\ \cdots,\ n) \tag{10.18}$$

と書くことができる．ここで α_{ij} は，たわみ性影響数（flexibility influence coefficients）と呼ばれる係数である．たわみ性影響数は，荷重点 i と変位点 j の関係でさらに次のように区別して呼ぶこともある．

$$\begin{cases} \alpha_{ij} \ (i=j) \cdots 自己たわみ性影響数 \\ \alpha_{ij} \ (i \neq j) \cdots 相互たわみ性影響数 \end{cases}$$

式 (10.18) はマトリクスとベクトルの表現を使えば以下のように書くことができる．

$$\boldsymbol{q} = \boldsymbol{C}\boldsymbol{Q} \tag{10.19}$$

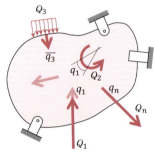

図 10.4　一般力 Q_i と一般変位 q_i

ここに $\boldsymbol{q}$：一般変位ベクトル，$\boldsymbol{Q}$：一般力ベクトル，$\boldsymbol{C}$：たわみ性（影響数）マトリクス（flexibility (influence) coefficient matrix）である.

ここで式 (10.18) を Q_j で偏微分すると

$$\frac{\partial q_i}{\partial Q_j} = \alpha_{ij} \tag{10.20}$$

となり，たわみ性影響数 α_{ij} が求められる．剛体運動の自由度がないように拘束されている線形弾性体では，$\boldsymbol{C}$ の逆マトリクス $\boldsymbol{C}^{-1}$ が存在するので式 (10.19) から

$$\boldsymbol{Q} = \boldsymbol{C}^{-1}\boldsymbol{q} = \boldsymbol{K}\boldsymbol{q} \tag{10.21}$$

と変形することができる．ここに $\boldsymbol{K} = \boldsymbol{C}^{-1}$ で力ベクトル $\boldsymbol{Q}$ と変位ベクトル $\boldsymbol{q}$ を関係付ける剛性（影響数）マトリクス（stiffness (influence) coefficient matrix）と呼ばれるマトリクスである．式 (10.21) における一般力 Q_i 成分は

$$Q_i = \sum_{j=1}^{n} k_{ij} q_j \tag{10.22}$$

となり，係数 k_{ij} はマトリクス $\boldsymbol{K}$ の成分の "剛性影響係数" であり，バネの場合のバネ剛さ（剛性）に相当する．また式 (10.22) を一般変位 q_j で偏微分すると

$$\frac{\partial Q_i}{\partial q_j} = k_{ij} \tag{10.23}$$

となり，剛性影響係数が得られる．

ここで一般力 Q_i によってなされる仕事 W_E を考えてみよう．簡単のために，はじめに点 1 の集中荷重 Q_1 だけが作用する場合を考えてみる．これに対応する一般変位は点 1 の直線変位 q_1 である．いま一般力 Q_1 の作用下で一般変位 q_1 が 0 から徐々に大きさを増して最終的に $\overline{q_1}$ に至ったと考えてみる．それに対応して力 Q_1 が変化し最終的 $\overline{Q_1}$ になったとする．この徐々に変位を増す過程をパラメータ λ で表すと $q_1 = \lambda \overline{q_1}$（$\lambda = 0 \sim 1$），その過程内に対応する Q_1 を $Q_1 = \lambda \overline{Q_1}$ と表せば，その間の仕事は

$$W_E = \int Q_1 dq_1 = \int_0^1 \lambda \overline{Q_1} d(\lambda \overline{q_1}) = \overline{Q_1}\,\overline{q_1} \int_0^1 \lambda d\lambda = \frac{1}{2}\overline{Q_1}\,\overline{q_1} \tag{10.24}$$

となり，$\overline{q_1}$，$\overline{Q_1}$，を改めて q_1，Q_1 と記せば

$$W_E = \frac{1}{2} Q_1 q_1 \tag{10.25}$$

となり，同様に一般力 Q_i が同時に作用する場合になされる仕事は

$$W_E = \frac{1}{2} \sum_{i=1}^{n} Q_i q_i \tag{10.26}$$

で表すことができる．この式を式（10.20），（10.22）に現れるたわみ性影響数 α_{ij} および剛性影響数 k_{ij} を使って表すと以下のようになる．

$$
\begin{cases}
W_E = \dfrac{1}{2} \displaystyle\sum_{i=1}^{n} \sum_{j=1}^{n} \alpha_{ij} Q_i Q_j & (10.27) \\[2em]
W_E = \dfrac{1}{2} \displaystyle\sum_{i=1}^{n} \sum_{j=1}^{n} k_{ij} q_i q_j & (10.28)
\end{cases}
$$

10.4
仮想仕事の原理と補仮想仕事の原理

10.4.1 ◆ 仮想仕事と仮想仕事の原理

いま，図 10.5 に示すように剛体運動ができないように拘束されている弾性体を考える．

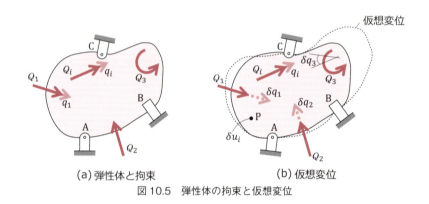

（a）弾性体と拘束　　　　　（b）仮想変位
図 10.5　弾性体の拘束と仮想変位

　弾性体の拘束条件を満足するように仮想的な変位，すなわち運動学的に許容し得る変位（kinematically admissible displacements）が生じたと考えよう．ここで運動学的に許容し得る変位とは，図 10.5 の例では同図の A 点の拘束条件においては回転変位のみが許容され B 点では回転変位も並進変位も許容されず，C 点では回転変位のみが許容されるような変位を指す．いま仮想変位を生じさせ点 j における Q_i 方向の仮想変位を δq_i とすると弾性体内部の任意の点 P においても仮想変位 δu_x，δu_y，δu_z が生じ，それに伴い仮想ひずみ（$\delta \varepsilon_x$，$\delta \varepsilon_y$，$\delta \varepsilon_z$，$\delta \gamma_{xy}$，$\delta \gamma_{yx}$，$\delta \gamma_{yz}$，$\delta \gamma_{zy}$，$\delta \gamma_{zx}$，$\delta \gamma_{xz}$）が生じる．ここで注意すべきは仮想変位の生じる時の仮定である．**すなわち弾性体は荷重によって変形が生じた後に仮想変位が生じるという仮定をしていることである．**つまり外部仮想仕事 δW_E は実際の応力（σ_x，σ_y，σ_z，τ_{xy}，τ_{yx}，τ_{yz}，τ_{zy}，τ_{zx}，τ_{xz}）が仮想変位によって生じる弾性ひずみエネルギー U の変化 δU に等しいと考える点である．$\delta W_E = \delta U$ になることは次のように一般的に証明できる．

　弾性体の表面に分布している表面力 $\boldsymbol{T} = (T_x,\ T_y,\ T_z)^T$ によって生じる仮想仕事は，対応する仮想変位（δu_x，δu_y，δu_z）を表面力に乗じて面積積分をすることによって，また弾性体の体積全体に分布している体積力 $\boldsymbol{f} = (f_x, f_y, f_z)^T$ によってなされる仕事は，対応する仮想変位 $\delta \boldsymbol{u}^T = (\delta u_x,\ \delta u_y,\ \delta u_z)$ を乗じ体積積分をすることによって

$$\delta W_E = \int_S (T_x \delta u_x + T_y \delta u_y + T_z \delta u_z) dS + \int_V (f_x \delta u_x + f_y \delta u_y + f_z \delta u_z) dV \tag{10.29}$$

となる．この式を基に（注 2）に示すような発散定理を用いることによって右辺第 1 項の面積積分を体積積分に変換でき，また力のつりあいを考慮することによって最終的に

$$\delta W_E = \int_V (\sigma_x \delta \varepsilon_x + \sigma_y \delta \varepsilon_y + \sigma_z \delta \varepsilon_z + 2\tau_{xy} \delta \gamma_{xy} + 2\tau_{yz} \delta \gamma_{yz} + 2\tau_{zx} \delta \gamma_{zx}) dV \tag{10.30}$$

の形となり

$$\delta W_E = \delta U \tag{10.31}$$

となる．ここに

$$
\begin{cases}
\delta W_E = \int_S (T_x \delta u_x + T_y \delta u_y + T_z \delta u_z) dS + \int_V (f_x \delta u_x + f_y \delta u_y + f_z \delta u_z) dV \tag{10.32}\\[2mm]
\delta U = \int_V (\sigma_x \delta \varepsilon_x + \sigma_y \delta \varepsilon_y + \sigma_z \delta \varepsilon_z + 2\tau_{xy} \delta \gamma_{xy} + 2\tau_{yz} \delta \gamma_{yz} + 2\tau_{zx} \delta \gamma_{zx}) dV \tag{10.33}
\end{cases}
$$

である．

　したがって仮想仕事の原理（principle of virtual work）は以下のようにまとめられる．

（注 2）発散定理による式（10.31）の導出[2]
　　①　式（10.29）の変形

$$\int_S (T_x \delta u_x + T_y \delta u_y + T_z \delta u_z) dS = \int_S (\sigma_x l + \tau_{xy} m + \tau_{xz} n) \delta u_x$$

$$= \int_S \boldsymbol{\sigma} \cdot \boldsymbol{n} \cdot \delta \boldsymbol{u} dS = \int_S \Big((\boldsymbol{\sigma} \cdot \delta \boldsymbol{u}) \cdot \boldsymbol{n} dS + (\tau_{yx} l + \sigma_x m + \tau_{yz} n) \delta u_y + (\tau_{zx} l + \tau_{zy} m + \sigma_z n) \delta u_z \Big) dV \tag{a}$$

ここに $\sigma = \begin{bmatrix} \sigma_x & \tau_{xy} & \tau_{xz} \\ \tau_{yz} & \sigma_y & \tau_{yz} \\ \tau_{zx} & \tau_{zy} & \sigma_z \end{bmatrix}$：応力テンソル，$\boldsymbol{n} = \begin{Bmatrix} l \\ m \\ n \end{Bmatrix}$：方向余弦ベクトル，$\delta \boldsymbol{u} = \begin{Bmatrix} \delta u_x \\ \delta u_y \\ \delta u_z \end{Bmatrix}$：仮想変位ベクトル

　　②　発散定理（divergence theorem）

$$div\boldsymbol{F} = \frac{\partial F_x}{\partial x} + \frac{\partial F_y}{\partial y} + \frac{\partial F_z}{\partial z} = \nabla \cdot \boldsymbol{F} \quad (\nabla：ナブラ（nabla))$$

V を三次元空間でなめらか（C' クラスで可）な境界 ∂V を持つ有界な領域（＝連結閉集合）とし，F は V の閉包で定義されているなめらかなベクトルとすると

$$\int_V \nabla \cdot \boldsymbol{F} dV = \int_S \boldsymbol{F} \cdot \boldsymbol{n} dS \tag{b}$$

　　③　式（a）に発散定理式（b）を適用

$$\int_S (\sigma \delta \boldsymbol{u}) \cdot \boldsymbol{n} dS = \int_V \nabla \cdot (\sigma \delta \boldsymbol{u}) dV \tag{c}$$

これを式（10.31）に代入して整理

$$\delta W_E = \int_V \nabla (\boldsymbol{\sigma} \cdot \delta \boldsymbol{u}) dV + \int_V \boldsymbol{f} \cdot \delta \boldsymbol{u} dV = \int_V (\nabla \boldsymbol{\sigma} \cdot \delta \boldsymbol{u} + \boldsymbol{f} \delta \boldsymbol{u}) dV + \int \sigma \nabla \delta \boldsymbol{u} dV \tag{d}$$

ここに $\boldsymbol{f}^T = \{f_x, f_y, f_z\}^T$ である．
　　④　力の平衡条件

$$\nabla \boldsymbol{\sigma} + \boldsymbol{f} = 0 \tag{e}$$

式（e）を式（d）に代入すると

$$\delta W_E = \int_V \sigma (\nabla \cdot \delta \boldsymbol{u}) dV = \int \boldsymbol{\sigma} \cdot d\boldsymbol{\varepsilon} \cdot dV = \delta U \tag{g}$$

［仮想仕事の原理（principle of virtual work）］

　つりあい状態にある弾性体に仮想変位を与えると外力のなす仕事 δW_E は内部応力のなす仕事 δU に等しい（$\delta W_E = \delta U$）.

ここで注意すべきは以下の点である.

　仮想変位がなす仕事 δW_E は，n 個の離散一般力系 Q_i（$i = 1,\ 2,\ \cdots,\ n$）の作用下では

$$\delta W_E = \sum_{i=1}^{n} Q_i \delta q_i \tag{10.34}$$

となる[注3]. 式（10.34）の右辺に 1/2 の係数が付いていないのは，一般力 Q_i は既に最終値 Q_i に達した後に仮想変位が生じて仕事を発生すると仮定していることによる.

10.4.2 ◆ 補仮想仕事の原理

　前述の仮想仕事の原理では，仮想変位をする際に弾性体において力系のなす仕事を考え，原理を導いた. それに対してここでは双対的（conjugate）な，あるいは相補的（complementary）な概念である補仮想仕事の原理（principle of complementary virtual work）について考えてみよう.

　対象とする系は前と同様に剛体運動が拘束された線形弾性体とする. 系が平衡した後に仮想的な応力（$\delta\sigma_x,\ \delta\sigma_y,\ \delta\sigma_z,\ \delta\tau_{xy},\ \delta\tau_{yx},\ \delta\tau_{yz},\ \delta\tau_{zy},\ \delta\tau_{zx},\ \delta\tau_{xz}$）が生じたとし，系の平衡条件式を満足すると考えると式（10.29）に双対的な式として，前と同様に体積力（T_x, T_y, T_z）と平面力（f_x, f_y, f_z）のなす仕事 $W_E{}^*$ は

$$\delta W_E{}^* = \int_V (\delta T_x u_x + \delta T_y u_y + \delta T_z u_z) dV + \int_S (\delta f_x u_x + \delta f_y \delta u_y + \delta f_z \delta u_z) dS \tag{10.35}$$

となる. $\delta W_E{}^*$ は補仮想仕事（complementary virtual work）と呼ばれる. 仮想仕事の原理を導いたときと同様な手順で

$$\delta W_E{}^* = \delta U^* \tag{10.36}$$

を導くことができる[2]. ここに δU^* は下記のように仮想的な応力が実際のひずみに対してなす補仕事（complementary work）に相当する[注4].

$$\delta U^* = \int_V (\delta\sigma_x\varepsilon_x + \delta\sigma_y\varepsilon_y + \delta\sigma_z\varepsilon_z + \delta\tau_{xy}\gamma_{xy} + \delta\tau_{yx}\gamma_{yx} + \delta\tau_{yz}\gamma_{yz} + \delta\tau_{zy}\gamma_{zy} + \delta\tau_{zx}\gamma_{zx} + \delta\tau_{xz}\gamma_{xz}) dV$$

$$\tag{10.37}$$

したがって補仮想仕事の原理（principle of complementary virtual work）として次のように説明できる.

［補仮想仕事の原理（principle of complementary virtual work）］

　つりあい状態にある弾性体に仮想応力を考えると外力のなす補仕事 $\delta W_E{}^*$ は，内部ひずみのな

[注3] 体積力は 0 と考えている.
[注4] 仮想変位による "仕事" と区別するために，ここでは仮想応力による仕事を補仕事（complementary work）と呼ぶ.

す仕事 δU^* に等しい（$\delta W_E{}^* = \delta U^*$）.

n 個の離散的な一般力 Q_i（$i = 1,\ 2,\ \cdots,\ n$）を受けている弾性体では，補仕事 $\delta W_E{}^*$ は

$$\delta W_E{}^* = \sum_{i=1}^{n} \delta Q_i q_i \tag{10.38}$$

となる.

10.5 最小ポテンシャルエネルギーの原理と最小コンプリメンターエネルギーの原理

10.5.1 ◆ 最小ポテンシャルエネルギーの原理

前述の仮想仕事の原理や補仮想仕事の原理の際に用いた "δ" の記号は，変位や応力，力の変分の演算子 δ として考えられる. 仮想仕事の原理を示す式（10.31）

$$\delta W_E = \delta U \tag{10.39}$$

において左辺の δW_E は

$$\delta W_E = \int_S (T_x \delta u_x + T_y \delta u_y + T_z \delta u_z)\, dS + \int_V (f_x \delta u_x + f_y \delta u_y + f_z \delta u_z)\, dV \tag{10.40}$$

において表面力 $\boldsymbol{T} = (T_x,\ T_y,\ T_z)^T$ および体積力 $\boldsymbol{f} = (f_x,\ f_y,\ f_z)^T$ が変位だけの関数，すなわちそれらが構造の変形と無関係であると仮定すると，これらの力は保存力（conservative force）として扱うことができる. つまり次のようなポテンシャル関数 H, h を考えることができる.

$$H = -(T_x u_x + T_y u_y + T_z u_z) \tag{10.41}$$
$$h = -(f_x u_x + f_y u_y + f_z u_z) \tag{10.42}$$

式（10.41），（10.42）から保存力としての表面力および体積力は以下のようになる.

$$T_x = -\frac{\partial H}{\partial u_x}, \quad T_y = -\frac{\partial H}{\partial u_y}, \quad T_z = -\frac{\partial H}{\partial u_z} \tag{10.43}$$

$$f_x = -\frac{\partial h}{\partial u_x}, \quad f_y = -\frac{\partial h}{\partial u_y}, \quad f_z = -\frac{\partial h}{\partial u_z} \tag{10.44}$$

ここで外力によるポテンシャルとして

$$V_E = -\int_S (T_x u_x + T_y u_y + T_z u_z)\, dS - \int_V (f_x u_x + f_y u_y + f_z u_z)\, dV \tag{10.45}$$

を考えると式（10.39）から

$$\delta U - \delta W_E = \delta(U + V_E) = \delta \Pi = 0 \tag{10.46}$$

が導かれる. ここに

$$\Pi = U + V_E \tag{10.47}$$

で，Πは弾性ひずみエネルギー U と外力のポテンシャルエネルギー V_E の和で構造の**全ポテンシャルエネルギー**（total potential energy）と呼ばれる[注5]．

すなわち式（10.47）から次のことが言える．

[最小ポテンシャルエネルギーの原理（principle of minimum potential energy）]

　与えられた拘束条件を満足する変位場の中で，真の変位状態はその構造の全ポテンシャルエネルギーを最小とするものである．

10.5.2 ◆ 最小補ポテンシャルエネルギーの原理

　式（10.35）から補仮想仕事の原理は

$$\delta W_E^* = \delta U^* \tag{10.48}$$

と表せる．

　ここで**補ポテンシャル関数**（complementary potential function）として

$$V_E^* = -\int_S (T_x u_x + T_y u_y + T_z u_z)\,dS - \int_V (f_x u_x + f_y u_y + f_z u_z)\,dV \tag{10.49}$$

を考える．式（10.49）は外力の補ポテンシャル関数であり，被積分関数を表面力（T_x, T_y, T_z）や体積力（f_x, f_y, f_z）で偏微分すると対応する変位（u_x, u_y, u_z）が得られることは容易に理解されよう．式（10.48）から

$$\delta U^* - \delta W_E^* = \delta(U^* + V_E^*) = \delta \Pi^* = 0 \tag{10.50}$$

となる．ここに $\Pi^* = U^* + V_E^*$ で**全補ポテンシャルエネルギー**（total complementary potential energy）と呼ばれる．したがって以下のことが言える．

[最小補ポテンシャルエネルギーの原理（principle of complementary potential energy）]

　与えられたつりあい条件を満たす応力場の中で真の応力状態はその構造の補ポテンシャルエネルギーを最小とするものである．

10.6
カスチリアーノの定理

10.6.1 ◆ カスチリアーノの定理

　前節の最小ポテンシャルエネルギーの原理および最小補ポテンシャルエネルギーの原理を基に

（注5）弾性ひずみエネルギーもポテンシャルエネルギーの一種である．すなわち対応する変位やひずみで偏微分して負の符号を付すと対応する外力や応力が導かれる．簡単なバネの例において $U = \dfrac{1}{2}kx^2$ の場合 $-\dfrac{\partial U}{\partial x} = -kx = F_s$（復元力）となることを考えると理解しやすい．

材料力学で活用されているカスチリアーノの定理を導くことができる.

　ここでも弾性体が離散的な n 個の一般力 Q_i $(i=1,\ 2,\ \cdots,\ n)$ を受けており,変位 q_i $(i=1,\ 2,\ \cdots,\ n)$ が生じている場合を考える.材料力学でカスチリアーノの定理を活用するのはこのような場合が多いことを念頭に入れている.

　最小ポテンシャルエネルギーの原理から実際に起こり得る変位は,次の全ポテンシャルエネルギーを最小にする変位である.式 (10.32) と (10.45) を考えると $V_E=-W_E$ であるので

$$\Pi = U + V_E = U - \sum_{i=1}^{n} Q_i q_i = U(q_1,\ q_2,\ \cdots,\ q_n) - \sum_{i=1}^{n} Q_i q_i \tag{10.51}$$

と書ける.ここで弾性ひずみエネルギー U は q_i $(i=1,\ 2,\ \cdots,\ n)$ の関数であると考えていて,式 (10.51) の Π が最小値を取る必要条件は,変位 q_i の変分を考えると次式となる[注6].

$$\delta\Pi = \delta\left[U(q_1,\ q_2,\ \cdots,\ q_n) - \sum_{i=1}^{n} Q_i q_i\right] = \sum_{i=1}^{n} \frac{\partial U}{\partial q_i}\delta q_i - \sum_{i=1}^{n} Q_i \delta q_i = \sum_{i=1}^{n}\left(\frac{\partial U}{\partial q_i} - Q_i\right)\delta q_i = 0 \tag{10.52}$$

式 (10.52) において δq_i は任意に取れるので (　) 内が 0 とならなければならないので

$$Q_i = \frac{\partial U}{\partial q_i} \quad (i=1,\ 2,\ \cdots,\ n) \tag{10.53}$$

が成立する,すなわちカスチリアーノの第一定理と呼ばれる次の定理が成立する.

[カスチリアーノの第一定理(Castigliano's first theorem)]
　弾性構造に蓄えられる弾性ひずみエネルギー U を一般変位 q_i $(i=1,\ 2,\ \cdots,\ n)$ で表したとき,一般変位に対応する一般力 Q_i $(i=1,\ 2,\ \cdots,\ n)$ は,U の一般変位 q_i $(i=1,\ 2,\ \cdots,\ n)$ に関する 1 階の偏導関数で表される.すなわち

$$Q_i = \frac{\partial U}{\partial q_i} \quad (i=1,\ 2,\ \cdots,\ n)$$

10.6.2 ◆ カスチリアーノの第二定理

　最小補ポテンシャルエネルギーの原理から,全補ポテンシャルエネルギー Π^* を最小とする必要条件は

$$\Pi^* = U^* + V_E^* = U^* - \sum_{i=1}^{n} Q_i q_i \tag{10.54}$$

(注6)　式 (10.51) が最小値を取る必要条件は極値を取る停留条件 $\delta\Pi=0$ であり,十分条件は第 2 変分 $\delta^2\Pi$ の符号を調べる必要がある.また $\delta U = \sum_{i=1}^{n} \frac{\partial U}{\partial q_i}\delta q_i$ の関係を使っている.

$$\delta \Pi^* = \delta \left[U^*(Q_1, \ Q_2, \ \cdots, \ Q_n) - \sum_{i=1}^{n} Q_i q_i \right] = \sum_{i=1}^{n} \frac{\partial U^*}{\partial Q_i} \delta Q_i - \sum_{i=1}^{n} q_i \delta Q_i$$

$$= \sum_{i=1}^{n} \left(\frac{\partial U}{\partial Q_i} - q_i \right) \delta Q_i = 0 \tag{10.55}$$

式（10.55）が任意の δQ_i に対して成立するためには（　）内が 0 とならなければならないことから

$$q_i = \frac{\partial U^*}{\partial Q_i} \quad (i=1, \ 2, \ \cdots, \ n) \tag{10.56}$$

となる．すなわち次のカスチリアーノの第二定理と呼ばれる定理が成立する．

[カスチリアーノの第二定理（Castigliano's second theorem）]

　弾性体に蓄えられる弾性補ひずみエネルギー U^* を一般力 Q_i $(i=1, \ 2, \ \cdots, \ n)$ で表したとき，一般力 Q_i $(i=1, \ 2, \ \cdots, \ n)$ に対応する一般変位 q_i は，U^* の一般力 Q_i $(i=1, \ 2, \ \cdots, \ n)$ に関する 1 階の偏導関数で表される．すなわち

$$q_i = \frac{\partial U^*}{\partial Q_i} \quad (i=1, \ 2, \ \cdots, \ n)$$

10.6.3 ◆ 第一定理と第二定理の応用

　カスチリアーノの第一定理では弾性ひずみエネルギー U が一般変位 q_i $(i=1, \ 2, \ \cdots, \ n)$ のみ関数で陽に表されるとき，対応する力，一般力 Q_i $(i=1, \ 2, \ \cdots, \ n)$ を求める際に有用である．

　一方，カスチリアーノの第二定理は弾性補ひずみエネルギー U^* が一般力 Q_i $(i=1, \ 2, \ \cdots, \ n)$ のみの関数で陽に表されるとき，対応する変位，一般変位 q_i $(i=1, \ 2, \ \cdots, \ n)$ を求める際に有用である．材料力学の多くの問題では力 Q_i $(i=1, \ 2, \ \cdots, \ n)$ が既知で変位 q_i $(i=1, \ 2, \ \cdots, \ n)$ を求める必要がある．したがってカスチリアーノの第一定理よりも第二定理のほうが活用される．さらに線形弾性体では図 10.3 に示すように $U^*=U$ となるので第二定理は次の形に書くことができる．

$$q_i = \frac{\partial U^*}{\partial Q_i} = \frac{\partial U}{\partial Q_i} \quad (i=1, \ 2, \ \cdots, \ n) \tag{10.57}$$

すなわち系に蓄えられる弾性ひずみエネルギー U を荷重 Q_i $(i=1, \ 2, \ \cdots, \ n)$ で偏微分することにより，その点の変位 q_i $(i=1, \ 2, \ \cdots, \ n)$ を求めることが可能となる．材料力学でカスチリアーノの定理と単に呼ぶ場合には，この第二定理を式（10.57）の形で変位を求める方法を指していることが多い．

10.6.4 ◆ エネルギー原理とカスチリアーノの定理の関係

　これまで眺めてきたように仮想仕事の原理，補仮想仕事の原理を基にして，最小ポテンシャルエネルギーの原理，最小補ポテンシャルエネルギーの原理が導かれた．さらに最小ポテンシャルエネルギー原理，最小補ポテンシャルエネルギー原理からカスチリアーノの第一定理，第二定理

を導くことができた．表 10.2 にエネルギー原理とカスチリアーノの定理の関係をまとめて示しておく．なお変位，ひずみを可変量として変分を考える方法は一般に**変位法**（displacement method）と，力や応力を可変量として変分を考える方法は**応力法**（stress method）と呼ばれている[1], [3].

表 10.2　エネルギー原理とカスチリアーノの関係

変位法	応力法
（仮想仕事の原理） $\delta W_E = \delta U$ $\begin{cases} \delta W_E = \sum_{i=1}^{n} Q_i \delta q_i \\ \delta U = \int_V \{\sigma_x \delta \varepsilon_x + \sigma_y \delta \varepsilon_y + \sigma_z \delta \varepsilon_z \\ \quad + 2(\tau_{xy}\delta\gamma_{xy} + \tau_{yz}\delta\gamma_{yz} + \tau_{zx}\delta\gamma_{zx})\} dV \end{cases}$	（補仮想仕事の原理） $\delta W_E^* = \delta U^*$ $\begin{cases} \delta W_E^* = \sum_{i=1}^{n} q_i \delta Q_i \\ \delta U^* = \int_V \{\varepsilon_x \delta \sigma_x + \varepsilon_y \delta \sigma_y + \varepsilon_z \delta \sigma_z \\ \quad + 2(\gamma_{xy}\delta\tau_{xy} + \gamma_{yz}\delta\tau_{yz} + \gamma_{zx}\delta\tau_{zx})\} dV \end{cases}$
（最小ポテンシャルエネルギー原理） $\delta\Pi = \delta(U + V_E) = 0$ $\begin{cases} V_E = -\sum_{i=1}^{n} Q_i q_i \\ U = U \quad (q_1, q_2, \cdots, q_3) \end{cases}$	（最小補ポテンシャルエネルギー原理） $\delta\Pi^* = \delta(U^* + V_E^*) = 0$ $\begin{cases} V_E^* = -\sum_{i=1}^{n} Q_i q_i = V_E \\ U^* = U^* \quad (Q_1, Q_2, \cdots, Q_3) \quad (V_E^* = V_E) \end{cases}$
（カスチリアーノの第一定理） $Q_i = \dfrac{\partial U}{\partial q_i} \quad (i=1, 2, \cdots, n)$ $k_{ij} = \dfrac{\partial^2 U}{\partial q_i \partial q_j} \quad (i, j=1, 2, \cdots, n)$ （剛性影響数）	（カスチリアーノの第二定理） $q_i = \dfrac{\partial U^*}{\partial Q_i} \quad (i=1, 2, \cdots, n)$ 線形弾性体の場合 $\left(q_i = \dfrac{\partial U}{\partial Q_i}\right)$ $\alpha_{ij} = \dfrac{\partial^2 U^*}{\partial Q_i \partial Q_j} \quad$（たわみ性影響係数）

10.6.5 ◆ カスチリアーノの定理による材料力学問題の解析例

　ここではカスチリアーノの第二定理による材料力学問題の解析例を示し，その有効性を示す．

例題 10.6e-1　棒に蓄えられる弾性ひずみエネルギーと変形

（a）棒の引張り・圧縮問題
　二つの引張り荷重を受ける左端固定，右端自由の棒の荷重点 B の変位を計算せよ．
（b）丸棒のねじり問題
　A 点でねじりモーメント T を受ける左端固定，右端自由の丸棒の A 点，B 点におけるねじれ角を計算せよ．
（c）はりの曲げ問題
　① 集中荷重を受ける片持ちはりのたわみ
　　A 点におけるたわみを計算せよ．
　② 集中曲げモーメントを受ける両端支持張りのたわみ角
　　曲げモーメントを受ける両端支持ばりの A 点におけるたわみ角を計算せよ．
　③ 集中荷重を受ける両端支持ばりのたわみ
　　集中荷重を受ける両端支持張りの A 点におけるたわみを計算せよ．

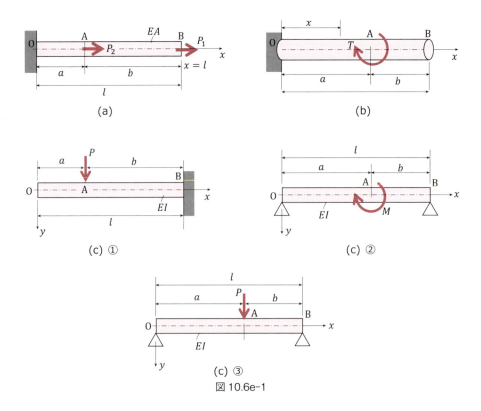

(a)　　　　　　　　　　　　(b)

(c) ①　　　　　　　　　　　(c) ②

(c) ③
図 10.6e-1

【解答】(a)

・棒の軸力 F_x の分布（BMD）

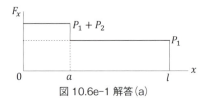

図 10.6e-1 解答(a)

・棒に蓄えられる弾性ひずみエネルギー U（表 10.1 参照）

$$U = \frac{1}{2}\int_0^l \frac{F_x^{\,2}}{EA}\,dx = \frac{1}{2EA}\left[\int_0^a (P_1+P_2)^2 dx + \int_a^l P_1^{\,2} dx\right] = \frac{1}{2EA}\{(P_1+P_2)^2 a + P_1^{\,2}(l-a)\}$$

・B 点の伸び u_B（カスチリアーノの第二定理）

$$u_B = \frac{\partial U}{\partial P_1} = \frac{1}{2EA}\{2(P_1+P_2)a + 2P_1(l-a)\} = \frac{a}{EA}(P_1+P_2) + \frac{(l-a)}{EA}P_1$$

【解答】(b)

・棒のねじりモーメント分布

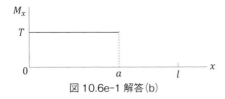

図 10.6e-1 解答(b)

・棒に蓄えられる弾性ひずみエネルギー（表 10.1 参照）

$$U = \frac{1}{2} \int \frac{M_x^2}{GI_x} \, dx = \int_0^a \frac{T^2}{GI_x} \, dx = \frac{aT^2}{2GI_x}$$

・A 点のねじれ角 θ_A

$$\theta_A = \frac{\partial U}{\partial T} = \frac{a}{GI_x} \, T$$

・B 点のねじれ角 θ_B
　AB 間はねじりモーメント無　$\theta_A = \theta_B$

【解答】(c)①
・はりの曲げモーメント M_z の分布（BMD）

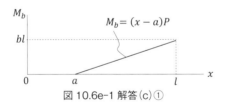

図 10.6e-1 解答(c)①

・はりに蓄えられる弾性ひずみエネルギー U（表 10.1 参照）

$$U = \frac{1}{2} \int_0^l \frac{M_z^2}{EI} \, dx = \frac{1}{2} \int_a^{a+b} \frac{(x-a)^2 P^2}{EI} \, dx = \frac{P^2}{2EI} \left[\frac{(x-a)^3}{3} \right]_a^{a+b} = \frac{P^2 b^3}{6EI}$$

・A 点のたわみ

$$v_A = \frac{\partial U}{\partial P} = \frac{b^3}{3EI} \, P$$

【解答】(c)②
・はりの曲げモーメント M_z の分布（BMD）

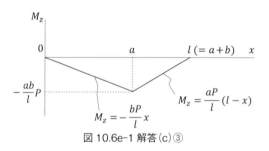

$$M_z = \frac{M}{2l}x$$

$$M_z = \frac{-M}{2l}(l-x)$$

図 10.6e-1 解答(c)②

・はりに蓄えられる弾性ひずみエネルギー U（表 10.1 参照）

$$U = \frac{1}{2}\int_0^l \frac{M_z^2}{EI_z}dx = \frac{M^2}{2EI_zl^2}\Big[\int_0^a x^2dx + \int_a^l (x-l)^2dx\Big]$$

$$= \frac{M^2}{2EI_zl^2}\left\{\frac{a^3}{3} - \frac{(a-l)^3}{3}\right\} = \frac{M^2}{6EI_zl^2}\{a^3 - (a-l)^3\} = \frac{M^2}{6EI_zl}(3a^2 - 3al + l^2)$$

・A 点のたわみ角 θ_A（カスチリアーノの第二定理）

$$\theta_A = \frac{\partial U}{\partial M} = \frac{M}{3EI_zl}(3a^2 - 3al + l^2)$$

【解答】(c)③

・はりの曲げモーメント M_z の分布（BMD）

$$M_z = -\frac{ab}{l}P$$

$$M_z = -\frac{bP}{l}x$$

$$M_z = \frac{aP}{l}(l-x)$$

図 10.6e-1 解答(c)③

・はりに蓄えられる弾性ひずみエネルギー（表 10.1）

$$U = \frac{1}{2}\int_0^l \frac{M_z^2}{EI_z}dx = \frac{P^2}{2EI_zl^2}\Big[\int_0^a b^2x^2dx + \frac{1}{2}\int_a^{a+b} a^2(x-l)^2dx\Big]$$

$$= \frac{P^2}{2EI_zl^2}\Big[\frac{b^2a^3}{3} + \frac{a^2b^3}{3}\Big] = \frac{a^2b^2P^2}{6EI_zl^2}(a+b) = \frac{a^2b^2P^2}{6EI_zl}$$

・A 点のたわみ v_A（カスチリアーノの第二定理）

$$v_A = \frac{\partial U}{\partial P} = \frac{a^2b^2P}{3EI_zl}$$

<u>例題 10.6e-2</u>　不静定問題の荷重点の変位

(a) 棒の引張り・圧縮問題

　中央に集中荷重を受ける段付棒の荷重点の変位を求めよ.

(b) はりの曲げ問題

　集中荷重を受ける両端固定ばりの荷重点のたわみを計算せよ.

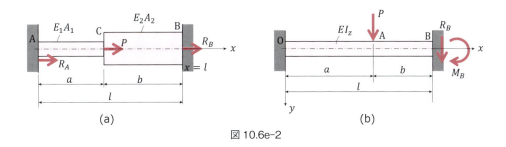

図 10.6e-2

【解答】(a)

　この問題は A 点, B 点に支点反力があるために不静定問題となる.

　そこで右端 B における未知の支点反力を R_B として荷重とみなし静定系として取り扱う.

・棒の軸力 F_x の分布（R_B は未知）

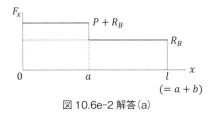

図 10.6e-2 解答(a)

・棒に蓄えられる弾性ひずみエネルギー（表 10.1 参照）

$$U = \frac{1}{2}\frac{1}{E_1 A_1}\int_0^a (P+R_B)^2 dx + \frac{1}{2}\frac{1}{E_2 A_2}\int_a^l R_B{}^2 dx = \frac{1}{2}\left\{\frac{a}{E_1 A_1}(P+R_B)^2 + \frac{(l-a)}{E_2 A_2}R_B{}^2\right\}$$

（R_B は未知）

・B 点の伸び v_B（カスチリアーノの第二定理）

$$v_B = \frac{\partial U}{\partial R_B} = \frac{1}{2}\left\{\frac{2a(P+R_B)}{E_1 A_1} + \frac{2(l-a)R_B}{E_2 A_2}\right\} = \left(\frac{a}{E_1 A_1}\right)P + \left\{\frac{a}{E_1 A_1} + \frac{l-a}{E_2 A_2}\right\}R_b$$

　v_B は固定端の伸びであるので 0 であるので上式から未知の反力 R_B は

$$R_B = \frac{-\left(\dfrac{a}{E_1A_1}\right)}{\left\{\dfrac{a}{E_1A_1} + \dfrac{l-a}{E_2A_2}\right\}}P$$

と求められる．ここで $k_a = a/(E_1A_1)$, $k_b = (l-a)/(E_2A_2) = b/(E_2A_2)$ とおくと R_B, U は以下の式で求められる．

$$R_B = \frac{-\dfrac{1}{k_a}}{\dfrac{1}{k_a} + \dfrac{1}{k_b}}P = -\frac{k_a k_b}{k_a(k_a + k_b)}P = \frac{-k_b}{k_a + k_b}P$$

$$U = \frac{1}{2}\left[\left\{\frac{1}{k_a}\left(1 - \frac{k_b}{k_a + k_b}\right)^2 P^2\right\} + \frac{1}{k_b}\left(\frac{k_b}{k_a + k_b}\right)^2 P^2\right] = \frac{1}{2}\frac{1}{k_a + k_b}P^2$$

・A 点の伸び u_A

$$u_A = \frac{\partial U}{\partial P} = \frac{1}{k_a + k_b}P$$

となり，バネ剛性 k_a, k_b の二つのバネの並列接続となる．

【解答】(b)

　未知の支点反力は O 点と B 点のせん断力および曲げモーメントの計 4 であり，不静定系である．右端 B 点の反力である未知のせん断力 R_B および曲げモーメント M_B を荷重と考えて片持ちはりの静定系として取り扱う．

・はりの曲げモーメント M_z の分布（R_B, M_B は未知）（BMD）

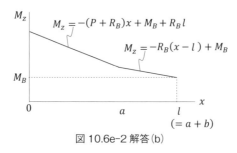

図 10.6e-2　解答(b)

・はりに蓄えられる弾性ひずみエネルギー U（表 10.1 参照）

$$U = \frac{1}{2EI_z}\left[\int_0^a \{-(P+R_B)x + M_B + R_Bl\}^2 dx + \int_a^l \{-R_B(x-l) + M_B\}^2 dx\right]$$

$$= \frac{1}{2EI_z}\left[\int_0^a \{(P+R_B)^2 x^2 - 2M_B^2(P+R_B)x + M_B^2\}\, dx + \int_a^l \{R_B{}^2(x-l)^2 - 2M_BR_Bx + M_B{}^2\}\, dx\right]$$

$$= \frac{1}{2EI_z}\left[\left\{\frac{(P+R_B)^2}{3}a^3 - M_B(P+R_B)a^2 + M_B{}^2 a\right\} + \frac{R_B{}^2(l-a)^3}{3} - M_B R_B(l^2-a^2) + M_B{}^2(l-a)\right]$$

・B 点のたわみ角 θ_B, たわみ v_B

　たわみ角 θ_B は固定端であるので 0

$$\theta_B = \frac{\partial U}{\partial M_B} = \frac{1}{2EI_z}\left\{-(P+R_B)a^2 + 2M_B a - R_B(l^2-a^2) + 2M_B(l-a)\right\} = 0 \qquad ①$$

　たわみ v_B も固定端であるので 0

$$v_B = \frac{\partial U}{\partial R_B} = \frac{1}{2EI_z}\left\{\frac{2}{3}(P+R_B)a^3 - M_B a^2 + \frac{2}{3}R_B(l-a)^2 - M_B(l^2-a^2)\right\} = 0 \qquad ②$$

①, ②式を連立させて R_B, M_B を解くと次のようになる.

$$R_B = -\frac{a^2(a+3b)}{l^2}P \qquad ③$$

$$M_B = -\frac{a^2 b}{l^2}P \qquad ④$$

・C 点のたわみ v_C

$$v_C = \frac{\partial U}{\partial P} = \frac{Pa^2 b^2}{6EIl}\left\{\frac{3a}{l} - \frac{(3a+b)a}{l^2}\right\}$$

となる.

　上記の例題にも見られるようにカスチリアーノの定理は,作用している荷重あるいはモーメントで弾性ひずみエネルギーを偏微分することによって荷重の作用点の変位や回転変位を求めることができる.この際には集中荷重に対しては変位,集中モーメント荷重に対しては回転変位が求められるが,はりの場合のように集中荷重に対してたわみ(変位)だけでなくたわみ角(回転変位)や荷重点以外のたわみやたわみ角を求めたい場合も生じる.また分布荷重を受けている場合の取り扱いはとのようにするのかの問題がある.これらの問題については,求めたい点に実際には作用していない仮想的な荷重(ダミー荷重)を負荷することによって以下の例題に示すように求めることができる.

例題 10.6e-3　荷重点以外の任意の点の変位,回転変位,分布荷重の際の変位

(a) 集中荷重を受ける片持はりの任意の点におけるたわみ,たわみ角
　先端集中荷重を受ける片持はりの任意の点におけるたわみとたわみ角を計算せよ.

(b) 分布荷重を受ける片持はりの先端のたわみとたわみ角
　長手方向に等分布荷重を受ける片持ちはりの先端のたわみとたわみ角を計算せよ.

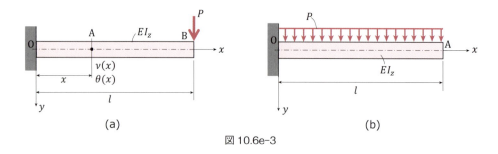

図 10.6e-3

【解答】(a)

　はりの求めたい任意の点 A $(x=s)$ にダミー荷重 Q とダミーの曲げモーメント M を加える．Q，M の大きさは未知とし記号のまま残す．

・曲げモーメント M_z の分布（Q，M は未知）（BMD）

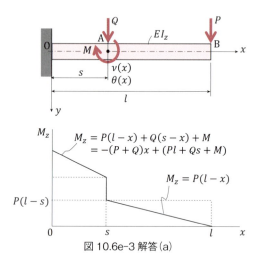

$$M_z = P(l - x) + Q(s - x) + M$$
$$= -(P + Q)x + (Pl + Qs + M)$$

$$M_z = P(l - x)$$

$P(l - s)$

図 10.6e-3 解答(a)

・はりに蓄えられる弾性ひずみエネルギー U（表 10.1 参照）

$$U = \frac{1}{2EI_z}\left[\int_0^s \{(P+Q)x - (Pl+Qs+M)\}^2 dx + \int_s^l \{P(l-x)\}^2 dx\right]$$

$$= \frac{1}{2EI_z}\left[\frac{1}{3(P+Q)}[\{(P+Q)x - (Pl+Qs+M)\}^3]_0^s + \frac{1}{3P}[\{P(l-x)\}^3]_s^l\right]$$

$$= \frac{1}{6EI_z}\frac{1}{P+Q}[\{P(s-l)-M\}^3 + (Pl+Qs+M)^3] - \frac{1}{3P}\{P^3(l-s)^3\}$$

・任意の点（s 点）におけるたわみ v_s とたわみ角 θ_s

$$v_s = \frac{\partial U}{\partial Q} = \frac{1}{6EI_z}\left[\frac{-1}{(P+Q)^2}[\{P(s-l)-M\}^3 + (Pl+Qs+M)^3]\right.$$

$$+\frac{1}{P+Q}\{3s(Pl+Qs+M)^2\}\Biggr] \qquad ①$$

$$\theta_s=\frac{\partial U}{\partial M}=\frac{1}{6EI_z}\frac{-3}{P+Q}\Bigl[\{P(s-l)-M\}^2-(Pl+Qs+M)^2\Bigr]$$

$$=\frac{-1}{2EI_z}\frac{1}{P+Q}\Bigl[\{P(s-l)-M\}^2-(Pl+Qs+M)^2\Bigr] \qquad ②$$

実際には Q, M は作用していないので①，②式において $Q=0$, $M=0$ を代入すると

$$\upsilon_s=\frac{l^3}{2EI_z}\left\{\left(\frac{s}{l}\right)^2-\frac{1}{3}\left(\frac{s}{l}\right)^3\right\}P$$

$$\theta_s=\frac{l^2}{EI_z}\left\{\left(\frac{s}{l}\right)-\frac{1}{2}\left(\frac{s}{l}\right)^2\right\}P$$

【解答】(b)

先端にダミーの荷重 Q とモーメント M を加える

・曲げモーメント線図（BMD）

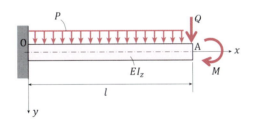

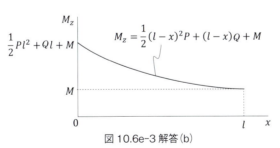

図 10.6e-3 解答（b）

・はりに蓄えられる弾性ひずみエネルギー

$$U=\frac{1}{2}\int_0^l\frac{M_z^2}{EI_z}dx$$

・先端 A のたわみ v_A, たわみ角 θ_A

$$v_A = \frac{\partial U}{\partial Q} = \int_0^l \frac{M_z}{EI_z} \frac{\partial M_z}{\partial Q} dx$$

$$\theta_B = \frac{\partial U}{\partial M} = \int_0^l \frac{M_z}{EI_z} \frac{\partial M_z}{\partial M} dx$$

の関係を用いる.

$$v_A = \int_0^l \frac{1}{EI_z} \left\{ \frac{1}{2}(l-x)^2 p + (l-x)Q + M \right\} (l-x) dx$$

$$= \frac{1}{EI_z} \int_0^l \left\{ \frac{1}{2}(l-x)^3 p + (l-x)^2 Q + M(l-x) \right\} dx$$

$$= \frac{1}{EI_z} \left[-\frac{1}{8}(l-x)^4 p + \frac{1}{3}(l-x)^3 Q - \frac{1}{2}M(l-x)^2 \right]_0^l$$

$$= \frac{1}{EI_z} \left(\frac{1}{8}l^4 p - \frac{1}{3}l^3 Q + \frac{1}{2}Ml^2 \right) \qquad ①$$

$$\theta_A = \int_0^l \frac{1}{EI_z} \left\{ \frac{1}{2}(l-x)^2 p + (l-x)Q + M \right\} dx$$

$$= \frac{1}{EI_z} \left[-\frac{1}{6}(l-x)^3 p - \frac{1}{2}(l-x)^2 Q + Mx \right]_0^l$$

$$= \frac{1}{EI_z} \left(Ml + \frac{1}{6}l^3 p + \frac{1}{2}l^2 Q \right) \qquad ②$$

・Q, M は 0 であるので式①, ②に $Q=0$, $M=0$ を代入すると v_A, θ_A が求められる.

$$v_A = \frac{l^4}{8EI_z} p \qquad \theta_A = \frac{l^3}{6EI_z} p$$

上記の例題ではカスチリアーノの定理の計算に際して弾性ひずみエネルギーを直接,力で偏微分する.

$$q_i = \frac{\partial U}{\partial Q_i} = \frac{\partial}{\partial Q_i}(U) \quad (i=1, 2, \cdots, n) \qquad (10.58)$$

の形ではなく,例えばはりの問題では $U = \frac{1}{2}\int_0^l \frac{M_z^2}{EI_z} dx$ となるので次式 (10.59) の関係を用いており,M_z^2 の代りに M_z のみの偏導関数を計算すればよいので計算は簡単になる.他の断面力の作用する場合(表 10.1 参照)も同様に計算することができる.

$$q_i = \frac{\partial}{\partial Q_i} \left(\frac{1}{2}\int_0^l \frac{M_z^2}{EI_z} dx \right) = \int_0^l \frac{M_z}{EI_z} \frac{\partial M_z}{\partial Q_i} dx \quad (i=1, 2, \cdots, n) \qquad (10.59)$$

さらに次の例題に見られるように複数個所に同一記号荷重やその数倍などの荷重が加わる場合

には，それらの荷重を別の記号で表しておき，カスチリアーノの第二定理を適用して最後に実際に与えられた荷重に置き換えればよい.

例題 10.6e-4　　複数個所に同一荷重やその数倍の荷重が作用する張出した支持ばりのたわみ

　図のように張出した支持ばりの両端に P と αP の荷重が負荷 C 点のたわみを計算せよ.

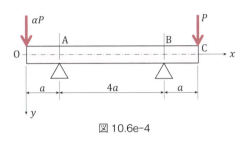

図 10.6e-4

【解答】

　O 点，C 点に同一記号の P, αP があるので，このままカスチリアーノの第二定理を適用するのは紛らわしい. そこで O 点，C 点の荷重をひとまず Q, S と別の記号で表示する.

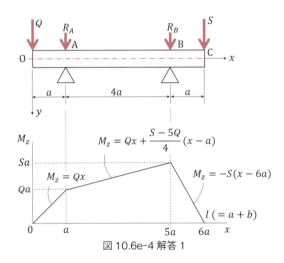

図 10.6e-4 解答 1

・曲げモーメント M_z の分布図（BMD）

$$\text{支点反力}\begin{cases}R_A=\dfrac{S-5Q}{4}\\[2mm]R_B=\dfrac{Q-5S}{4}\end{cases}\qquad\begin{cases}0\sim a & M_z=Qx\\[2mm]a\sim 5a & M_z=Qx+\dfrac{S-5Q}{4}(x-a)\\[2mm]5a\sim 6a & M_z=S(6a-x)\end{cases}$$

・弾性ひずみエネルギー

$$U = \frac{1}{2} \int_0^{6a} \frac{M_z}{EI_z} dx$$

・荷重点 C のたわみ v_C（カスチリアーノの第二定理）

$$v_C = \frac{\partial U}{\partial S} = \int_0^{6a} \frac{M_z}{EI_z} \frac{\partial M_z}{\partial S} dx$$

$$= \frac{1}{EI_z} \left[\int_a^{5a} \left\{ Qx + \frac{S-5Q}{4}(x-a) \right\} \left\{ \frac{1}{4}(x-a) \right\} dx + \int_{5a}^{6a} (6x-a) \cdot s(6a-x) dx \right]$$

$$= \frac{1}{EI_z} \left\{ \frac{22}{3} Q - \frac{4}{3}(S-5Q) + \frac{1}{3}S \right\} a^3 \qquad ①$$

・$\alpha = 1$ の場合

$$Q = P, \quad S = P$$

BMD は下図．この場合の荷重点 C のたわみ v_C は式①に $Q=P$, $S=P$ を代入して

$$v_C = \frac{7}{3} \frac{a^3}{EI} P$$

となる．

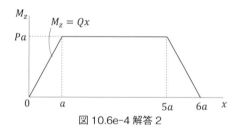

図 10.6e-4 解答 2

・α が任意の場合も同様に計算することができる．

　カスチリアーノの第二定理は，直線状のはり部材のみならず，曲りはりの解析にも活用できる．アーチやシェルの解析に際してもその取り扱いの簡易性や有効性が知られている．次の例題は曲りはりの問題の解析に適用した例である．

例題 10.6e-5　集中荷重を受ける曲りはりの先端の変位

　図のように垂直荷重 P を受ける曲りはりの先端 A の水平方向の変位を求めよ．

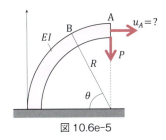

図 10.6e-5

【解答】

水平方向には荷重が無いので下図のようにダミーの荷重 Q を加える.

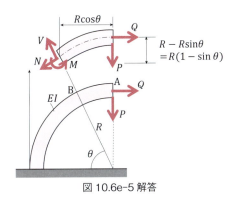

図 10.6e-5 解答

・はりの切り出し部分のモーメントのつりあい

$$M = PR\cos\theta + QR(1-\sin\theta) \qquad ①$$

・はりに蓄えられる弾性ひずみエネルギー

$$U = \int \frac{M^2}{2EI}\,ds = \int_0^{\frac{\pi}{2}} \frac{M^2}{2EI}\,Rd\theta$$

・カスチリアーノの第二定理

$$u_A = \frac{\partial U}{\partial Q} = \int_0^{\frac{\pi}{2}} \frac{M}{EI}\frac{\partial M}{\partial Q}\,Rd\theta \qquad ②$$

式②に式①を代入して $Q=0$ とすると

$$u_A = \frac{PR^2}{2EI}$$

が求められる.

10.7
相反定理

　図 10.6 に示すように線形弾性体の一点 A に一般力 Q が作用した場合を考えてみる．点 A は一般力 Q によって弾性変形 $\Delta \boldsymbol{r}_A$ を生じる．$\Delta \boldsymbol{r}_A$ の一般力方向の成分を δ_A とすると δ_A と Q との関係は前述のたわみ性影響係数 α_{AA} を用いて

$$\delta_A = \alpha_{AA} Q \tag{10.60}$$

と表すことができる．変形によって図 10.6(b) に示すように一般力が 0 から Q まで増加する際になされる仕事は図の色をつけた三角形 NOM の面積に相当する仕事にあたる．物体にはこの間にこの仕事に等しい弾性ひずみエネルギー U が蓄えらえる．

$$U = \frac{1}{2} \delta_A Q = \frac{1}{2} \alpha_{AA} Q^2 \tag{10.61}$$

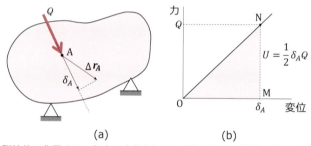

(a) (b)

図 10.6　弾性体に作用する一般力と変位(a)および蓄えられる弾性ひずみエネルギー(b)

次に図 10.7 に示すような弾性体内の点 1，2，3…に多くの荷重 Q_1，Q_2，Q_3…が作用する場合を考える．

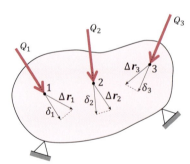

図 10.7　多くの外力を受ける弾性体

このときに蓄えられる弾性ひずみエネルギー U は，

$$U = \frac{1}{2} \sum_{i=1}^{n} Q_i q_i = \frac{1}{2} \sum_{i=1}^{n} \sum_{j=1}^{n} \alpha_{ij} Q_i Q_j \tag{10.62}$$

となる．この式を確認するために簡単のために二点，1，2 に Q_1，Q_2 が作用する場合を考えてみる．

まず Q_1 が単独に作用したと仮定すれば，図 10.8 の (a) に示すように $1/2(\alpha_{11}Q_1{}^2)$（△oab の面積）の仕事をする．

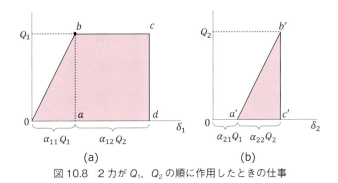

図 10.8　2 力が Q_1，Q_2 の順に作用したときの仕事

次に点 2 に一般力 Q_2 を作用させる．このとき既に Q_1 は作用しているので Q_1 は後から Q_2 が作用したことによって生ずる Q_1 方向の変位 $\alpha_{12}Q_2$ によってさらに $(\alpha_{12}Q_2)\,Q_1 = \alpha_{12}Q_2Q_1$（図 10.8(a) の長方形 $abcd$）の仕事をする．ここにたわみ性影響数 α_{12} の添字は最初の 1 番目の添字は変位点，2 番目の添字は力の作用点を示す．すなわち α_{12} は点 2 に作用する力 Q_2 が力 Q_1 の方向の変位成分に及ぼす影響を示している．また Q_2 の作用は点 2 に生ずる変位 $(\alpha_{22}Q_2)$ との間でも仕事 $1/2(\alpha_{22}Q_2{}^2)$（図 10.8(b) の色の部分）をする．したがって Q_1，Q_2 の順に荷重が作用する際の全仕事は

$$W_1 = \frac{1}{2}\,\alpha_{11}Q_1{}^2 + \alpha_{12}Q_2Q_1 + \frac{1}{2}\,\alpha_{22}Q_2{}^2 = U_1 \tag{10.63}$$

となり，この間に弾性体が蓄える弾性ひずみエネルギー U_1 に等しい．

ここで一般力の負荷順序を逆にして最初に Q_2 が，その後に Q_1 が作用した場合を考えると同様の考えから，その間になされる仕事 W_2 および蓄えられる弾性ひずみエネルギー U_2 は次のようになる．

$$W_2 = \frac{1}{2}\,\alpha_{22}Q_2{}^2 + \alpha_{21}Q_1Q_2 + \frac{1}{2}\,\alpha_{11}Q_1{}^2 = U_2 \tag{10.64}$$

ここで線形弾性体であるので重ね合わせの原理が成立する．よって一般力の作用の順序にかかわらず，結果として生ずる変位は同一となるので，なされる仕事および蓄えられる弾性ひずみエネルギーは同一となる．したがって式 (10.63)，(10.64) を $U_1 = U_2$ と置くことによって直ちに

$$\alpha_{12} = \alpha_{21}$$

すなわち，たわみ性相互たわみ性影響数は等しいことがわかる．上記の結果はベッチ（Betti），マックウェルによって示されたもので一般的には相反定理（reciprocal theorem）と呼ばれている．ここでたわみ性相互影響数が等しいことを力と変位との関係で相反定理を記述すると以下のようになる．

［相反定理（reciprocal theorem）］

　線形弾性体によって一般力 Q_j によって i 点の一般力 Q_i 方向に生じる一般変位は，一般力 Q_i によって j 点の一般力 Q_j 方向に生じる一般変位と同一の大きさになる．

　さてこの相反定理は以下の二つの例題に示すようにはりのたわみ問題の解法として活用できることを最後に示しておく．

例題 10.7e-1

　3つの集中荷重 P_1，P_2，P_3 が作用した両端支持ばりの荷重点 P_1 のたわみを計算せよ．

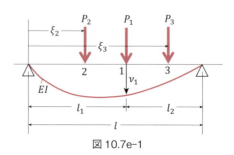

図 10.7e-1

【解答】

　荷重点 P_1 のたわみを v_1 とすると相反定理から

$$v_1 = \alpha_{11}P_1 + \alpha_{12}P_2 + \alpha_{13}P_3 = \alpha_{11}P_1 + \alpha_{21}P_2 + \alpha_{31}P_3 \tag{①}$$

となる．ここで α_{11}，α_{21}，α_{31} は荷重点に $P_1 = 1$ を作用させたときの点 1，2，3 に生ずるたわみにほかならないので第 6 章の例題 6.5e-4 を参照することによって

$$\left\{ \begin{aligned} &\alpha_{11} = l_1^2 l_2^2 / (3EIl), \quad \alpha_{21} = l_2 \{ l_1(l_1 + 2l_2) - \xi_2^2 \} \xi_2 / (6EIl) \\ &\alpha_{31} = l_1 \{ l_2(l_2 + 2l_1) - (l - \xi_3)^2 \} (l - \xi_2) \end{aligned} \right. \tag{②}$$

となるので式②を式①に代入すると v_1 を計算することができる．

例題 10.7e-2

　集中荷重と分布荷重を受ける両端支持ばりの集中荷重の作用点の変位を計算せよ.

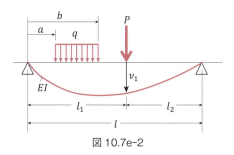

図 10.7e-2

【解答】
集中荷重点のたわみ v_1 は

$$v_1 = \alpha_{11}P + \int_a^b \alpha_{x1}qdx = \alpha_{11}P + \left(\int_a^b \alpha_{x1}dx\right)q \qquad ①$$

ここに α_{x1} は $a \sim b$ 間に分布する荷重 q に対する影響数で被積分関数の中に入る.

$$\alpha_{11} = \frac{l_1^2 l_2^2}{3EIl}$$

$$\int_a^b \alpha_{x1}dx = \frac{l_2}{6EIl}\int_a^b \{l_1(l_1+2l_2)x - x^2\}\,dx = \frac{l_2}{24EIl}\left[2l_1(l_1+2l_2)x^2 - x^4\right]_a^b \qquad ②$$

$$= \frac{l_2}{24EIl}\{2l_1(l_1+2l_2) - (b^2+a^2)(b^2-a^2)\}$$

式①に式②を代入することにより v_1 を計算することができる.

10.8
エネルギー原理と構造力学

　本章で取り上げた仮想仕事, 最小ポテンシャルエネルギー原理, カスチリアーノの定理とその相補的な原理と, 本書では説明を省いている変分法は, 構造力学において複雑な連続体を解析する際に良く用いられる有限要素法などの離散系解析においてのその基礎式の導入に極めて有効とされていることを最後に簡単に述べておこう. 図 10.9 は, 鷲津によるエネルギー原理と変分原理の関係を示した図である[(4), (5)].

　また表 10.3 に, 筆者が作成した有限要素法（FEM：Finite Element Method）などの離散系解析における基礎式の導入とエネルギー原理および変分原理の関係を示す. この表の中の重み付き残差法（MTR：Method of Weighted Residual）は構造問題のみならず, 流体問題, 熱伝達問題, 物質移動問題, 化学問題などの広い分野の適用が可能で, 近似解析による残差の最小化による方法である. 詳しくは参考文献(6)を参照されたい. また変分法は微分法を拡張した手法と考えられ,

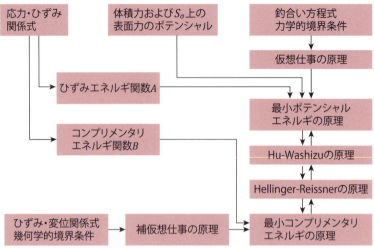

図 10.9　エネルギー原理と変分原理の関係[4], [5]

表 10.3　有限要素法などの離散系解析とエネルギー原理と変分法の関係

離散系解析の手法	基礎式の導出方法
有限要素法（FEM）	*仮想仕事の原理，最小ポテンシャルエネルギー原理 　およびそれらの相補原理，Hamilton の原理に基づく変分法により基礎式の 　定式化，残差の最小化 *カスチアーノの定理，ラグランジュ方程式に基づく直接定式化
重み付き残差法（MWR） （選点法，ガラーキン法， 積分法など）	*必ずしもエネルギー原理などを必要とせず基礎の微分方程式を基に基礎式の 　定式 *構造系だけでなく，流体系，伝熱系，物体移動系，化学系など広範な分野に 　適応可能

関数を引数とする，いわば関数の関数である汎関数の最小化に関する手法である．変分法に関しては多くの著書（例えば文献(3)，(7)，(8)）が出ており，ここでは筆者の作成した簡単な説明用の表 10.4 のみを示す．詳しくは参考文献等によられたい．

表 10.4　微分法と変分法の対照表

微分 (differentiation)	変分 (variation)
(1) 関数 (function) $x \rightarrow y = y(x)$	(1)′ 汎関数 (functional) $x(x) \rightarrow F[x, y(x)]$ 関数の関数 (functional) $y(x)$：引関数
(2) 微分 (differentiation) $dx \rightarrow dy$ $y' = \dfrac{dy}{dx} = \lim_{\Delta x \to 0}\dfrac{\Delta y}{\Delta x}$ ・Taylor 展開 $y(x+\Delta x) = y(x) + \dfrac{dy}{dx}\Delta x$ $\quad + \dfrac{1}{2}\dfrac{d^2 y}{dx^2}(\Delta x)^2 + \cdots$ 一次の項 $\dfrac{dy}{dx}\Delta x \approx y(x+\Delta x) - y(x) \approx \Delta y$ $\dfrac{dy}{dx} \approx \dfrac{\Delta y}{\Delta x}$ ・2 変数の関数の微分 $x_1, x_2 \to y$ $y = y(x_1, x_2)$ $dy = \dfrac{\partial y}{\partial x_1}dx_1 + \dfrac{\partial y}{\partial x_2}dx_2$	(2)′ 変分 (variation) 引関数の変分 $\delta y = y - y^*$ (y^*：基準となる関数) ・引関数の変分 $F[x, y+\delta y] = F[x, y] + \dfrac{\partial F}{\partial y}\delta y + \cdots$ $\delta F = F[x, y+\delta y] - F[x, y]$ $\quad = \dfrac{\partial F}{\partial y}\delta y + \dfrac{1}{2}\dfrac{\partial^2 F}{\partial y^2}(\delta y)^2 + \cdots$ 1 次の項 $\delta F = \dfrac{\partial F}{\partial y}\delta y$ (第1変分 or 単に変分) ・二つの引関数よりなる汎関数の変分 $x \to \left\| \begin{matrix} y(x, x_1) \\ z(x) \end{matrix}\right.$ $z(x) = y'(z)$ の場合 $\delta F = \dfrac{\partial F}{\partial y}\delta y + \dfrac{\partial F}{\partial z}\delta z$ $\left\{ \begin{array}{l} F(x, y, y') \\ \delta F = \dfrac{\partial F}{\partial y}\delta y + \dfrac{\partial F}{\partial y'}\delta y' \end{array}\right.$
(3) 極値をとる条件 $y' = \dfrac{dy}{dx} = 0$ $\left.\vphantom{\begin{matrix}a\\b\\c\end{matrix}}\right\}$ 必要条件 　　or $\dfrac{\partial y}{\partial x_1} = 0,\quad \dfrac{\partial y}{\partial x_2} = 0$ 十分条件 $\dfrac{d^2 y}{dx^2} \gtreqless 0$ 　　or $\left\| \begin{matrix} \dfrac{\partial^2 y}{\partial x_1^2} & \dfrac{\partial^2 y}{\partial x_1 \cdot \partial x_2} \\ \dfrac{\partial^2 y}{\partial x_2 \cdot \partial x_1} & \dfrac{\partial^2 y}{\partial x_2^2} \end{matrix} \right\| \gtreqless 0$	(3)′ 極値をとる条件 ・$\delta F = 0$ 　(停留 (stationally)) 必要条件 ・$\delta^2 F \gtreqless 0$ 　十分条件
	(4)′ 微分演算子と変分演算子の可換性 $\dfrac{d}{dx}(\delta y) = \dfrac{d}{dx}(y - y^*)$ $\quad = \dfrac{dy}{dx} - \dfrac{dy^*}{dx} = \delta\left(\dfrac{dy}{dx}\right)$ (可換)
	(5)′ オイラーの方程式 (Euler's equation) $I = \displaystyle\int_{x_1}^{x_2} F[x, y, y']\,dx$ $\delta I = \displaystyle\int_{x_1}^{x_2}\left[\dfrac{\partial F}{\partial y}\delta y + \dfrac{\partial F}{\partial y'}\delta y'\right]dx$ 第2項 $\displaystyle\int_{x_1}^{x_2}\dfrac{\partial F}{\partial y'}\delta y'\,dx = \int_{x_1}^{x_2}\dfrac{\partial F}{\partial y'}\dfrac{d}{dx}(\delta y)\,dx$ $\quad = \dfrac{\partial F}{\partial y'}\delta y\Big|_{x_1}^{x_2} - \displaystyle\int_{x_1}^{x_2}\dfrac{d}{dx}\left(\dfrac{\partial F}{\partial y'}\right)\delta y\,dx$ $\dfrac{\partial F}{\partial y'}\delta y\Big|_{x_1}^{x_2}$ の部分が 0 となるから $\dfrac{\partial F}{\partial y} - \dfrac{d}{dx}\left(\dfrac{\partial F}{\partial y'}\right) = 0$ (オイラーの方程式)

第 10 章　演習問題

［1］図に示すように C 点に集中荷重 P を受けている長さ l（$=a+b$）曲げ剛性 EI の片持はりがある．

① 　曲げモーメント図（BMD）を描け．

② 　系に蓄えられる弾性ひずみエネルギーを求めよ．

③ 　カスチリアーノの定理から荷重点 C のたわみ v_C を求めよ．

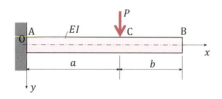

［2］上記［1］の問題で先端 B のたわみ v_B をカスチリアーノの定理から求めよ．

［3］図に示すように長手方向に等分布荷重を受けている長さ l，曲げ剛性 EI の両端支持ばりがある．はりの中点 M（$x=l/2$）のたわみ v_M をカスチリアーノの定理から求めよ．

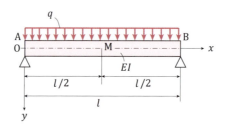

［4］図に示すように長さ l_1, l_2, 伸び剛性 E_1A_1, E_2A_2 の二つの棒①，②が直列に接続されている．点 B，C に引張り荷重 P を加えたときの B 点の伸び u_B をカスチリアーノの定理によって求めよ．

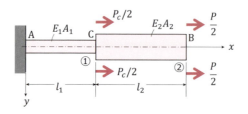

［5］上記［4］の問題で右端 B を固定して C 点に集中荷重 P_c を加えたときの C 点の伸び u_C をカスチリアーノの定理によって求めよ．

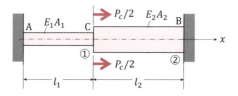

［6］図に示すように長さ l_1, l_2, l_3, ねじり剛性 G_1I_{x1}, G_2I_{x2}, G_3I_{x3} の三つの部材①，②，③で構成されている系がある．①，②部材は，長さが等しく，つまり $l_1 = l_2$（$= l_{12}$）で並列接続③部材はそれに直列接続している．右端 B にねじりモーメント T を受けるとき，B 点のねじれ角 ϕ_B をカスチリアーノの定理によって求めよ．

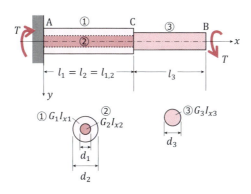

［7］上記［6］の問題で右端 B を固定して C 点にねじりモーメント T を作用させたときに C 点のねじれ角 ϕ_C をカスチリアーノの定理によって求めよ．

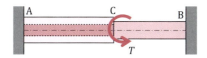

［8］図に示すような壁に水平に固定されている L 字形のはりがある．①，②の部分の長さを l_1, l_2, 曲げ剛性，ねじれ剛性は①，②部とも均一で EI, GI_x とする．先端部 C に鉛直下向きに垂直に集中荷重 P が加わったときの C 点の η_2 方向のたわみ $v_{C\eta_2}$ を求めよ．

　ただし，せん断変形は小さいとして無視する．

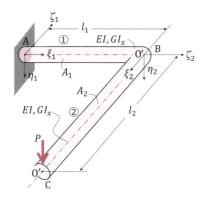

［9］上記問題［8］で C 点の荷重の方向が水平に AB 方向へ加わった場合の C 点の ξ_2 方向のたわみ $v_{C\xi_2}$ をカスチリアーノの定理によって求めよ．

[10] 図のように上下に $2P$ の力で引張られた円環の B 点方向の直径の伸びをカスチリアーノの定理によって求めよ.

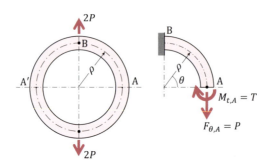

参考文献

○第 1 章
（ 1 ）http://www.mmc.or.jp/info/cafe/talk/ibeans/beans31.html
（ 2 ）保川彰夫，「新材料力学」プレアデス出版，2015.
（ 3 ）ティモシェンコ 著，最上武雄 監訳，川口昌宏 訳『材料力学史』p. 50，鹿島出版会，1974.
（ 4 ）http://www.an.shimadzu.co.jp/test/products/mtrl03/mtrl0331.htm
（ 5 ）JIS Z 2201『金属試験片の引張試験概要』
（ 6 ）奥村敦史『材料力学（増補版）』p. 39，コロナ社，1978.

○第 2 章
（ 1 ）山川　宏『機械系の基礎力学』p. 64，共立出版，2012.
（ 2 ）JIS Z 2201『金属試験片の引張試験概要』p. 38.
（ 3 ）大塚久哲 監修，KABSE 基礎の限界状態設計分科会編，「基礎の限界状態設計法入門─外国規準の
　　　紹介と比較設計」，九州大学出版会，1986.
（ 4 ）設計原則検討委員会「移動式クレーンの構造部分に限界状態指針設計法を適用する場合に関する技
　　　術資料(4)」，日本クレーン協会誌，Vol. 54，No. 662，2016.

○第 3 章
（ 1 ）Saint-Venant, A. J. C. B., "*Memoire sur la Torsion des Prismes*", Mem. Divers Savants, 14, p. 223,
　　　1855.
（ 2 ）高岡宣善『構造部材のねじり解析』第 2 章，共立出版，1974.

○第 4 章
（ 1 ）Sheafer, J. L., Murphy, A. T. and Richardson, H. H, "*Introduction of System Dynamics*", Addison-
　　　Wesley, p. 45, 1971.
（ 2 ）山川　宏，"電気─機械系の統一解法とその最適設計・最適制御に関する研究（第 1 報)"，日本機
　　　械学会講演論文集，No. 870-3, pp. 207-213, 1987.
（ 3 ）Timoshenko, S, P. and Goodier, J. N., "*Theory of Elasticity*", Kogakusha. Co. Ltd., p. 433, 1970.

○第 5 章
（ 1 ）第 4 章文献(1)
（ 2 ）山川　宏，"電気─機械系の統一解法とその最適設計・最適制御に関する研究（第 1 報)"，日本機
　　　械学会講演論文集，No. 870-3, p. 291, 1987.

○第 6 章
（ 1 ）山川　宏『機械系の基礎力学』p. 96，共立出版，2012.

（2）例えば，本田技研工業(株)，車両の前部車体構造，（2004 年申請公開）.

○第 7 章
（1）崎山　毅，"変断面任意形アーチの幾何学的非線形性解析" 土木学会論文報告集，No. 289, p. 31, 1979.
（2）日本機械学会編『シェルの振動と座屈ハンドブック』p. 403，技報堂出版，2003.
（3）日本機械学会編『機械工学便覧 基礎編 α3』p. 41〜42, 2005.
（4）消防庁消防研究所，「阪神・淡路大震災における石油タンクの座屈強度に関する調査研究報告書」，2016.
（5）上記（2）の p. 297

○第 8 章
（1）倉西正嗣『応用弾性学』p. 179，共立出版，1953.
（2）第 4 章参考文献(3)，p. 16.
（3）高岡宣善『構造部材のねじり解析』p. 7-70，共立出版，1974.

○第 9 章
（1）奥村敦史『材料力学（増補版)』p. 154-180，コロナ社，1987.
（2）日本機械学会編『機械工学便覧 基礎編 α3』，p. 35, 2005.

○第 10 章
（1）ディム・シャームス 共著，砂川　恵 監訳『材料力学と変分法』第 3 章，ブレイン図書出版，1977.
（2）トーカート 著，鷲津久一郎 監訳，岩本卓也 訳『構造力学とエネルギ原理』第 5 章，ブレイン図書出版，1979.
（3）林　毅・村外志夫『変分法』，コロナ社，1970.
（4）鷲津久一郎 著，コンピュータによる構造解析講座 I -3-B，『エネルギー原理入門』p. 32，培風館，1970.
（5）Washizu, K, *"Variational Methods in Elasticity and Plasticity"* Pergamon Press, 1975.
（6）フィンレイソン，B. 著，鷲津久一郎・山本善之・河合忠彦 訳『重みつき残差法と変分原理』培風館，1974.
（7）鬼頭史城『変分法と最適化問題』ダイヤモンド社，1969.
（8）長谷川節『変分学の応用』森北出版，1969.
（9）山川　宏『機械系の振動学』p. 98，共立出版，2014.

演習問題の略解

第1章

［1］真応力…くびれていく実際の断面積でその時の荷重を除したもの．公称応力…くびれる前の元の断面積でその時の荷重を除したもの．［2］カップ・アンド・コーンと呼ばれるせん断応力による変形と垂直応力による変形の両方から構成．［3］省略　［4］A 面…軸力 $F_x = P + (b-a)q$，B 面…軸力 $F_x = P$

［5］(a) せん断力 $F_x = P$，曲げモーメント $M_z = T + (l-a)P$　(b) せん断力 $F_y = bP/l$，曲げモーメント $M_z = (2a^2 - b^2)P/l$　［6］A 断面…軸力 $F_{x1} = 2P$　B 断面…せん断力 $F_{x2} = P$，曲げモーメント $M_{yz} = P(l_2/2 - b)$．　［7］球形タンクの AA′切断面に作用する力の合力 $F = \pi R^2 P$．切断面のタンクの面積 $A = 2\pi R \cdot t$．応力 $\sigma_t = F/A = (RP)/(2t)$．　［8］AB 材，AC 材に生ずる軸力を T_1，T_2 とすれば C 点の力のつり合いから $T_1 = P/\tan\theta$，$T_2 = P/\sin\theta$．伸び λ_1，λ_2 は，$\lambda_1 = T_1/(A_1 E_1) \times l_1 = T_1 l_1/(A_1 E_1)$，$\lambda_2 = T_2/(A_2 E_2) \times l_2 = T_2 l_2/(A_2 E_2)$．$(\lambda = \varepsilon \cdot l = \sigma/(E \cdot l) = T/(AE) \cdot l)$．

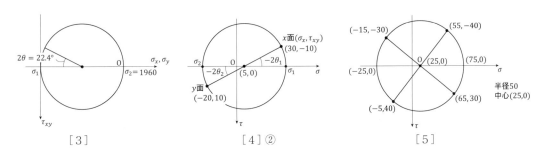

［8］

第2章

［1］$\sigma_{nx} = \sigma_x \sin\theta + \tau_{xy} \sin\theta$，$\sigma_{ny} = \tau_{xy} \sin\theta + \sigma_y \cos\theta$，$\sigma_n = \sqrt{\sigma_{nx}^2 + \sigma_{ny}^2}$　［2］$\sigma_x = P/(bh)$，$\sigma_y = \tau_{xy} = 0$，$\sin\theta = h/\sqrt{l^2 + h^2}$，$\cos\theta = l/\sqrt{l^2 + h^2}$．$\sigma = \sigma_x \sin^2\theta$，$\tau = \frac{1}{2}\sigma \cdot 2\sin\theta\cos\theta = Pl/\{b(l^2 + h^2)\}$．$\sigma = -754$ [kN/cm²]，$\tau = 3770$ [kN/cm²]．$S = 3840$ [kN/cm²]．　［3］下図参照．　［4］②下図参照．③$\sigma_1 = 27.9$ [kN/cm²]，$\sigma_2 = -17.9$ [kN/cm²]．$\tan 2\theta_1 = \dfrac{\tau_{xy}}{\sigma_x - \sigma_y} = -\dfrac{10}{50} = -\dfrac{1}{5} = -0.2$．　［5］①モールの円を描くと，下図のようになる．②モールの円から，以下のように求まる．主応力：$\sigma_1 = 75$ [MPa]，$\sigma_2 = -25$ [MPa]．主方向：$\theta_1 = 90 - |\tan^{-1}(3/4)|/2 = 71.57$ [deg]，$\theta_2 = 180 - |\tan^{-1}(3/4)|/2 = 161.57$ [deg]．③45°回転させると，モール円は 90°回転するのでそれぞれ以下のようになる．応力：$\sigma_n = 55$，$\sigma_t = -5$，$\tau_{nt} = -40$．

［3］

［4］②

［5］

半径50
中心(25,0)

［6］①モールの応力円（次頁図参照）．②$\sigma_1 = 23$ [MPa]，$\sigma_2 = -13.0$ [MPa]，$\theta_1 = -16.8°$　③$\tau_{max} = \dfrac{1}{2}(\sigma_1 + \sigma_2) = 5$ [MPa]，$\phi = 28.2°$．　［7］①，②，③次頁図参照．

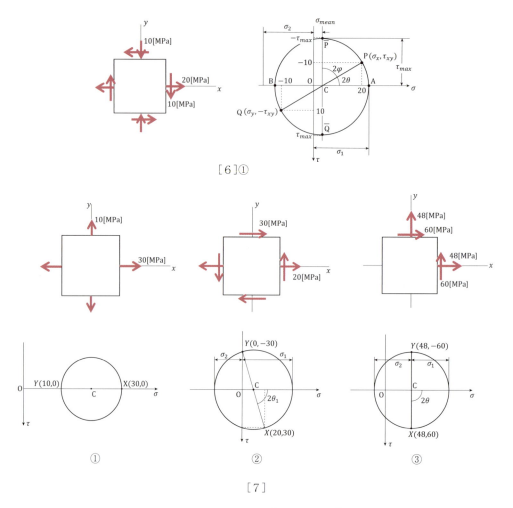

[6]①

[7]

[8] 成分の変換公式に代入する（式2.26）．① $\sigma_x' = \frac{1}{2}(\sigma_x+\sigma_y) + \frac{1}{2}(\sigma_x-\sigma_y)\cos 2\theta + \tau_{xy}\sin 2\theta$, $\sigma_y' = \frac{1}{2}(\sigma_x+\sigma_y) - \frac{1}{2}(\sigma_x-\sigma_y)\cos 2\theta - \tau_{xy}\sin 2\theta$, $\tau_y' = \tau_{yx}' = -\frac{1}{2}(\sigma_x-\sigma_y)\sin 2\theta + \tau_{xy}\cos 2\theta$. (a) 与えられている値を代入し合成公式を用いると，$\theta = 5.5$　(b) nt 座標系を $-\theta$ 回転して xy 座標系に移す，と考える．$\theta = 9.7$, $\sigma_x = -118$, $\sigma_y = -2$. ②モールの応力円から求める．（次頁図参照）　[9] ①〈x 軸方向のつり合い式〉 $\sigma_x \times dy + \tau_{xy}dx - \sigma_n\cos\theta \times dt + \tau_{nt}\sin\theta \times dt = 0$　dx, dy, dz を代入して整理すると，$\sigma_x\cos\theta + \tau_{xy}\sin\theta - \sigma_n\cos\theta + \tau_{nt}\sin\theta = 0 \cdots$(ⅰ)　〈$y$ 軸方向のつり合い式〉 $\sigma_y\sin\theta + \tau_{xy}\cos\theta - \sigma_n\sin\theta - \tau_{nt}\cos\theta = 0 \cdots$(ⅱ). (ⅰ)(ⅱ)から τ_{nt} を消去すると，$\sigma_n = \sigma_x\cos^2\theta + \sigma_y\sin^2\theta + 2\tau_{xy}\sin\theta\cos\theta = 4\cos^2\theta + 1\times\sin^2\theta + 2\times 1\sin\theta\cos\theta = 3.5$　$\therefore \tau_n = \frac{\sigma_n}{\tan\theta} - \frac{\sigma_x}{\tan\theta} - \tau_{xy} = \frac{3.5}{\tan 45} - \frac{4}{\tan 45} - 1 = -1.5$. ② $r = \sqrt{\left\{\frac{1}{2}(\sigma_x-\sigma_y)\right\}^2 + \tau_{xy}^2} = \sqrt{2.25+1} = 1.8027$　円の中心 $(2.5, 0)$. よって，$r = 1.8$. モール円は次頁. ③$[\sigma'] = [L][\sigma][L^{-1}] = [L][\sigma][L^T]$
$= \begin{pmatrix} \cos\theta & \sin\theta \\ -\sin\theta & \cos\theta \end{pmatrix}\begin{pmatrix} 4 & 1 \\ 1 & 1 \end{pmatrix}\begin{pmatrix} \cos\theta & -\sin\theta \\ \sin\theta & \cos\theta \end{pmatrix} = \frac{1}{\sqrt 2}\begin{pmatrix} 1 & 1 \\ -1 & 1 \end{pmatrix}\begin{pmatrix} 4 & 1 \\ 1 & 1 \end{pmatrix} \times \frac{1}{\sqrt 2}\begin{pmatrix} 1 & -1 \\ 1 & 1 \end{pmatrix} = \frac{1}{2}\begin{pmatrix} 5 & 2 \\ -3 & 0 \end{pmatrix}\begin{pmatrix} 1 & -1 \\ 1 & 1 \end{pmatrix} = \begin{pmatrix} 7/2 & -3/2 \\ -3/2 & 3/2 \end{pmatrix}$　[10]①モール応力円→次頁図参照. $\sigma_1 = 35 + 81.4 = 116$[MPa], $\sigma_2 = 35 - 81.4 = -46.4$ [MPa]

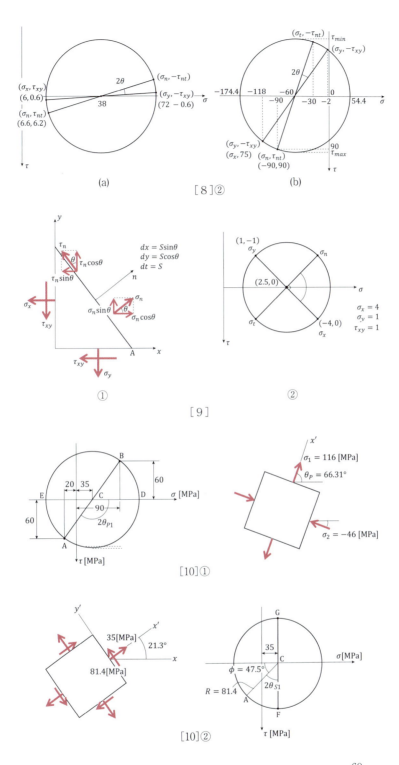

(a)
(b)
［8］②

①
②
［9］

$\sigma_x = 4$
$\sigma_y = 1$
$\tau_{xy} = 1$

$\sigma_1 = 116$ [MPa]
$\theta_P = 66.31°$
$\sigma_2 = -46$ [MPa]
[10]①

35[MPa]
21.3°
81.4[MPa]
[10]②

(半径 81.4，中心 (35，0)). 主応力の作用している面：$2\theta_{P1} = 180° - \phi = 180° - \tan^{-1}\dfrac{60}{55} = 180° - 47.5° = 132.5$

[°]　よって $\theta_{P1} = 66.3$［°］．②最大せん断応力 $\tau_{xy,\,max}$：点 F(35，81.4)，点 G(35，−81.4) となる．ゆえに $\tau_{max} = R = 81.4$ [MPa] である．$2\theta_{S1} = 90° - 47.5° = 42.5°$　∴ $\theta_{S1} = 21.3$［°］.

[11] ① $\varepsilon_{0°}=\varepsilon_{90°}$ よりモール円は図の（ⅰ）（ⅱ）の2通りが考えられる．それぞれに対して $\varepsilon_{45°}$ を，角度を基準にプロットすると，A，Bの位置となる．ここで，$\varepsilon_{45°}=2.0\times10^{-4}<3.0\times10^{-4}=\varepsilon_{0°}=\varepsilon_{90°}$ を考えると，（ⅱ）は矛盾するため（ⅰ）が正しいことになる．これよりモールのひずみ円は（ⅲ）のようになる．②（ⅲ）図より，$\varepsilon_1=4.0\times10^{-4}$，$\varepsilon_2=2.0\times10^{-4}$．※設問にはないが，ひずみ主軸は ε_1：$-45°$，ε_2：$+45°$ となる．③平面応力状態なので $\sigma_z=0$．$\varepsilon_1=\dfrac{1}{E}(\sigma_x-\nu\sigma_y)$，$\varepsilon_y=\dfrac{1}{E}(\sigma_y-\nu\sigma_x)$．これを σ_x，σ_y について解くと，$\sigma_x=\dfrac{E}{1-\nu^2}(\varepsilon_x+\nu\varepsilon_y)$，$\sigma_y=\dfrac{E}{1-\nu^2}(\varepsilon_y+\nu\varepsilon_x)$ となる．これに設問②の答を代入すると，$\sigma_1=1030$，$\sigma_2=735$ [kgf/cm²] となる．〈補足〉「平面応力状態」なので「$\sigma_z=\tau_{xz}=\tau_{yz}=0$」であるが，$\varepsilon_z$ は必ずしも0とは限らない．ちなみに，この場合，$\sigma_z=\dfrac{E}{1-\nu}\left(\varepsilon_z+\dfrac{\nu}{1-2\nu}\varepsilon_v\right)=0$，$\nu=1/3$　∴ $\varepsilon_x+\varepsilon_y+2\varepsilon_z=0$　∴ $\varepsilon_z=-3.0\times10^{-4}$ となっている．また，平面応力状態においては，$\sigma_x+\sigma_y=0$ のときに限って $\varepsilon_z=0$ が成立する．

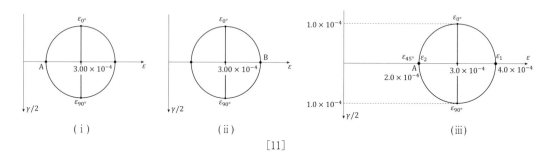

（ⅰ）　　　　　　　　　　　（ⅱ）　　　　　　　　　　　（ⅲ）

[11]

[12] ① ひずみの定義より，$\varepsilon_x=\dfrac{AA'}{OA}=\dfrac{200\times10^{-3}\ [\text{mm}]}{20\ [\text{mm}]}=1.0\times10^{-2}(0.01)$．同様に $\varepsilon_y=\dfrac{BB'}{OB}=-\dfrac{20\times10^{-3}\ [\text{mm}]}{10\ [\text{mm}]}=-0.20\times10^{-2}(-0.002)$．②板厚が他の寸法に対して十分に薄いため，平面応力状態と見なすことができる．よって，$\sigma_z=\tau_{xz}=\tau_{yz}=0\cdots$（ⅰ）．これより応力とひずみの関係は次のようになる．$\varepsilon_x=\dfrac{1}{E}(\sigma_x-\nu\sigma_y)\cdots$（ⅱ），$\varepsilon_y=\dfrac{1}{E}(\sigma_y-\nu\sigma_x)\cdots$（ⅲ），$\varepsilon_z=-\dfrac{\nu}{E}(\sigma_x+\sigma_y)\cdots$（ⅳ）．式（ⅱ），（ⅲ）より，$\sigma_x=\dfrac{E}{1-\nu^2}(\varepsilon_x+\nu\varepsilon_y)$，$\sigma_y=\dfrac{E}{1-\nu^2}(\varepsilon_y+\nu\varepsilon_x)$．したがって，$\sigma_x=\dfrac{182}{1-\left(\frac{3}{10}\right)^2}\left\{1.0\times10^{-2}+\dfrac{3}{10}(-0.20\times10^{-2})\right\}=\dfrac{182}{\left(\frac{91}{100}\right)}\left(1-\dfrac{6}{100}\right)\times10^{-2}=2\cdot\dfrac{47}{50}=1.88\fallingdotseq1.9$ [MPa]．同様に，$\sigma_y=\dfrac{182}{1-\left(\frac{3}{10}\right)^2}\left(-0.20\times10^{-2}+\dfrac{3}{10}\cdot1.0\times10^{-2}\right)=2\cdot\left(-\dfrac{2}{10}+\dfrac{3}{10}\right)=0.20$ [MPa]．③式（ⅳ）より，$\varepsilon_z=\dfrac{\left(\frac{3}{10}\right)}{182}(1.88+0.2)=-\dfrac{3}{1820}\cdot2.08=-\dfrac{6.24}{1820}=-3.428\times10^{-3}=-3.4\times10^{-3}$．④最大せん断応力は3つの主応力の差の中で最大のものである．ここで，$\sigma_1=\sigma_x=1.9$ [MPa]，$\sigma_2=\sigma_y=0.2$ [MPa]，$\sigma_3=\sigma_z=0$ [MPa] であるから，$\sigma_1-\sigma_3=1.9$ [MPa] が最大値である．よって，最大せん断応力 $\tau_{\max}$ は，$\tau_{\max}=\dfrac{\sigma_1-\sigma_3}{2}=\dfrac{1.88}{2}=0.94$ [MPa] となる．方向は x 軸正の方向より z 軸方向に $-45°$ 回転させた面である．　[13] ①変位 BB' の x 軸方向成分から，ひずみの x 軸方向成分は，$\varepsilon_x=-\dfrac{0.002}{20}=-1.0\times10^{-4}$．同様に，$\varepsilon_y=\dfrac{0.004}{10}=4.0\times10^{-4}$．また，せん断ひずみは $\gamma_{xy}=\angle AOA'+\angle BOB'\fallingdotseq\tan\angle AOA'$

$+\tan\angle\mathrm{BOB}'=\dfrac{0.0042}{10+0.004}+\dfrac{0.009}{20-0.002}=8.7\times10^{-4}$. ② xy 平面内の外力のみ受けているので $\sigma_z=0$ である

から, 応力とひずみの関係式より, $\sigma_x=\dfrac{E}{1-\nu^2}(\varepsilon_x+\nu\varepsilon_y)=\dfrac{182\times10^3}{1-0.3^2}(-1.0\times10^{-4}+0.3\times4.0\times10^{-4})=4$ [MPa],

$\sigma_y=\dfrac{E}{1-\nu^2}(\varepsilon_y+\nu\varepsilon_x)=\dfrac{182\times10^3}{1-0.3^2}\{4.0\times10^{-4}+0.3\times(-1.0)\times10^{-4}\}=74$ [MPa]. また, 横弾性係数は $G=$

$\dfrac{E}{2(1+\nu)}=\dfrac{182\times10^3}{2\times(1+0.3)}=70$ [GPa] であり, せん断応力は $\tau_{xy}=G\gamma_{xy}=70\times10^3\times8.7\times10^{-4}=61$ [MPa]. ③

①, ②より, モールのひずみ円および, 応力円は, 下の図のようになる. 図より, 主ひずみ, 主応力はそ

れぞれ, $\varepsilon_1=6.5\times10^{-4}$, $\varepsilon_2=-3.5\times10^{-4}$, $\sigma_1=109$ [MPa], $\sigma_2=-31$ [MPa]. 対応する主方向は, $\theta_1=60°$,

$\theta_2=-30°$. ④点 C は原点 O に対し, 主方向である $60°$ の方向にあるため, 変位には主ひずみ ε_1 に対応す

る変形, つまり OC に平行な方向のみ生じる. よって, 変位 CC′の x 方向成分を u_x, y 方向成分を u_y とす

れば, $u_x=\overline{\mathrm{OC}_x}\cdot\varepsilon_1=10\times6.5\times10^{-4}=6.5\times10^{-3}$ [mm], $u_y=\overline{\mathrm{OC}_y}\cdot\varepsilon_2=10\sqrt3\times6.5\times10^{-4}=1.1\times10^{-2}$ [mm].

[14] ① x 方向, y 方向の垂直応力は 0 であることから, $\varepsilon_x=\varepsilon_y=0$. また, せん断ひずみは $\angle$AOA′で与え

られ, $\gamma_{xy}=\dfrac{h}{l}$. ② ①より $\begin{bmatrix}\sigma_x&\tau_{xy}\\\tau_{yx}&\sigma_y\end{bmatrix}=\begin{bmatrix}0&\tau\\\tau&0\end{bmatrix}$. モールの応力円は, 図のようになり, 主応力, 主方向は

それぞれ, $\sigma_1=\tau$, $\sigma_2=-\tau$, $\theta_1=45°$, $\theta_2=-45°$. このことから, $n-t$ 座標系における応力状態は, 主方

向 θ_1 に対応する応力状態と同じであることがわかる. よって, $[\sigma_{ij}]=\begin{bmatrix}\sigma_n&\tau_{nt}\\\tau_{tn}&\sigma_t\end{bmatrix}=\begin{bmatrix}\tau&0\\0&-\tau\end{bmatrix}$. ③図より,

$\overline{\mathrm{OB}'}=\sqrt{\overline{\mathrm{OH}^2}+\overline{\mathrm{HB}^2}}=\sqrt{(l+h)^2+l^2}=l\sqrt{2\left(l+\dfrac{h}{l}\right)}=\sqrt2 l\left(1+\dfrac{h}{2l}\right)[\because\ (1+t)^n=1+nt,\ (t\ll1)]$ したがって,

ε_n は, $\varepsilon_n=\dfrac{\overline{\mathrm{OB}'}-\overline{\mathrm{OB}}}{\overline{\mathrm{OB}}}=\dfrac{h}{2l}=\dfrac{\gamma_{xy}}{2}$. ④応力とひずみの関係から, $\varepsilon_{45}=\dfrac{1}{E}(\sigma_n-\nu\sigma_t)=\dfrac{1+\nu}{E}\tau=\dfrac{(1+\nu)G}{E}$

γ_{xy}. ⑤ $\varepsilon_n=\varepsilon_{45}$ および③, ④より, $G=\dfrac{E}{2(1+\nu)}$.

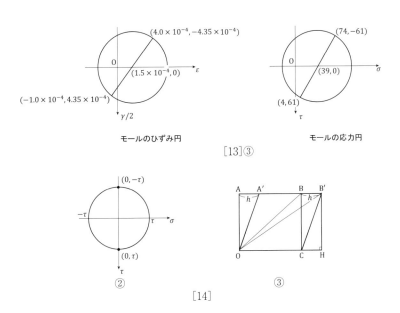

モールのひずみ円　　モールの応力円

[13]③

②　　③

[14]

[15] ① γ_{xy} を求めるのに三角形の相似を用いる. $\therefore\gamma_{xy}=-20\times10^{-5}$　② $r=\sqrt{40^2+10^2}=41.231$　$\therefore\varepsilon_1=$

91.23×10^{-5}, $\varepsilon_2=8.77\times10^{-5}$. $\cos2\theta=\dfrac{40}{41.231}$, $2\theta_1=14.0362$, $\theta_1=7.018$. 反時計回りが正のため θ_1, $\theta_2=$

$-7.02°$, $82.98°$. ③ $\sigma_1 = \dfrac{E}{1-v^2}(\varepsilon_1 + v\varepsilon_2)$, $\sigma_2 = \dfrac{E}{1-v^2}(\varepsilon_2 + v\varepsilon_1)$ の関係式を用いると, $\varepsilon_0 = 90 \times 10^{-5}$, $\varepsilon_{90} =$

10×10^{-5} より $\sigma_0 = 29.60$, $\sigma_{90} = 10.40$. $\varepsilon_1 = 91.231 \times 10^{-5}$, $\varepsilon_2 = 8.769 \times 10^{-5}$ より $\sigma_1 = 10.10$, $\sigma_2 = 29.89$. この

様子をモールの応力円で示す. $r = \sqrt{(9.6)^2 + (2.4)^2} = 9.90$ $\tan 2\theta = \dfrac{2.4}{9.6}$, $2\theta = 14.036$, $\theta = 7.02$, θ_1, $\theta_2 =$

$-7.02°$, $82.98°$, σ_1, $\sigma_2 = 29.90$, 10.10. ④ $\tau_{max} = 9.90$. [16] 点 P における応力の状態: $\sigma_x = 70$ [MPa], $\sigma_y =$

107 [MPa], $\sigma_z = 0$, $\tau_{xy} = 70$ [MPa], $\tau_{yz} = 0$, $\tau_{xz} = 0$ をテンソルを用いて表すと, $[T] = \begin{vmatrix} 70 & 70 & 0 \\ 70 & 105 & 0 \\ 0 & 0 & 0 \end{vmatrix}$. すると,

$\boldsymbol{n} = (1/\sqrt{3},\ 1/\sqrt{3},\ 1/\sqrt{3})$ 方向の垂直応力は $\sigma_z = \boldsymbol{n}[T]\boldsymbol{n} = 105$ [MPa]. ここで, テンソルの不変量 $I_1 =$

$\sigma_x + \sigma_y + \sigma_z = 175$ を用いると (P. 67 参照) $\sigma_y' + \sigma_z' = 70$ [MPa]. よって, 垂直ひずみ $\varepsilon_x' = \dfrac{1}{E}\{\sigma_x' - v(\sigma_y' +$

$\sigma_z')\} = \dfrac{1}{84 \times 10^3} \times \{105 - 0.25 \times 70\} = 1.04 \times 10^{-3}$. [17] ① $v = -1/2$ $(K \to \infty)$ ② $v = -1$ $(G \to \infty)$

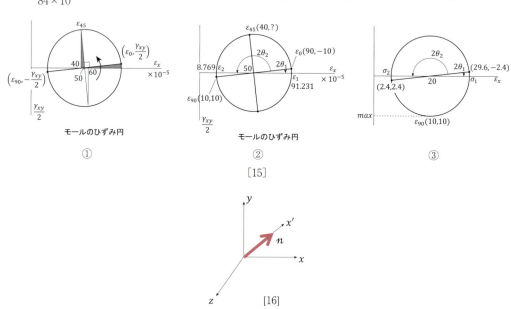

モールのひずみ円
①

モールのひずみ円
②

[15]

[16]

第 3 章

[1]〜[7]次頁図参照. [8] F 点: 軸力 $F_a = -Pl_2/(l_1 + l_2)$, G 点: 軸力 $F_a = -Pl_1/(l_1 + l_2)$, H 点: せん

断力 $F_s = P$. 曲げモーメント $M_B = (l_1 + l_2)P$ [9] $\sigma = F/A = r\omega^2(l^2 - x^2)/(2g)$, $\sigma_{max} = \sigma_{x=0} = r\omega^2 l^2/(2g)$.

[10] $\sigma_1 = \dfrac{\gamma r}{6t}\{3h + 2r(1 - \sin^3\theta)\sec^2\theta\}$, $\sigma_2 = \dfrac{\gamma r}{6t}\{3h + 2r(\sin^2\theta + 3\sin\theta\cos^2\theta - 1)\sec^2\theta\}$.

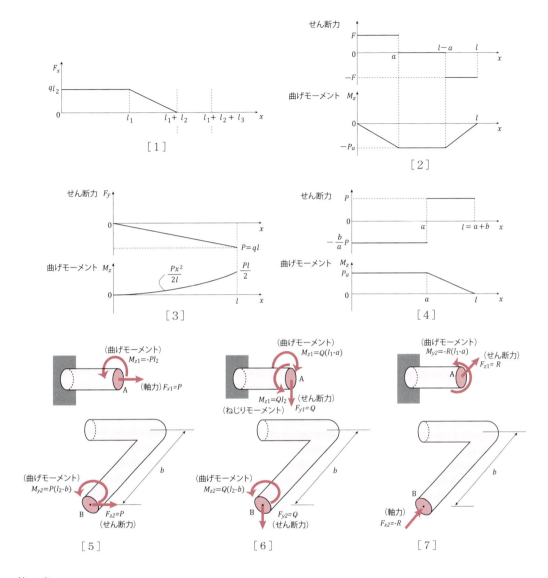

[1]　　　　　　　　　　　[2]

せん断力 F_y　　　　　　　　せん断力 P

曲げモーメント M_z　　　　　曲げモーメント M_z

[3]　　　　　　　　　　　[4]

(曲げモーメント)
$M_{z1}=-Pl_2$
(軸力) $F_{x1}=P$

(曲げモーメント)
$M_{z1}=Q(l_1-a)$
$M_{z1}=Ql_2$
(ねじりモーメント)　(せん断力) $F_{y1}=Q$

(曲げモーメント)
$M_{y2}=-R(l_1-a)$
(せん断力) $F_{z1}=R$

(曲げモーメント)
$M_{y2}=P(l_2-b)$
$F_{z2}=P$
(せん断力)

(曲げモーメント)
$M_{z2}=Q(l_2-b)$
$F_{y2}=Q$
(せん断力)

(軸力)
$F_{x2}=-R$

[5]　　　　　　　　[6]　　　　　　　　[7]

第 4 章

[1] ① $F_x = ql$ $\left(0 \leqq x \leqq \dfrac{l}{2}\right)$, $F_x = q(l-2)$ $\left(\dfrac{l}{2} \leqq x \leqq l\right)$　② $u = \displaystyle\int_0^l \dfrac{F_x}{EA}\,dx = \dfrac{1}{EA}\left(\dfrac{ql}{2}\cdot\dfrac{l}{2} + \dfrac{1}{2}\ \dfrac{ql}{2}\cdot\dfrac{l}{2}\right) = \dfrac{3ql^2}{8EA}$.

[2] $\lambda = \dfrac{\gamma l^2}{6E}\left\{2\left(\dfrac{d_2}{d_1}\right)+1\right\}$, $\sigma_{\max} = \dfrac{\gamma l}{3}\left\{\left(\dfrac{d_2}{d_1}\right)^2 + \left(\dfrac{d_2}{d_1}\right)+1\right\}$　(固定端).　[3] ② $u = \displaystyle\int_0^l \dfrac{F_x}{EA}\,dx = \dfrac{1}{EA}\{(P+$

$Q)a + Qb\} = \dfrac{1}{EA}\{Pa + Q(a+b)\}$.

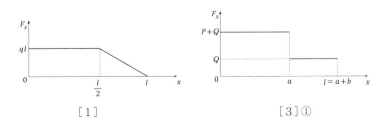

[1]　　　　　　　　　　　[3] ①

[4] $R_A = \dfrac{1}{l}\{P_1(l_2+l_3)+P_2l_3\}$, $R_B = \dfrac{1}{l}\{P_1l_1+P_2(l_1+l_3)\}$. $u_C = \dfrac{(P_1+P_2)l_1}{EA}$, $u_D = \dfrac{1}{EA}\{P_1l_1+P_2(l_1+l_2)\}$. [5]

$\sigma = P/A_0$ ($A_0 = \pi d_0^2/4$) $A(x) = A_0 e^{(\gamma/\sigma)x}$ [6] $\sigma_1 = \dfrac{PE_1}{A}\cdot\dfrac{b(a+b)}{E_1(a+b)^2+E_2(a^2+b^2)}$, $\sigma_2 = \dfrac{PE_2}{A}\cdot\dfrac{a^2+b^2}{E_1(a+b)^2+E_2(a^2+b^2)}$,

$\sigma_3 = \dfrac{PE_1}{A}\cdot\dfrac{a(a+b)}{E_1(a+b)^2+E_2(a^2+b^2)}$. [7] $du = \dfrac{Pdx}{\pi r^2(x)E} = \dfrac{Pdx}{\pi E}\cdot\dfrac{1}{r^2\left(1+\dfrac{x}{l}\right)^2}$, $\lambda = \displaystyle\int_0^l du = \dfrac{Pl}{2\pi Er^2}$, $\alpha+l =$

$\dfrac{Pl}{2\pi Er^2}$ $\therefore P = 2\pi Er^2\alpha t$. $\sigma_{\max} = \dfrac{P}{\pi r^2} = 2E\alpha t$, $\sigma_{\max} = 9220$ [kN/cm²]. [8] $\sigma_1 = \dfrac{A_2E\alpha(l_1+l_2)\Delta T}{A_1l_2+A_2l_1}$, $\sigma_2 =$

$\dfrac{A_1E\alpha(l_1+l_2)\Delta T}{A_1l_2+A_2l_1}$. [9] $\delta_h = \dfrac{\lambda_1\cos\theta_2-\lambda_2\cos\theta_1}{\cos\theta_2(\cos\theta_1+\sin\theta_1)}$, $\delta_v = \dfrac{\lambda_1\cos\theta_2-\lambda_2\sin\theta_1}{\cos\theta_2(\cos\theta_1+\sin\theta_1)}$. ここに，$\lambda_1 = \dfrac{P\sin\theta_2}{\sin(\theta_1+\theta_2)}$,

$\lambda_2 = \dfrac{P\sin\theta_1}{\sin(\theta_1+\theta_2)}$ で棒 AB，CB の伸びである． [10] $\sigma_A = \dfrac{E_1E_2A_1}{E_1A_1+E_2A_2}\cdot\dfrac{P}{2l_1}$ （ボルト）， $\sigma_B = -\dfrac{E_1E_2A_2}{E_1A_1+E_2A_2}\cdot$

$\dfrac{P}{2l_1}$ （円筒）

第5章

[1] $\dfrac{T_A}{T_B} = \dfrac{\dfrac{G\pi d^4/32}{l}\cdot\theta}{\dfrac{G\pi(md)^4/32}{(nl)}\cdot\theta} = \dfrac{n}{m^4}$ [2] $d^4 = 32T/(\pi GC_x)$ （C_x：1 m 当たりのねじり角 （比ねじり角）），

$d = 1.44$ [cm] [3] $W = 2\pi nT$, $\tau_{\max} = 16T/(\pi d^3)$. $\therefore \tau_{\max} = \dfrac{8W}{\pi^4 nd^2} = \dfrac{8\times735\times10^3}{(3.14)^2\times20\times10^{-3}}$ ここに，$W=$

$1,000$ [PS] $= 1,000\times75\times9.8$ [N·m/s] $= 735$ [kW]. [4] L [kW] $= \dfrac{n\,[\text{rpm}]\cdot T\,[\text{N·mm}]}{9549000}$, $\tau_{\max} = 16T/$

$\{\pi d_2^2(1-\lambda^4)\}$, $d = 171^3\sqrt{\dfrac{L}{n\tau_a}} = 171^3\sqrt{\dfrac{1500}{1200\times4}} = 116$ [mm], $d_2 = 171^3\sqrt{\dfrac{L}{(1-\lambda^4)n\tau_a}} = 171^3\sqrt{\dfrac{1500}{(1-0.5^4)1200\times4}}$

$= 119$ [mm]，$d_1 = \lambda d_2 = 59$ [mm]，軽減率 21.7%. [5] $\theta = \theta_1+\theta_2 = Tl_1/(GI_{x1})+Tl_2/(GI_{x2})$, $\theta = 0.031$ [rad]

[6] $T = T_1+T_2$, $\theta_1 = \theta_2 = \theta = T_1l_1/(GI_{x1})+T_2l_2/(GI_{x2})$, $\tau_1 = 4290$ [kN/cm²], $\tau_2 = 1950$ [kN/cm²], $\theta = 0.132$

[rad]. [7] $d\theta = \dfrac{T}{GI_x}dx = \dfrac{T}{G\dfrac{\pi r^4}{2}}dx = \dfrac{2T}{G\pi r^4}dx$, $r = r_1+\alpha x$ $\{\alpha = (r_2-r_1)l\}$, $\theta = \displaystyle\int d\theta = \dfrac{2T}{G\pi}\int_0^l (r_1+\alpha x)^{-4}dx$

$= \dfrac{32Tl}{3\pi G}\cdot\dfrac{d_1^2+d_1d_2+d_2^2}{d_1^3d_2^3}$. [8] $\theta_1 = \theta_2 = \theta$ より $T_A = \dfrac{d_1^3}{d_C^3}\cdot\dfrac{d_1^3-d_C^3}{d_2^3-d_1^3}T$, $T_B = \dfrac{d_2^3}{d_C^3}\cdot\dfrac{d_2^3-d_C^3}{d_2^3-d_1^3}$. [9] BC 間

の軸には 550 馬力，AB 間の軸には 300 馬力伝達されるので軸径はそれぞれ $d_1 = \sqrt[3]{\dfrac{365000\times300}{T_CN}}$, $d_2 =$

$\sqrt{\dfrac{365000\times500}{T_CN}}$, $\dfrac{d_2}{d_1} = \sqrt[3]{\dfrac{500}{300}} = 1.19$, $\dfrac{\theta_2}{\theta_1} = 1.27$. [10] C，D 間で切り離して考える．AB 間 T_A, BC

間 T_1-T_A, DB 間 T_B, $T_1+T_2 = T_A+T_B$. ねじれ角：$\theta_C = \dfrac{32}{\pi Gr^4}\dfrac{l_1}{l}[T_1(l_1+l_3)+T_2l_3]$, $\theta_D = \dfrac{32}{\pi Gd^4}\dfrac{l_3}{l}[T_1l_1+$

$T_2(l_1+l_2)]$，最大せん断応力：AC 間 $\tau_{\max} = \dfrac{16}{\pi d^3l}[T_1(l_2+l_3)+T_2l_3]$, CD 間 $\tau_{\max} = \dfrac{16}{\pi d^3l}[T_1l_1-T_2l_3]$, DB

間 $\tau_{\max} = \dfrac{16}{\pi d^3l}[T_1l_1+T_2(l_1+l_2)]$.

第6章

[1] 断面二次モーメントは $I = \dfrac{4\times9^3}{12} - \dfrac{3.7\times8^3}{12} = 85.1$ [cm⁴]．許容曲げモーメント M は，梁の中央の上

表面（引張りの場合）に生じ，$M = \dfrac{\sigma_a I}{e} = \dfrac{1200\times85.1}{4.5} = 227,000$ [kg·cm]…（ i ）の大きさとなる．$M = \left(\dfrac{P}{2}\right.$

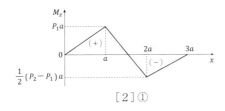

[2]①

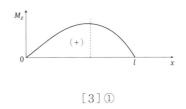

[3]①

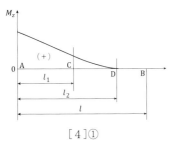

[4]①

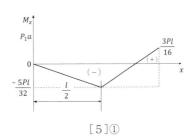

[5]①

$$+\frac{wl}{2}\Bigr)\frac{l}{2}-\frac{wl}{2}\cdot\frac{l}{4}=\frac{1}{4}Pl+\frac{wl^4}{8}=\frac{500}{4}P+\frac{\left(\frac{100}{500}\right)\times500^2}{8}=125P+62500\cdots(\text{ii}).\ (\text{i})(\text{ii})から,\ P=1320\,[\text{kN}].$$

[2]①曲げモーメント線図→上図参照　②最大引張応力 $\sigma_{\max}=\dfrac{P_1a}{I}\cdot\dfrac{h}{2}=\dfrac{P_1ah}{2I}$　[3]①曲げモーメント

線図→上図参照　②最大圧縮応力 $M_{\max}=\dfrac{2}{9}\cdot\dfrac{W}{\sqrt{3}}\Bigl(l+\dfrac{l_2}{l}\Bigr)\sqrt{l_1(l+l_2)}$.　$x=l_1$ の下側 $y=-h/2$ のところ.　$\sigma_{\min}$

$=-M_{\max}\dfrac{h}{2}/(bh^3/12)$,　$M_z=\dfrac{W}{300}x\{x^2-l_1(l+l_2)\}$.　[4]①曲げモーメント線図→上図参照　②最大応力

の生じる点と大きさ：A 点で $M_{z,\max}=\dfrac{q}{2}(l_2-l_1)(l_1+l_2)$,　$\sigma_{\max}=\pm\dfrac{M_{z,\max}}{I}\cdot\dfrac{h}{2}$. $\Big[$DB 間 $M_z=0$,　CD 間 $M_z=$

$\dfrac{q}{2}(l_2-x)^2$,　AC 間 $M_z=q(l_2-l_1)\Bigl(\dfrac{l_1+l_2}{2}-x\Bigr)\Big]$.　[5]①曲げモーメント線図→上図参照　②最大応力の生ず

る点 $x=lM_{z,\max}=\dfrac{3Pl}{16}$ $\Bigl(x=\dfrac{1}{2},\ M_z=-\dfrac{5Pl}{32}\Bigr)$　[6]① $v(0)=0$, $M=EIv''(0)=0$, $v(L)=0$, $M=EIv''(L)=$

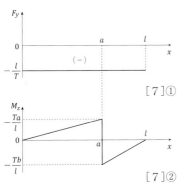

[7]①

[7]②

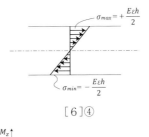

[6]④

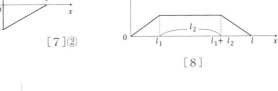

[8]

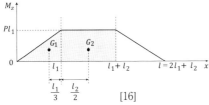

[16]

0 ②$\dfrac{1}{\rho}=v''=-\left(\dfrac{\pi}{L}\right)^2\sin\left(\dfrac{\pi}{L}x\right)-\left(\dfrac{\pi}{2L}\right)^2\sin\left(\dfrac{\pi}{2L}x\right)$ ③$\varepsilon=-\dfrac{\eta}{\rho}=-v''\eta=+\left(\dfrac{\pi}{L}\right)^2\left\{\sin\left(\dfrac{\pi}{L}x\right)+\dfrac{1}{4}\sin\left(\dfrac{\pi}{2L}x\right)\right\}\eta$

④前頁参照　［7］①せん断応力線図（SFD）→前頁参照　②曲げモーメント線図（BMD）→前頁参照　③ $x=a$ の点で M_z は不連続（T_a/l, $-T_b/l$）に対応して y/I_z を乗じたもの　［8］D 点まわりのモーメントの

つりあいから点 C の支点反力：$R_C=-\dfrac{[P_1(l+l_1)-P_2\{l-(l_1+l_2)\}]}{l_2}$. C 点まわりのモーメントのつりあい

から，点 D の支点反力：$R_D=-\{-P_1l_1-P_2(l-l_2)\}/l_1$. CD 間のモーメント $M_z=R_c(x-l_2)-P_1x_1=(R_c-$

$P_1)x-R_cl_2$. したがって，M_z が一様になるためには $R_c-P_1=0$ となる必要があり，これより $l_1=\dfrac{P_2(l-l_2)}{P_1+P_2}$.

曲げモーメント線図（BMD）は前頁図参照．　［9］$M_z=P_1x$, $\sigma_x=-\dfrac{M_z}{I_z}\eta$, $x=l_1$, $\sigma_{x_1l_1}=-\dfrac{P_1l_1}{I_z}\eta$（$\eta$：中

立軸からの距離）　［10］$v_0=\dfrac{Pl_1^2(l+2l_2)}{6EI}$　［11］$v_C=\dfrac{Pl_1^2(2l+3l_2)}{6EI}$　［12］$v_C=\dfrac{ql_1^2}{8EI}$　［13］$v=$

$\dfrac{q_0x(7l^4+3x^4-10l^2x^2)}{360EIl}$　［14］不静定はりの問題．支点反力 $R_A=-\dfrac{Pl_2^2}{l^3}(3l_1+l_2)$, $R_B=-\dfrac{Pl_1^2}{l^3}(l_1+3l_2)$, 反

モーメント $M_A=-\dfrac{Pl_2^2l_1}{l^2}$, $M_B=-\dfrac{Pl_1^2l_2}{l^2}$, たわみ $v=\dfrac{Pl_2^2}{6EIl^3}x^2((3l_1+l_2)x-3ll_1)$　［15］不静定はりの問題．支

点反力 $R_A=R_B=-\dfrac{ql}{2}$. 反力モーメント $M_A=M_B=\dfrac{ql^2}{12}$, たわみ $v=\dfrac{ql^4}{24EI}\left\{\left(\dfrac{x}{l}\right)^4-2\left(\dfrac{x}{l}\right)^3+\left(\dfrac{x}{l}\right)^2\right\}$　［16］曲

げモーメント線図（BMD）：前頁参照．$v_M=\dfrac{Pl_1l_2}{2EI}\cdot\dfrac{l_2}{2}+\dfrac{1}{E}\cdot\dfrac{-Pl_1l_2}{2}\cdot\dfrac{l_2}{4}=\dfrac{P}{8EI}l_1l_2^2$　［17］$\sigma_{\max}=\dfrac{M_z(x)}{Z_b(x)}=\dfrac{P_x}{\dfrac{b(x)h^2}{6}}$

$=\mathrm{const.}$　$\dfrac{Pl}{bh^2/6}=\dfrac{Px}{b(x)h^2/6}$　$\therefore b(x)=bx/l$　［18］$M_z(x)=-\dfrac{Pl}{2}\left(\dfrac{x}{l}-\dfrac{x^2}{l^2}\right)$　$x=l/2\to M(l/2)=-Pl^2/8$　$\therefore$

$-\dfrac{Pl^2/8}{bh^2/6}=-\dfrac{Pl}{2}\left(\dfrac{x}{l}-\dfrac{x^2}{l^2}\right)/(bh^2(x)/6)$　$\dfrac{h(x)}{h^2}+\dfrac{4x^2}{l^2}=1$　［19］$\rho=\dfrac{h}{29(\alpha_2-\alpha_1)t}\cdot\dfrac{E_1^2+14E_1E_2+E_2^2}{E_1E_2}$　［20］

$\sigma_w=ME_s\eta_s/(E_sI_s+E_wI_w)=4240\,[\mathrm{kN/cm^2}]$　$\sigma_s=-ME_w\eta_w/(E_sI_s+E_wI_w)=-634\,[\mathrm{kN/cm^2}]$

第 7 章

［1］表 7.3 中に記載　［2］座屈荷重 $P_B=3.92\times10^5\,[\mathrm{kN}]$, 直径 $d=5.5\,[\mathrm{cm}]$　［3］肉厚 $t=4.45\,[\mathrm{cm}]$

［4］中実円柱の座屈荷重：$P_{B1}=n\dfrac{\pi^2EI_1}{l^2}$, 中実円柱の座屈荷重 $P_{B2}=n\dfrac{\pi^2EI_2}{l^2}$, $\dfrac{P_{B1}}{P_{B2}}=\dfrac{1-(1/3)^2}{1+(1/3)^2}=0.8$

［5］①部材 BD のみが圧縮荷重 W を受ける：$P_B=\pi^2EI/(2l^2)$　②外側の 4 本の柱が圧力荷重 $W/\sqrt{2}$ を
受ける：$P_B=\sqrt{2}\pi^2EI/l^2$　［6］たわみ：$v=e(1-\cos\alpha x)/\cos(\alpha l)$（$\alpha^2=P/(EI)$）, 最大モーメント：
$M_{\max}=(Pe)\sec(\alpha l)$, 座屈荷重：$P_B=\pi^2EI/(4l^2)$　［7］$P_B=\pi^2EI/l^2$　［8］$\tan\alpha_1l_1\cdot\tan\alpha_2l_2=\alpha_1/\alpha_2$（超越
方程式）, $\alpha_1=\sqrt{P_B/(EI_1)}$, $\alpha_2=\sqrt{P_B/(EI_2)}$ から P_B を求める．　［9］［例題 7.3e-3］の表 7.4 から，$\alpha_1=1/k$,
$\alpha_{12}=0$, $\alpha_{22}=0$. 式(e)にこれらを代入すると $2\{1-\cos(\lambda l)\}-\lambda l\sin(\lambda l)+(\lambda l)^4\cos(\lambda l)$.　［10］$\alpha l_2\tan(\alpha l)$

$=6\dfrac{I_1}{I_2}\dfrac{l_2}{l_1}$, $\alpha=\sqrt{P/(EI)}$

第 8 章

［1］$\tau_{\max}=3M_t/(2\pi Rt^2)$, $\theta=3M_tl/(2\pi Rt^3G)=\tau_{\max}l/(tG)$　［2］$\tau_{\max}=3M_t/(st^2)$, $\theta=3M_tl/(2\pi Rt^3G)=\tau l/(tG)$
［3］$\tau_{1\max}=3t_1M_t/(s_1t_1^3+s_2t_2^3)$, $\tau_{2\max}=3t_2M_t/(s_1t_1^3+s_2t_2^3)$, $\theta=3M_tl/\{(s_1t_1^3+s_2t_2^3)G\}=\tau_1l/(t_1G)$　［4］$\tau_{1\max}$
$=3t_1M_t/(s_1t_1^3+s_2t_2^3+s_3t_3^3)$, $\tau_{2\max}=3t_2M_t/(s_1t_1^3+s_2t_2^3+s_3t_3^3)$, $\tau_{3\max}=3t_3M_t/(s_1t_1^3+s_2t_2^3+s_3t_3^3)$, $\theta=3M_tl/\{(s_1t_1^3$
$+s_2t_2^3+s_3t_3^3)G\}=\tau_{1\max}l/(t_1G)$　［5］$\tau_{1\max}=M_t/(2At)$, $\theta=SM_tl/(4A^2tG)=S\tau_{1\max}/(2AG)$, $S\tau_{1\max}/(2AG$

［6］$t = 6.5$［mm］　［7］～［10］省略

第9章

［1］～［3］省略　［4］$\tau_A = 187$［N/cm²］，$\tau_B = 2028$［N/cm²］，$\tau_G = 3753$［N/cm²］　［5］表 9.1 より，

$$\tau = F\left\{1 + \sqrt{2}\,\frac{y}{a} - 4\left(\frac{y}{a}\right)^2\right\}\Big/ a^2. \text{ したがって，} \tau_{\max} = 9F/(8a^2), \ y = e/4 \text{ の点.} \ ［6］下図参照.　［7］$$

フランジに生ずるせん断応力 $\tau_f = 348\xi_f$［N/cm²］（ξ_f：フランジ中心からの距離）．ウェッブに生じるせん断応力 $\tau_w = 74.0\xi_w$［N/cm²］（ξ_w：ウェッブの重心からの距離）．［8］P. 231 を参照，せん断の値を $e = 5.3$［cm］．　［9］$\tau = \dfrac{FG'}{tI} = \dfrac{F}{t}\dfrac{\dfrac{1}{2\sqrt{2}}(a^2 - \xi^2)}{\dfrac{1}{3}a^3 t} = \dfrac{3\sqrt{2}}{2}\dfrac{F}{2at}\left\{1 - \left(\dfrac{\xi}{a}\right)^2\right\}$　［10］B 点

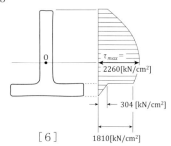

［6］

第 10 章

［1］①下図参照．②省略　③$v_C = \dfrac{Pa^2}{3EI}$　［2］先端にダミーの荷重 Q_B を加える（下図参照）．$v_B = \dfrac{Pa^2}{3EI}\left(1 + \dfrac{3b}{2a}\right)$（$Q = 0$）　［3］下図参照．

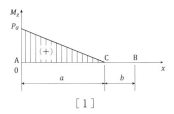

［1］

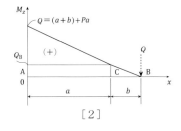

［2］

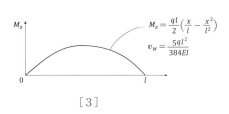

［3］

［4］①部材の軸力 $F_1 = P$，②部材の軸力 $F_2 = P + P_C$. 弾性ひずみエネルギー：$U = \dfrac{1}{2}\displaystyle\int_0^{l_1}\dfrac{(P + P_C)^2}{E_1 A_1}\,dx + \dfrac{1}{2}\displaystyle\int_0^{l_2}\dfrac{P^2}{E_2 A_2}\,dx$, $u_B = \dfrac{\partial U}{\partial P} = \dfrac{(P + P_C)l_1}{E_1 A_1} + \dfrac{P l_2}{E_2 A_2}$.　［5］不静定ではあるが，C の荷重点で①，②の部材に軸力 $F_1 = +P_C$，$F_2 = -P_C$ が作用すると考える．弾性ひずみエネルギー：$U = \dfrac{1}{2}\displaystyle\int_0^{l_1}\dfrac{P_C^2}{E_1 A_1}\,dA + \dfrac{1}{2}\displaystyle\int_0^{l_2}\dfrac{P_C^2}{E_2 A_2}\,dA$,

$u_C = \dfrac{\partial U}{\partial P_C} = \left(\dfrac{l_1}{E_1 A_1} + \dfrac{l_2}{E_2 A_2}\right) P_C$. ［6］①，②の複合部材にはねじりモーメント T が作用し，ねじり角は

共通．③部材にはねじりモーメント T が作用．k_1, k_2, k_3 を①，②，③のねじり剛性とする．$k_1 = G_1 I_{x1}/l_1$,

$k_2 = G_2 I_{x2}/l_2$, $k_3 = G_3 I_{x3}/l_3$. ①，②の共通のねじり角を ϕ_{12} とすると $T_1 = k_1 \phi_{12}$, $T_2 = k_2 \phi_{12}$, $T_3 = k_3 \phi_3$. T

$= T_1 + T_2 = (k_1 + k_2)\phi_{12}$, $U = \dfrac{1}{2}\phi_{12} T + \dfrac{1}{2}\phi_3 T = \dfrac{1}{2}\left(\dfrac{1}{k_1 + k_2} + \dfrac{1}{k_3}\right) T^2$, $\phi_B = \dfrac{\partial U}{\partial T} = \dfrac{1}{k_1 + k_2} + \dfrac{1}{k_3}$ ［7］不静定

系ではあるが C 点において部材①，②にねじりモーメント T がそれぞれ加わっていると考える．$k_1 = G_1 T_{x1}/l_1$, $k_2 = G_2 T_{x2}/l_2$, $k_3 = G_3 T_{x3}/l_3$. 求めるねじり角を ϕ_C とすると部材①，②のねじりモーメント T_1,

T_2 は $T_1 = k_1 \phi_C$, $T_2 = k_2 \phi_C$, $T_1 + T_2 = T = (k_1 + k_2)\phi_C = k_3 \phi_C$. 弾性ひずみエネルギー：$U = \dfrac{1}{2}\dfrac{T_2}{k_1 + k_2} + \dfrac{1}{2}\dfrac{T_2}{k_3}$

$\therefore \phi_C = \left(\dfrac{1}{k_1 + k_2} + \dfrac{1}{k_3}\right) T$ ［8］①部材に生じる断面力（せん断力無視）：曲げモーメント $M_{\xi_1} = P(l_1 - \xi_1)$,

ねじりモーメント $M_{\xi_1} = Pl_2$. ②部材に生じる断面力（せん断力無視）：$M_{\xi_2} = P(l_2 - \xi_2)$. したがって，弾性

ひずみエネルギー $U = \dfrac{1}{2}\displaystyle\int_0^{l_1} \dfrac{P^2(l_1 - \xi_1)^2}{EI}\, d\xi_1 + \dfrac{1}{2}\int_0^{l_1} \dfrac{(Pl_2)^2}{GI_x}\, dx + \dfrac{1}{2}\int_0^{l_2} \dfrac{P^2(l_2 - \xi_2)^2}{EI}\, dx$, $v_{C\eta_2} = \dfrac{\partial U}{\partial P}$. ［9］

部材②に生じる断面力（せん断力無視）：曲げモーメント $M_{\xi_2} = P(l_2 - \xi_2)$. 部材①に生ずる断面力（せん断

力無視）：曲げモーメント $M_{\eta_1} = Pl_2$, 軸力 $F_{\xi_1} = P$. したがって弾性ひずみエネルギー $U = \dfrac{1}{2}\displaystyle\int_0^{l_1} \dfrac{P^2}{EA_1}\, d\xi_1 +$

$\dfrac{1}{2}\displaystyle\int_0^{l_1} \dfrac{(Pl_2)^2}{EI}\, dx + \dfrac{1}{2}\int_0^{l_2} \dfrac{P^2(1 - \xi_2)^2}{EI}\, dx$, $v_{C\xi_2} = \dfrac{\partial U}{\partial P}$. ［10］曲げモーメント $M_b = \rho P\left\{\dfrac{2}{\pi}\left(1 - \dfrac{\overline{\eta_0}}{\rho}\right) - \cos\theta\right\}$,

伸び $\delta = \dfrac{2\rho P}{EA}\left\{\left(\dfrac{\pi}{4} - \dfrac{2}{\pi}\right)\left(\dfrac{\rho}{\overline{\eta_0}^2} - 1\right) + \dfrac{2}{\pi}\left(1 - \dfrac{\overline{\eta_0}}{\rho}\right)\right\}$. ここに，$\overline{\eta_0} = \dfrac{k}{1+k}\rho$, $\left(k = \dfrac{1}{A}\displaystyle\int \dfrac{\eta}{\rho - \eta}\, dA\right)$ で中立軸の

図心からの距離である．

索 引

著者紹介

山川　宏（やまかわ ひろし）

略　　歴

　1975年　早稲田大学大学院理工学研究科　博士課程修了

　1976年　早稲田大学理工学部専任講師（工学博士）

　1982年〜1983年　米国　スタンフォード大学，アリゾナ大学客員研究員

　1983年〜2017年　早稲田大学理工学部（現　理工学術院）教授

　2017年〜現在　早稲田大学名誉教授

専　　門

　機械力学，振動工学，構造力学，最適設計

著　　書

　「最適化デザイン」（1993）培風館

　「最適設計ハンドブック」編集委員長（2003）朝倉書店

　「機械系の基礎力学」（2012）共立出版

　「機械系の振動学」（2014）共立出版　　他

宮下朋之（みやした ともゆき）

略　　歴

　1992年　新日本製鐵株式会社

　2000年　早稲田大学　理工学部　助手

　2001年　博士（工学），早稲田大学

　2002年　茨城大学工学部　助手

　2005年　早稲田大学理工学部　助教授

　2010年〜現在　早稲田大学理工学部（現　理工学術院）教授

専　　門

　設計工学，最適設計，構造力学，宇宙工学

著　　書

　「エンジニアリングデザイン（第3版）―工学設計の体系的アプローチ―」

　　　分担・翻訳（2015）森北出版

　「最適設計ハンドブック」分担（2003）朝倉書店

機械系の材料力学
*Material Mechanics of
Mechanical Systems*

2017 年 10 月 25 日
初版 1 刷発行
2023 年 5 月 1 日
初版 2 刷発行

検印廃止
NDC 531.1
ISBN 978-4-320-08217-5

著　者　山川　宏・宮下朋之　　© 2017
発行者　南條光章

発行所　**共立出版株式会社**

〒112-0006
東京都文京区小日向 4 丁目 6 番 19 号
電話　03-3947-2511 （代表）
振替口座 00110-2-57035
URL www.kyoritsu-pub.co.jp

印　刷　錦明印刷
製　本

一般社団法人
自然科学書協会
会員

Printed in Japan